普通高等教育“十三五”应用型本科规划教材

工程数学

代 鸿 张 玮 主 编
刘玉锋 王立婧 副主编

清华大学出版社
北京

内容简介

本书主要分为两个部分，内容包括线性代数和概率论与数理统计的知识。全书共11章，前4章介绍了线性代数的相关内容，第5～10章介绍了概率论与数理统计的相关内容，第11章介绍了MATLAB在线性代数和概率论与数理统计中的简单应用。

本书的特点是不过多渲染数学原理，着重介绍各类数学方法的基本思想以及具体的计算方法。全书围绕“简明、实用”两大特点进行编写，便于教师教学和读者自学。本书还单独编写了MATLAB在相关领域的应用程序，以培养读者的应用能力。因此，本书适合作为普通本（专）科院校非数学专业的教材，对经济类本科院校也同样适用。

图书在版编目（CIP）数据

工程数学/代鸿，张玮主编．—北京：清华大学出版社，2019（2025.1重印）
（普通高等教育“十三五”应用型本科规划教材）
ISBN 978-7-302-52189-1

Ⅰ.①工…　Ⅱ.①代…　②张…　Ⅲ.①工程数学—高等学校—教材　Ⅳ.①TB11

中国版本图书馆CIP数据核字（2019）第013067号

责任编辑：佟丽霞　陈　明
封面设计：傅瑞学
责任校对：王淑云
责任印制：刘　菲

出版发行：清华大学出版社
网　　址：https://www.tup.com.cn，https://www.wqxuetang.com
地　　址：北京清华大学学研大厦A座　　**邮　　编**：100084
社 总 机：010-83470000　　**邮　　购**：010-62786544
投稿与读者服务：010-62776969，c-service@tup.tsinghua.edu.cn
质量反馈：010-62772015，zhiliang@tup.tsinghua.edu.cn
印 装 者：三河市东方印刷有限公司
经　　销：全国新华书店
开　　本：170mm×230mm　　**印　　张**：17.25　　**字　　数**：325千字
版　　次：2019年6月第1版　　**印　　次**：2025年1月第16次印刷
定　　价：49.00元

产品编号：080753-03

前言

工程数学是各本(专)科院校学生的一门必修的基础理论课程,内容涵盖线性代数、概率论与数理统计等,是专业必需的知识基础和数学工具。工程数学的应用领域渗透到自然科学、工程技术、社会科学、经济管理等多个方面,对于培养学生的逻辑思维、工程应用、空间想象等能力,以及养成良好的科学素养有着重要意义。同时,工程数学也是全国硕士研究生入学统一考试内容相关的课程之一,其教学质量好坏直接影响到学生的未来发展。

本书主要包含线性代数和概率论与数理统计两部分内容,共 11 章,分别介绍了行列式、矩阵、矩阵的初等变换与线性方程组、向量组的线性相关性和矩阵的特征值、随机事件与概率、随机变量、随机变量的数字特征与极限定理、数理统计的基础知识、参数估计、假设检验、MATLAB 在工程数学中的应用。

本书的作者均为常年在教学科研第一线的数学教师,具有丰富的教学经验。因此,在编写的过程中十分注重教材的简明性和实用性,力求达到通俗易懂的目标。全书的内容体系完备,结构合理,重、难点叙述详尽,在全书的最后还编写了 MATLAB 在工程数学中应用的相关程序,能够帮助读者迅速掌握相关领域知识的实际运用。

由于编者水平有限,书中缺点和错误在所难免,恳请广大同行、读者批评指正。

编　者

2018 年 4 月

目录

第 1 章　行列式 …… 1

1.1　行列式的基本概念 …… 1

1.1.1　二元线性方程组与二阶行列式 …… 1

1.1.2　三阶行列式 …… 3

1.1.3　n 阶行列式 …… 4

1.1.4　几种特殊形式的行列式 …… 6

1.2　行列式的性质与计算 …… 7

1.2.1　行列式的性质 …… 7

1.2.2　行列式的计算 …… 9

1.3　克莱姆法则 …… 18

习题一 …… 21

第 2 章　矩阵 …… 26

2.1　矩阵的基本概念 …… 26

2.1.1　矩阵的相关概念 …… 26

2.1.2　一些特殊矩阵 …… 27

2.2　矩阵的运算 …… 28

2.2.1　矩阵的加法 …… 28

2.2.2　数与矩阵相乘 …… 29

2.2.3　矩阵与矩阵相乘 …… 30

2.2.4　矩阵的转置 …… 32

2.2.5　方阵的行列式 …… 33

2.2.6　线性方程组的矩阵表示 …… 34

2.3　逆矩阵 …… 35

2.3.1　伴随矩阵和逆矩阵的概念 …… 35

2.3.2　逆矩阵的求法——伴随矩阵求逆法 …… 37

2.4 矩阵的分块 …… 43
习题二 …… 48

第 3 章 矩阵的初等变换与线性方程组 …… 51

3.1 矩阵的初等变换 …… 51
3.1.1 消元法引入矩阵的初等变换 …… 51
3.1.2 逆矩阵的求法——初等行变换求逆矩阵 …… 54
3.2 矩阵的秩 …… 57
3.3 线性方程组的解 …… 59
习题三 …… 67

第 4 章 向量组的线性相关性和矩阵的特征值 …… 71

4.1 向量组及其线性组合 …… 71
4.1.1 n 维向量及其线性运算 …… 71
4.1.2 向量组的线性组合 …… 72
4.2 向量组的线性相关性 …… 76
4.2.1 线性相关与线性无关的概念 …… 76
4.2.2 线性相关与线性无关的判定方法 …… 77
4.2.3 向量组的秩 …… 80
4.3 线性方程组解的结构 …… 84
4.3.1 齐次线性方程组解的结构 …… 84
4.3.2 非齐次线性方程组解的结构 …… 88
4.4 矩阵的特征值与特征向量 …… 89
习题四 …… 91

第 5 章 随机事件与概率 …… 97

5.1 样本空间与随机事件 …… 97
5.1.1 基本概念 …… 97
5.1.2 事件的关系与运算 …… 98
5.1.3 事件的运算规律 …… 100
5.2 事件的概率 …… 101
5.2.1 事件的频率 …… 101
5.2.2 事件的概率的定义 …… 101

5.3 古典概型与几何概型 …… 103
5.3.1 古典概型 …… 103
5.3.2 几何概型 …… 105
5.4 条件概率 …… 106
5.4.1 条件概率的定义 …… 106
5.4.2 全概率公式 …… 108
5.4.3 贝叶斯公式 …… 109
5.5 事件的独立性 …… 110
5.6 伯努利试验与二项概率 …… 112
5.6.1 伯努利试验 …… 112
5.6.2 二项概率 …… 112
习题五 …… 114
第6章 随机变量 …… 118
6.1 随机变量及其分布函数 …… 118
6.1.1 随机变量 …… 118
6.1.2 随机变量的分布函数 …… 119
6.2 离散型随机变量 …… 121
6.2.1 离散型随机变量的概率分布 …… 121
6.2.2 常见的离散型随机变量的概率分布 …… 122
6.3 连续型随机变量 …… 126
6.3.1 连续型随机变量的概率分布 …… 126
6.3.2 常见的连续型随机变量的概率分布 …… 128
6.4 随机变量函数的分布 …… 133
6.4.1 离散型随机变量函数的分布 …… 133
6.4.2 连续型随机变量函数的分布 …… 134
习题六 …… 136
第7章 随机变量的数字特征与极限定理 …… 139
7.1 数学期望 …… 139
7.1.1 离散型随机变量的数学期望 …… 139
7.1.2 连续型随机变量的数学期望 …… 141
7.1.3 数学期望的性质 …… 143

7.2　方差和标准差 …… 144
7.2.1　离散型随机变量的方差 …… 145
7.2.2　连续型随机变量的方差 …… 146
7.2.3　方差的性质 …… 147
7.3　大数定律与中心极限定理 …… 149
7.3.1　切比雪夫不等式 …… 149
7.3.2　大数定律 …… 151
7.4　中心极限定理 …… 154
习题七 …… 160

第 8 章　数理统计的基础知识 …… 163
8.1　总体与样本 …… 163
8.2　统计量 …… 164
8.3　抽样分布 …… 165
习题八 …… 171

第 9 章　参数估计 …… 172
9.1　点估计 …… 172
9.2　估计量的评价标准 …… 177
9.3　区间估计 …… 180
9.3.1　区间估计的概念 …… 180
9.3.2　单个正态总体参数的区间估计 …… 181
习题九 …… 184

第 10 章　假设检验 …… 186
10.1　检验的基本原理 …… 186
10.1.1　假设检验的基本思想及推理方法 …… 186
10.1.2　双侧假设检验与单侧假设检验 …… 189
10.1.3　假设检验的一般步骤 …… 190
10.1.4　假设检验的两类错误 …… 190
10.1.5　假设检验与区间估计的关系 …… 191
10.2　一个正态总体参数的假设检验 …… 191
10.3　两个正态总体参数的假设检验 …… 197

习题十……………………………………………………………………… 201

第 11 章 MATLAB 在工程数学中的应用 …………………………………… 203

11.1 MATLAB 基础 …………………………………………………… 203
11.1.1 MATLAB 操作入门 ………………………………………… 203
11.1.2 MATLAB 的变量及管理 …………………………………… 205
11.1.3 MATLAB 的函数 …………………………………………… 206
11.1.4 MATLAB 基本运算符 ……………………………………… 207
11.2 MATLAB 在行列式与矩阵中的应用 ………………………………… 207
11.3 用 MATLAB 求解线性方程组……………………………………… 212
11.4 用 MATLAB 计算随机变量的分布………………………………… 215
11.5 用 MATLAB 计算随机变量的数字特征…………………………… 219
11.6 用 MATLAB 进行区间估计………………………………………… 223
11.7 用 MATLAB 进行假设检验………………………………………… 224

习题答案……………………………………………………………………… 230

附录 A 泊松分布表……………………………………………………… 241

附录 B 标准正态分布表………………………………………………… 245

附录 C χ^2 分布表 ………………………………………………………… 247

附录 D t 分布表 ………………………………………………………… 249

附录 E F 分布表 ………………………………………………………… 251

参考文献……………………………………………………………………… 265

第1章 行 列 式

行列式是线性代数中的重要概念，在很多重要领域中都有应用。本章主要从二、三阶行列式的计算引入 n 阶行列式的定义、性质以及计算方法。

1.1 行列式的基本概念

1.1.1 二元线性方程组与二阶行列式

例 1.1.1 我们接触过的最简单的方程组是二元线性方程组：

$$\begin{cases} a_{11}x_1 + a_{12}x_2 = b_1 \\ a_{21}x_1 + a_{22}x_2 = b_2 \end{cases} \tag{1.1.1}$$

利用消元法消去 x_2 可得

$$(a_{11}a_{22} - a_{12}a_{21})x_1 = b_1a_{22} - a_{12}b_2$$

同理消去 x_1 得到

$$(a_{11}a_{22} - a_{12}a_{21})x_2 = a_{11}b_2 - b_1a_{21}$$

当 $a_{11}a_{22} - a_{12}a_{21} \neq 0$ 时，求得方程组(1.1.1)的解为

$$x_1 = \frac{b_1a_{22} - a_{12}b_2}{a_{11}a_{22} - a_{12}a_{21}}, \quad x_2 = \frac{a_{11}b_2 - b_1a_{21}}{a_{11}a_{22} - a_{12}a_{21}} \tag{1.1.2}$$

通过以上求解过程可知，如果每一个线性方程组都按照消元法来处理，过程很麻烦，并且结果不容易记忆。但是我们可以看出式(1.1.2)中的分子和分母都是将 4 个数分成两对，再分别相乘后相减而得到的，其中分母部分是由方程组(1.1.1)的未知数系数确定的。那么我们把方程组(1.1.1)的未知数的 4 个系数按照它们在原方程中的位置，排列成 2 行 2 列的数表

$$\begin{matrix} a_{11} & a_{12} \\ a_{21} & a_{22} \end{matrix} \tag{1.1.3}$$

定义 1.1.1 表达式 $a_{11}a_{22} - a_{12}a_{21}$ 称为数表(1.1.3)确定的二阶行列式，记作

$$\begin{vmatrix} a_{11} & a_{12} \\ a_{21} & a_{22} \end{vmatrix} \tag{1.1.4}$$

其中数 $a_{ij}(i=1,2;j=1,2)$ 称为行列式的元素。元素 a_{ij} 的第一个下标 i 称为行标，第二个下标 j 称为列标。元素 a_{ij} 在行列式(1.1.4)中所处的位置为第 i 行第 j 列。

那么上述二阶行列式的定义可参照图 1.1.1 中的对角线法则来记忆。

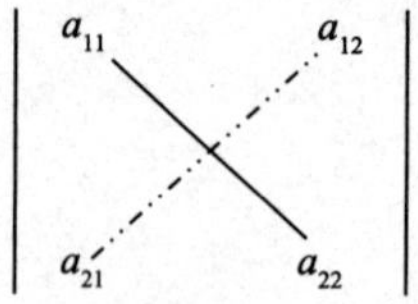

图 1.1.1

其中 a_{11} 到 a_{22} 所连的实线称为主对角线，a_{12} 到 a_{11} 所连的虚线称为副对角线，那么二阶行列式便是主对角线的两元素之积减去副对角线上两元素之积。

记

$$D=\begin{vmatrix} a_{11} & a_{12} \\ a_{21} & a_{22} \end{vmatrix}, \quad D_1=\begin{vmatrix} b_1 & a_{12} \\ b_2 & a_{22} \end{vmatrix}, \quad D_2=\begin{vmatrix} a_{11} & b_1 \\ a_{21} & b_2 \end{vmatrix}$$

那么方程组的解(1.1.2)可表示为

$$x_1=\frac{D_1}{D}=\frac{\begin{vmatrix} b_1 & a_{12} \\ b_2 & a_{22} \end{vmatrix}}{\begin{vmatrix} a_{11} & a_{12} \\ a_{21} & a_{22} \end{vmatrix}}, \quad x_2=\frac{D_2}{D}=\frac{\begin{vmatrix} a_{11} & b_1 \\ a_{21} & b_2 \end{vmatrix}}{\begin{vmatrix} a_{11} & a_{12} \\ a_{21} & a_{22} \end{vmatrix}}$$

注意这里的 D 是方程组(1.1.1)的系数所确定的行列式，D_1 与 D_2 是用常数项 b_1,b_2 分别替换掉 D 中的第一列与第二列所得的二阶行列式。

例 1.1.2 求解二元线性方程组

$$\begin{cases} x-y=1 \\ 3x+2y=5 \end{cases}$$

解 由于

$$D=\begin{vmatrix} 1 & -1 \\ 3 & 2 \end{vmatrix}=2-(-3)=5\neq 0$$

$$D_1=\begin{vmatrix} 1 & -1 \\ 5 & 2 \end{vmatrix}=2-(-5)=7$$

$$D_2=\begin{vmatrix} 1 & 1 \\ 3 & 5 \end{vmatrix}=5-3=2$$

因此

$$x_1=\frac{D_1}{D}=\frac{7}{5}, \quad x_2=\frac{D_2}{D}=\frac{2}{5}$$

1.1.2 三阶行列式

定义 1.1.2 设有 9 个数排成 3 行 3 列的数表

$$\begin{matrix} a_{11} & a_{12} & a_{13} \\ a_{21} & a_{22} & a_{23} \\ a_{21} & a_{32} & a_{33} \end{matrix} \tag{1.1.5}$$

记

$$\begin{vmatrix} a_{11} & a_{12} & a_{13} \\ a_{21} & a_{22} & a_{23} \\ a_{31} & a_{32} & a_{33} \end{vmatrix} = a_{11}a_{22}a_{33}+a_{12}a_{23}a_{31}+a_{13}a_{21}a_{32}-a_{11}a_{23}a_{32}-a_{12}a_{21}a_{33}-a_{13}a_{22}a_{31} \tag{1.1.6}$$

式(1.1.6)称为数表(1.1.5)所确定的三阶行列式。

从三阶行列式的定义中可以看出：

(1) 三阶行列式共含 6 项；

(2) 每项均为不同行不同列的 3 个元素的乘积再冠以正负号。

这种规律可以遵循图 1.1.2 所示的对角线法则：图中 3 条实线看作是平行于主对角线的连线，3 条虚线看作是平行于副对角线的连线，实线上 3 个元素相乘冠以正号，虚线上 3 个元素相乘冠以负号。

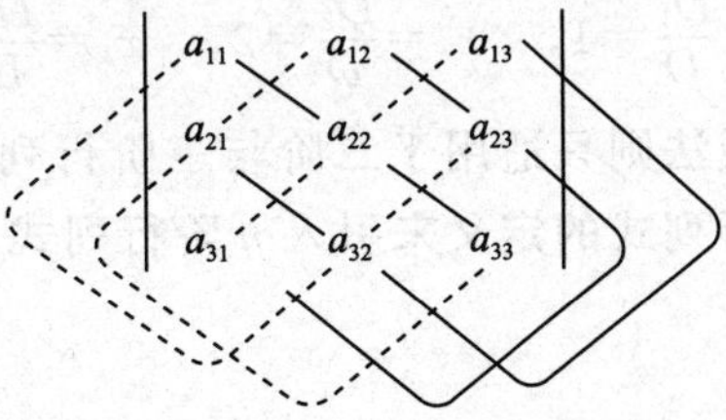

图 1.1.2

例 1.1.3 计算三阶行列式

$$D=\begin{vmatrix} 1 & 2 & -4 \\ -2 & 2 & 1 \\ -3 & 4 & -2 \end{vmatrix}$$

解 按对角线法则，有

$$\begin{aligned} D &= 1\times2\times(-2)+2\times1\times(-3)+(-4)\times(-2)\times4- \\ &\quad (-4)\times2\times(-3)-1\times1\times4-2\times(-2)\times(-2) \\ &= -4-6+32-24-4-8=-14 \end{aligned}$$

例 1.1.4 求解三元线性方程组

$$\begin{cases} x_1-2x_2+x_3=-2 \\ 2x_1+x_2-3x_3=1 \\ -x_1+x_2-x_3=0 \end{cases}$$

解 由于方程组的系数行列式

$$\begin{aligned} D &= \begin{vmatrix} 1 & -2 & 1 \\ 2 & 1 & -3 \\ -1 & 1 & -1 \end{vmatrix} \\ &= 1\times1\times(-1)+(-2)\times(-3)\times(-1)+1\times2\times1- \\ &\quad (-1)\times1\times1-1\times(-3)\times1-(-2)\times2\times(-1) \\ &= -5\neq0 \end{aligned}$$

$$D_1=\begin{vmatrix} -2 & -2 & 1 \\ 1 & 1 & -3 \\ 0 & 1 & -1 \end{vmatrix}=-5,\quad D_2=\begin{vmatrix} 1 & -2 & 1 \\ 2 & 1 & -3 \\ -1 & 0 & -1 \end{vmatrix}=-10$$

$$D_3=\begin{vmatrix} 1 & -2 & -2 \\ 2 & 1 & 1 \\ -1 & 1 & 0 \end{vmatrix}=-5$$

类似二元线性方程组的求解，所求方程组的解为

$$x_1=\frac{D_1}{D}=1,\quad x_2=\frac{D_2}{D}=2,\quad x_3=\frac{D_3}{D}=1$$

值得注意的是，对角线法则只适用于二阶与三阶行列式。为研究四阶及更高阶行列式，我们将根据三阶行列式的定义来引入 n 阶行列式。

1.1.3 n 阶行列式

为了给出 n 阶行列式的定义，必须先清楚二阶、三阶行列式的结构，为此需要先介绍一下排列的概念。

首先介绍两个概念：排列与逆序数。

定义 1.1.3 由 n 个自然数 $1,2,\cdots,n$ 组成的一个有序数组，称为一个 n 元排列。

例如，123、132、213、231、312、321 都是 3 元排列。显然，3 元排列共有 3! 个。在 n 元排列的 $n!$ 个排列中，$12\cdots n$ 是唯一一个按从小到大排列的 n 元排列，称为标准排列(或自然排列)。

定义 1.1.4 一个排列中的任两个数，如果排在前面的数大于排在后面的数，则称这两个数构成一个逆序。一个排列中逆序的总数，称为这个排列的逆序数。排列 $i_1i_2\cdots i_n$ 的逆序数记为 $t(i_1i_2\cdots i_n)$。

例 1.1.5 求 5 元排列 25341 的逆序数。

解 2 和 5、3、4、1 有 1 个逆序，5 和 3、4、1 有 3 个逆序，3 和 4、1 有 1 个逆序，4 和 1 有 1 个逆序，则排列 25341 的逆序数为 1+3+1+1=6。

接下来给出 n 阶行列式的定义。先来回顾一下二、三阶行列式的定义。我们有

$$\begin{vmatrix} a_{11} & a_{12} \\ a_{21} & a_{22} \end{vmatrix} = a_{11}a_{22} - a_{12}a_{21} \tag{1.1.7}$$

$$\begin{vmatrix} a_{11} & a_{12} & a_{13} \\ a_{21} & a_{22} & a_{23} \\ a_{31} & a_{32} & a_{33} \end{vmatrix} = a_{11}a_{22}a_{33} + a_{12}a_{23}a_{31} + a_{13}a_{21}a_{32} - a_{13}a_{22}a_{31} - a_{12}a_{21}a_{33} - a_{11}a_{23}a_{32} \tag{1.1.8}$$

从二、三阶行列式的定义中可以看到，它们都是一些乘积的代数和，每一项乘积都是由行列式中位于不同的行和不同的列的元素构成的，并且展开式恰恰就是由所有这种可能的乘积组成。在 $n=2$ 时，由不同行和不同列的元素构成的乘积只有 $a_{11}a_{22}$ 与 $a_{12}a_{21}$ 这两项，正好是全部 2 元排列的个数，在 $n=3$ 时，由不同行不同列的元素构成的乘积有式(1.1.8)中的 6 项，正好是全部 3 元排列的个数，这是二、三阶行列式的特征的一方面。另一方面，每一项乘积都带有符号，不是正号就是负号，它们是根据什么规律确定的？可以看出，每项 $a_{1j_1}a_{2j_2}a_{3j_3}$ 前面的符号是由排列 $j_1j_2j_3$ 的逆序数的奇偶性来确定的，所带的符号与 $(-1)^{t(j_1j_2j_3)}$ 的符号一致，其中 $t(j_1j_2j_3)$ 表示排列 $j_1j_2j_3$ 的逆序数。于是，二、三阶行列式的定义可以改写为

$$\begin{vmatrix} a_{11} & a_{12} \\ a_{21} & a_{22} \end{vmatrix} = \sum_{j_1j_2} (-1)^{t(j_1j_2)} a_{1j_1}a_{2j_2} \tag{1.1.9}$$

$$\begin{vmatrix} a_{11} & a_{12} & a_{13} \\ a_{21} & a_{22} & a_{23} \\ a_{31} & a_{32} & a_{33} \end{vmatrix} = \sum_{j_1j_2j_3} (-1)^{t(j_1j_2j_3)} a_{1j_1}a_{2j_2}a_{3j_3} \tag{1.1.10}$$

于是 n 阶行列式由 $n!$ 项组成，每一项都是 n 个元素的乘积，构成每一项的 n 个元素一定不在同一行且不在同一列。而每一项的正负取值由这些元素列标的逆序数来决定。下面我们给出 n 阶行列式的定义：

定义 1.1.5 由 n^2 个元素组成的记号

$$D = \begin{vmatrix} a_{11} & a_{12} & \cdots & a_{1n} \\ a_{21} & a_{22} & \cdots & a_{2n} \\ \vdots & \vdots & & \vdots \\ a_{n1} & a_{n2} & \cdots & a_{nn} \end{vmatrix} \tag{1.1.11}$$

称为 n 阶行列式，这里面的元素 $a_{ij}(i,j=1,2,\cdots,n)$ 称为行列式的元素。$n\geqslant 4$ 时的 n 阶行列式称为高阶行列式。它表示 $n!$ 项的代数和，每一项是所有的取自不同行、不同列的 n 个元素的乘积 $a_{1j_1}a_{2j_2}\cdots a_{nj_n}$。项 $a_{1j_1}a_{2j_2}\cdots a_{nj_n}$ 前面带有的符号与 $(-1)^{t(j_1j_2\cdots j_n)}$ 的符号一致，即

$$D=\begin{vmatrix} a_{11} & a_{12} & \cdots & a_{1n} \\ a_{21} & a_{22} & \cdots & a_{2n} \\ \vdots & \vdots & & \vdots \\ a_{n1} & a_{n2} & \cdots & a_{nn} \end{vmatrix}=\sum_{j_1j_2\cdots j_n}(-1)^{t(j_1j_2\cdots j_n)}a_{1j_1}a_{2j_2}\cdots a_{nj_n} \tag{1.1.12}$$

这里 $\sum\limits_{j_1j_2\cdots j_n}$ 表示对所有 n 元排列求和。

例 1.1.6 写出四阶行列式中含有 $a_{11}a_{32}$ 的项。

解 四阶行列式共有 24 项，其中含有 $a_{11}a_{32}$ 的项为 $a_{11}a_{2x}a_{32}a_{4y}$，只需分析列标排列 $1x2y$ 的各种情况。显然有 1324 和 1423 两种情况，1324 逆序数为 1，1423 逆序数为 2，则四阶行列式中含有 $a_{11}a_{32}$ 的项为 $-a_{11}a_{23}a_{32}a_{44}$ 和 $a_{11}a_{24}a_{32}a_{43}$。

1.1.4 几种特殊形式的行列式

下面介绍几种特殊形式的行列式，它们在行列式的计算当中有重要作用。

(1) 上三角形行列式

$$D=\begin{vmatrix} a_{11} & a_{12} & \cdots & a_{1n} \\ 0 & a_{22} & \cdots & a_{2n} \\ \vdots & \vdots & & \vdots \\ 0 & 0 & \cdots & a_{nn} \end{vmatrix}=a_{11}a_{22}\cdots a_{nn} \tag{1.1.13}$$

(2) 下三角形行列式

$$D=\begin{vmatrix} a_{11} & 0 & \cdots & 0 \\ a_{21} & a_{22} & \cdots & 0 \\ \vdots & \vdots & & \vdots \\ a_{n1} & a_{n2} & \cdots & a_{nn} \end{vmatrix}=a_{11}a_{22}\cdots a_{nn} \tag{1.1.14}$$

(3) 对角行列式

$$D=\begin{vmatrix} a_{11} & 0 & \cdots & 0 \\ 0 & a_{22} & \cdots & 0 \\ \vdots & \vdots & & \vdots \\ 0 & 0 & \cdots & a_{nn} \end{vmatrix}=a_{11}a_{22}\cdots a_{nn} \tag{1.1.15}$$

1.2 行列式的性质与计算

1.2.1 行列式的性质

定义 1.2.1 记

$$D=\det(a_{ij})=\begin{vmatrix} a_{11} & a_{12} & \cdots & a_{1n} \\ a_{21} & a_{22} & \cdots & a_{2n} \\ \vdots & \vdots & & \vdots \\ a_{n1} & a_{n2} & \cdots & a_{nn} \end{vmatrix},\quad D^{\mathrm{T}}=\begin{vmatrix} a_{11} & a_{21} & \cdots & a_{n1} \\ a_{12} & a_{22} & \cdots & a_{n2} \\ \vdots & \vdots & & \vdots \\ a_{1n} & a_{2n} & \cdots & a_{nn} \end{vmatrix}$$

行列式 D^{T} 称为行列式子 D 的转置行列式。

性质 1 行列式与它的转置行列式相等，即

$$\begin{vmatrix} a_{11} & a_{12} & \cdots & a_{1n} \\ a_{21} & a_{22} & \cdots & a_{2n} \\ \vdots & \vdots & & \vdots \\ a_{n1} & a_{n2} & \cdots & a_{nn} \end{vmatrix}=\begin{vmatrix} a_{11} & a_{21} & \cdots & a_{n1} \\ a_{12} & a_{22} & \cdots & a_{n2} \\ \vdots & \vdots & & \vdots \\ a_{1n} & a_{2n} & \cdots & a_{nn} \end{vmatrix}$$

证明略。

通过此性质可知，行列式的行与列具有同等的地位，行列式的性质凡是对行成立的对列同样成立，反之亦然。

性质 2 行列式的两行(列)对调，其值互为相反数，即

$$\begin{vmatrix} a_{11} & a_{12} & \cdots & a_{1n} \\ \vdots & \vdots & & \vdots \\ a_{i1} & a_{i2} & \cdots & a_{in} \\ \vdots & \vdots & & \vdots \\ a_{j1} & a_{j2} & \cdots & a_{jn} \\ \vdots & \vdots & & \vdots \\ a_{n1} & a_{n2} & \cdots & a_{nn} \end{vmatrix}=-\begin{vmatrix} a_{11} & a_{12} & \cdots & a_{1n} \\ \vdots & \vdots & & \vdots \\ a_{j1} & a_{j2} & \cdots & a_{jn} \\ \vdots & \vdots & & \vdots \\ a_{i1} & a_{i2} & \cdots & a_{in} \\ \vdots & \vdots & & \vdots \\ a_{n1} & a_{n2} & \cdots & a_{nn} \end{vmatrix}\begin{matrix} \\ \\ \leftarrow \text{第 } i \text{ 行} \\ \\ \leftarrow \text{第 } j \text{ 行} \\ \\ \\ \end{matrix}$$

证明略。

上面性质中交换了行列式的两行，记为 $r_i \leftrightarrow r_j$。若第 i 列与第 j 列互换，记为 $c_i \leftrightarrow c_j$。

推论 如果行列式有两行(列)完全相同，则此行列式等于零。

证 把这两行互换，有 $D=-D$，故 $D=0$。

性质 3 用数 k 乘以行列式的某一行(列)，等于用数 k 乘以这个行列式，即

$$\begin{vmatrix} a_{11} & a_{12} & \cdots & a_{1n} \\ \vdots & \vdots & & \vdots \\ ka_{i1} & ka_{i2} & \cdots & ka_{in} \\ \vdots & \vdots & & \vdots \\ a_{n1} & a_{n2} & \cdots & a_{nn} \end{vmatrix} = k \begin{vmatrix} a_{11} & a_{12} & \cdots & a_{1n} \\ \vdots & \vdots & & \vdots \\ a_{i1} & a_{i2} & \cdots & a_{in} \\ \vdots & \vdots & & \vdots \\ a_{n1} & a_{n2} & \cdots & a_{nn} \end{vmatrix}$$

第 i 行(或列)乘以 k,记作 $r_i \times k$(或 $c_i \times k$)。

推论 行列式中某一行(列)的所有元素的公因子可以提到行列式记号的外面。第 i 行(或列)提出公因子 k,记作 $r_i \div k$(或 $c_i \div k$)。

性质 4 行列式中如果有两行(列)元素成比例,则此行列式等于零。

性质 5 若行列式的某一列(行)的元素都是两数之和,例如第 i 列的元素都是两数之和:

$$D = \begin{vmatrix} a_{11} & a_{12} & \cdots & a_{1i}+a'_{1i} & \cdots & a_{1n} \\ a_{21} & a_{22} & \cdots & a_{2i}+a'_{2i} & \cdots & a_{2n} \\ \vdots & \vdots & & \vdots & & \vdots \\ a_{n1} & a_{n2} & \cdots & a_{ni}+a'_{ni} & \cdots & a_{nn} \end{vmatrix}$$

则 D 等于下列两个行列式之和:

$$D = \begin{vmatrix} a_{11} & a_{12} & \cdots & a_{1i} & \cdots & a_{1n} \\ a_{21} & a_{22} & \cdots & a_{2i} & \cdots & a_{2n} \\ \vdots & \vdots & & \vdots & & \vdots \\ a_{n1} & a_{n2} & \cdots & a_{ni} & \cdots & a_{nn} \end{vmatrix} + \begin{vmatrix} a_{11} & a_{12} & \cdots & a'_{1i} & \cdots & a_{1n} \\ a_{21} & a_{22} & \cdots & a'_{2i} & \cdots & a_{2n} \\ \vdots & \vdots & & \vdots & & \vdots \\ a_{n1} & a_{n2} & \cdots & a'_{ni} & \cdots & a_{nn} \end{vmatrix}$$

性质 6 把行列式的某一列(行)的各元素同时乘以同一个数然后加到另一列(行)对应的元素上去,行列式的值不变。

注 数 k 乘以第 j 行各元素加到第 i 行相应元素上,记作 $r_i + kr_j$;数 k 乘以第 j 列各元素加到第 i 列相应元素上,记作 $c_i + kc_j$。即

$$\begin{vmatrix} a_{11} & a_{12} & \cdots & a_{1n} \\ \vdots & \vdots & & \vdots \\ a_{i1} & a_{i2} & \cdots & a_{in} \\ \vdots & \vdots & & \vdots \\ a_{n1} & a_{n2} & \cdots & a_{nn} \end{vmatrix} = \begin{vmatrix} a_{11} & a_{12} & \cdots & a_{1n} \\ \vdots & \vdots & & \vdots \\ a_{i1}+ka_{j1} & a_{i2}+ka_{j2} & \cdots & a_{in}+ka_{jn} \\ \vdots & \vdots & & \vdots \\ a_{n1} & a_{n2} & \cdots & a_{nn} \end{vmatrix}$$

计算行列式时,常用该性质,把行列式化为三角形行列式来计算。

行列式的性质和推论主要用于化简行列式,使行列式中更多的元素变为 0,或化为特殊的行列式(对角、上三角行列式)。我们知道,一个 n 阶行列式展开后有 $n!$ 项,这个 $n!$ 随 n 的增大而迅速增大,而每一项又是 n 个不同行不同列元素的乘积,

并且还要考虑排列的奇偶性，因此直接求一个 n 阶行列式的值，其运算量非常大，故常常利用行列式的性质先化简再求值。

1.2.2 行列式的计算

行列式的计算方法颇多，技巧性极强，常用方法是利用行列式的性质，使行列式中出现众多的零，以简化计算。下面讨论化为三角形行列式和按行(列)展开的方法。

1. 化为上三角形行列式法

由式(1.1.13)可知，上三角形行列式的值等于对角线元素的乘积。因此，计算行列式的重要方法之一，就是利用行列式的性质，将原行列式化为上三角形行列式。

例 1.2.1 计算四阶行列式

$$\begin{vmatrix} 3 & 1 & -1 & 2 \\ -5 & 1 & 3 & -4 \\ 2 & 0 & 1 & -1 \\ 1 & -5 & 3 & -3 \end{vmatrix}$$

解

$$D \xlongequal{c_1 \leftrightarrow c_2} -\begin{vmatrix} 1 & 3 & -1 & 2 \\ 1 & -5 & 3 & -4 \\ 0 & 2 & 1 & -1 \\ -5 & 1 & 3 & -3 \end{vmatrix} \xlongequal[r_4+5r_1]{r_2+(-1)r_1} -\begin{vmatrix} 1 & 3 & -1 & 2 \\ 0 & -8 & 4 & -6 \\ 0 & 2 & 1 & -1 \\ 0 & 16 & -2 & 7 \end{vmatrix}$$

$$\xlongequal{r_2 \leftrightarrow r_3} \begin{vmatrix} 1 & 3 & -1 & 2 \\ 0 & 2 & 1 & -1 \\ 0 & -8 & 4 & -6 \\ 0 & 16 & -2 & 7 \end{vmatrix} \xlongequal[r_4-8r_2]{r_3+4r_2} \begin{vmatrix} 1 & 3 & -1 & 2 \\ 0 & 2 & 1 & -1 \\ 0 & 0 & 8 & -10 \\ 0 & 0 & -10 & 15 \end{vmatrix}$$

$$\xlongequal{r_4+\frac{5}{4}r_3} \begin{vmatrix} 1 & 3 & -1 & 2 \\ 0 & 2 & 1 & -1 \\ 0 & 0 & 8 & -10 \\ 0 & 0 & 0 & 5/2 \end{vmatrix} = 40$$

例 1.2.2 计算 n 阶行列式

$$D = \begin{vmatrix} a & b & \cdots & b \\ b & a & \cdots & b \\ \vdots & \vdots & & \vdots \\ b & b & \cdots & a \end{vmatrix}$$

解 此行列式的特点是各元素均为文字，但是各行(列)元素之和均为 $a+(n-1)b$。因此，可将第二至第 n 行(列)各元素乘 1，加到第一行(列)上，再提出公因子，即

$$D\xlongequal[\cdots,r_1+r_n]{r_1+r_2,r_1+r_3,}\begin{vmatrix} a+(n-1)b & a+(n-1)b & \cdots & a+(n-1)b \\ b & a & \cdots & b \\ \vdots & \vdots & & \vdots \\ b & b & \cdots & a \end{vmatrix}$$

$$=[a+(n-1)b]\begin{vmatrix} 1 & 1 & \cdots & 1 \\ b & a & \cdots & b \\ \vdots & \vdots & & \vdots \\ b & b & \cdots & a \end{vmatrix}$$

$$\xlongequal[\cdots,r_n-br_1]{r_2-br_1,r_3-br_1,}[a+(n-1)b]\begin{vmatrix} 1 & 1 & \cdots & 1 \\ 0 & a-b & \cdots & 0 \\ \vdots & \vdots & & \vdots \\ 0 & 0 & \cdots & a-b \end{vmatrix}$$

$$=[a+(n-1)b](a-b)^{n-1}$$

注意 在第二步中,也可以将第1列各元素乘以(−1),分别加到第 $2\sim n$ 列上。

例 1.2.3 计算行列式

$$D=\begin{vmatrix} a & b & c & d \\ a & a+b & a+b+c & a+b+c+d \\ a & 2a+b & 3a+2b+c & 4a+3b+2c+d \\ a & 3a+b & 6a+3b+c & 10a+6b+3c+d \end{vmatrix}$$

解 从第4行开始,后行减前行,得

$$D\xlongequal[r_2-r_1]{\substack{r_4-r_3\\ r_3-r_2}}\begin{vmatrix} a & b & c & d \\ 0 & a & a+b & a+b+c \\ 0 & a & 2a+b & 3a+2b+c \\ 0 & a & 3a+b & 6a+3b+c \end{vmatrix}\xlongequal[r_3-r_2]{r_4-r_3}\begin{vmatrix} a & b & c & d \\ 0 & a & a+b & a+b+c \\ 0 & 0 & a & 2a+b \\ 0 & 0 & a & 3a+b \end{vmatrix}$$

$$\xlongequal{r_4-r_3}\begin{vmatrix} a & b & c & d \\ 0 & a & a+b & a+b+c \\ 0 & 0 & a & 2a+b \\ 0 & 0 & 0 & a \end{vmatrix}=a^4$$

上述例子中用到把几个运算写在一起的省略写法,这里要注意各个运算的次序一般不能颠倒,这是后一次运算作用在前一次运算结果上的缘故。

例 1.2.4 设

$$D=\begin{vmatrix} a_{11} & \cdots & a_{1k} & & & \\ \vdots & & \vdots & & 0 & \\ a_{k1} & \cdots & a_{kk} & & & \\ c_{11} & \cdots & c_{1k} & b_{11} & \cdots & b_{1n} \\ \vdots & & \vdots & \vdots & & \vdots \\ c_{n1} & \cdots & c_{nk} & b_{n1} & \cdots & b_{nn} \end{vmatrix}$$

$$D_1=\det(a_{ij})=\begin{vmatrix} a_{11} & \cdots & a_{1k} \\ \vdots & & \vdots \\ a_{k1} & \cdots & a_{kk} \end{vmatrix}$$

$$D_2=\det(b_{ij})=\begin{vmatrix} b_{11} & \cdots & b_{1n} \\ \vdots & & \vdots \\ b_{n1} & \cdots & b_{nn} \end{vmatrix}$$

证明 $D=D_1D_2$。

证 对 D_1 作运算 $r_i+\lambda r_j$，把 D_1 化为下三角形行列式，设为

$$D_1=\det(a_{ij})=\begin{vmatrix} p_{11} & & 0 \\ \vdots & \ddots & \\ p_{k1} & \cdots & p_{kk} \end{vmatrix}=p_{11}\cdots p_{kk}$$

对 D_2 作运算 $c_i+\lambda c_j$，把 D_2 化为下三角形行列式，设为

$$D_2=\det(b_{ij})=\begin{vmatrix} q_{11} & & 0 \\ \vdots & \ddots & \\ q_{n1} & \cdots & q_{nn} \end{vmatrix}=q_{11}\cdots q_{nn}$$

于是，对 D 的前 k 行作运算 $r_i+\lambda r_j$，再对后 n 列作运算 $c_i+\lambda c_j$，把 D 化为下三角形行列式

$$D=\begin{vmatrix} p_{11} & & & & & \\ \vdots & \ddots & & & 0 & \\ p_{k1} & \cdots & p_{kk} & & & \\ c_{11} & \cdots & c_{1k} & q_{11} & & \\ \vdots & & \vdots & \vdots & \ddots & \\ c_{n1} & \cdots & c_{nk} & q_{n1} & \cdots & q_{nn} \end{vmatrix}$$

故

$$D=p_{11}\cdots p_{nn}q_{11}\cdots q_{nn}=D_1D_2$$

2. 按行(列)展开法

定义 1.2.2 元素 a_{ij} 的余子式 M_{ij} 指由 n 阶行列式 D 中划去第 i 行第 j 列后，剩

下的 $n-1$ 行与 $n-1$ 列元素按原来的顺序组成的 $n-1$ 阶行列式：

$$M_{ij}=\begin{vmatrix} a_{11} & \cdots & a_{1,j-1} & a_{1,j+1} & \cdots & a_{1n} \\ \vdots & & \vdots & \vdots & & \vdots \\ a_{i-1,1} & \cdots & a_{i-1,j-1} & a_{i-1,j+1} & \cdots & a_{i-1,n} \\ a_{i+1,1} & \cdots & a_{i+1,j-1} & a_{i+1,j+1} & \cdots & a_{i+1,n} \\ \vdots & & \vdots & \vdots & & \vdots \\ a_{n1} & \cdots & a_{n,j-1} & a_{n,j+1} & \cdots & a_{nn} \end{vmatrix}$$

元素 a_{ij} 的代数余子式定义为 $A_{ij}=(-1)^{i+j}M_{ij}$。

例 1.2.5 求行列式

$$D=\begin{vmatrix} 3 & 2 & -2 \\ 2 & -1 & 3 \\ 9 & 6 & -7 \end{vmatrix}$$

中各元素的余子式和代数余子式。

解 由余子式的定义知

$$M_{11}=\begin{vmatrix} -1 & 3 \\ 6 & -7 \end{vmatrix}=-11,\quad M_{12}=\begin{vmatrix} 2 & 3 \\ 9 & -7 \end{vmatrix}=-41,\quad M_{13}=\begin{vmatrix} 2 & -1 \\ 9 & 6 \end{vmatrix}=21$$

$$M_{21}=\begin{vmatrix} 2 & -2 \\ 6 & -7 \end{vmatrix}=-2,\quad M_{22}=\begin{vmatrix} 3 & -2 \\ 9 & -7 \end{vmatrix}=-3,\quad M_{23}=\begin{vmatrix} 3 & 2 \\ 2 & -1 \end{vmatrix}=-7$$

$$M_{31}=\begin{vmatrix} 2 & -2 \\ -1 & 3 \end{vmatrix}=4,\quad M_{32}=\begin{vmatrix} 3 & -2 \\ 2 & 3 \end{vmatrix}=13,\quad M_{33}=\begin{vmatrix} 3 & 2 \\ 2 & -1 \end{vmatrix}=-7$$

再由代数余子式的定义知

$$A_{11}=(-1)^2(-11)=-11,\quad A_{12}=(-1)^3(-41)=41,\quad A_{13}=(-1)^4 21=21$$

类似地

$$A_{21}=2,\quad A_{22}=-3,\quad A_{23}=0$$

$$A_{31}=4,\quad A_{32}=-13,\quad A_{33}=-7$$

引理 一个 n 阶行列式，如果其中第 i 行所有元素除 a_{ij} 外都为 0，则这个行列式等于 a_{ij} 与它的代余子式的乘积，即

$$D=\det(a_{ij})=\begin{vmatrix} a_{11} & \cdots & a_{1,j-1} & a_{1j} & a_{1,j+1} & \cdots & a_{1n} \\ \vdots & & \vdots & \vdots & \vdots & & \vdots \\ a_{i-1,1} & \cdots & a_{i-1,j-1} & a_{i-1,j} & a_{i-1,j+1} & \cdots & a_{i-1,n} \\ 0 & \cdots & 0 & a_{ij} & 0 & \cdots & 0 \\ a_{i+1,1} & \cdots & a_{i+1,j-1} & a_{i+1,j} & a_{i+1,j+1} & \cdots & a_{i+1,n} \\ \vdots & & \vdots & \vdots & \vdots & & \vdots \\ a_{n1} & \cdots & a_{n,j-1} & a_{n,j} & a_{n,j+1} & \cdots & a_{nn} \end{vmatrix}=a_{ij}A_{ij}$$

证 先证特殊情形：a_{ij} 位于第 1 行第 1 列。

$$D=\sum_{(p_1\cdots p_n)}(-1)^{t(p_1p_2\cdots p_n)}a_{1p_1}a_{2p_2}\cdots a_{np_n}=\sum_{(1p_2\cdots p_n)}(-1)^{t(1p_2\cdots p_n)}a_{11}a_{2p_2}\cdots a_{np_n}$$

$$=a_{11}\sum_{(p_2\cdots p_n)}(-1)^{t(p_2\cdots p_n)}a_{2p_2}\cdots a_{np_n}=a_{11}M_{11}=a_{11}A_{11}$$

再证一般情形。为了利用特殊情形，作如下对换：

$r_i\leftrightarrow r_{i-1},r_{i-1}\leftrightarrow r_{i-2},\cdots,r_2\leftrightarrow r_1$，共对换了 $i-1$ 次，由行列式的性质得

$$原行列式=(-1)^{i-1}\begin{vmatrix}0&\cdots&0&a_{ij}&0&\cdots&0\\a_{11}&\cdots&a_{1j-1}&a_{1j}&a_{1j+1}&\cdots&a_{1n}\\\vdots&&\vdots&\vdots&\vdots&&\vdots\\a_{n1}&\cdots&a_{nj-1}&a_{nj}&a_{nj+1}&\cdots&a_{nn}\end{vmatrix}$$

再作如下 $j-1$ 次对换：$c_j\leftrightarrow c_{j-1},c_{j-1}\leftrightarrow c_{j-2},\cdots,c_2\leftrightarrow c_1$，变为特殊情形，则

$$D=(-1)^{i-1}(-1)^{j-1}\begin{vmatrix}a_{ij}&0&\cdots&0&0&\cdots&0\\a_{1j}&a_{11}&\cdots&a_{1j-1}&a_{1j+1}&\cdots&a_{1n}\\\vdots&\vdots&&\vdots&\vdots&&\vdots\\a_{nj}&a_{n1}&\cdots&a_{nj-1}&a_{nj+1}&\cdots&a_{nn}\end{vmatrix}$$

$$=(-1)^{i+j}a_{ij}M_{ij}=a_{ij}A_{ij}$$

定理 1.2.1 行列式等于它的任一行(列)的各元素与其对应的代数余子式乘积之和，即

$$D=a_{i1}A_{i1}+a_{i2}A_{i2}+\cdots+a_{in}A_{in}\quad(i=1,2,\cdots,n)$$

或

$$D=a_{1j}A_{1j}+a_{2j}A_{2j}+\cdots+a_{nj}A_{nj}\quad(j=1,2,\cdots,n)$$

证 先证明按行展开式，我们把 D 中第 i 行各元素分别写成它与 $n-1$ 个 0 的和，并利用行列式性质，则有

$$D=\begin{vmatrix}a_{11}&a_{12}&\cdots&a_{1n}\\\vdots&\vdots&&\vdots\\a_{i1}+0+\cdots+0&0+a_{i2}+\cdots+0&\cdots&0+0+\cdots+a_{in}\\\vdots&\vdots&&\vdots\\a_{n1}&a_{n2}&\cdots&a_{nn}\end{vmatrix}$$

$$=\begin{vmatrix}a_{11}&a_{12}&\cdots&a_{1n}\\\vdots&\vdots&&\vdots\\a_{i1}&0&\cdots&0\\\vdots&\vdots&&\vdots\\a_{n1}&a_{n2}&\cdots&a_{nn}\end{vmatrix}+\begin{vmatrix}a_{11}&a_{12}&\cdots&a_{1n}\\\vdots&\vdots&&\vdots\\0&a_{i2}&\cdots&0\\\vdots&\vdots&&\vdots\\a_{n1}&a_{n2}&\cdots&a_{nn}\end{vmatrix}+\cdots+\begin{vmatrix}a_{11}&a_{12}&\cdots&a_{1n}\\\vdots&\vdots&&\vdots\\0&0&\cdots&a_{in}\\\vdots&\vdots&&\vdots\\a_{n1}&a_{n2}&\cdots&a_{nn}\end{vmatrix}$$

$$=a_{i1}A_{i1}+a_{i2}A_{i2}+\cdots+a_{in}A_{in}=\sum_{k=1}^{n}a_{ik}A_{ik}\quad(i=1,2,\cdots,n)$$

至于按列展开，同理可证。

例如，对于三阶行列式有下列等式成立：

$$\begin{vmatrix} a_{11} & a_{12} & a_{13} \\ a_{21} & a_{22} & a_{23} \\ a_{31} & a_{32} & a_{33} \end{vmatrix} = a_{11}a_{22}a_{33} + a_{12}a_{23}a_{31} + a_{13}a_{21}a_{32} - a_{13}a_{22}a_{31} - a_{12}a_{21}a_{33} - a_{11}a_{23}a_{32}$$

$$= a_{11}(a_{22}a_{33} - a_{23}a_{32}) - a_{21}(a_{12}a_{33} - a_{13}a_{32}) + a_{31}(a_{12}a_{23} - a_{13}a_{22})$$

$$= a_{11}\begin{vmatrix} a_{22} & a_{23} \\ a_{32} & a_{33} \end{vmatrix} - a_{21}\begin{vmatrix} a_{12} & a_{13} \\ a_{32} & a_{33} \end{vmatrix} + a_{31}\begin{vmatrix} a_{12} & a_{13} \\ a_{22} & a_{23} \end{vmatrix}$$

例 1.2.6 按第 2 列展开计算行列式

$$D = \begin{vmatrix} -3 & 1 & -3 \\ -1 & 3 & -1 \\ 4 & 0 & 2 \end{vmatrix}$$

解 将 D 按第 2 列展开得到

$$D = a_{12}A_{12} + a_{22}A_{22} + a_{32}A_{32}$$

$$= 1\times(-1)^{1+2}\begin{vmatrix} -1 & -1 \\ 4 & 2 \end{vmatrix} + 3\times(-1)^{2+2}\begin{vmatrix} -3 & -3 \\ 4 & 2 \end{vmatrix} + 0\times(-1)^{3+2}\begin{vmatrix} -3 & -3 \\ -1 & -1 \end{vmatrix}$$

$$= -1\times2 + 3\times6 + 0 = 16$$

例 1.2.7 按第 3 列展开计算行列式

$$D = \begin{vmatrix} 1 & 2 & 3 & 4 \\ 1 & 0 & 1 & 2 \\ 3 & -1 & -1 & 0 \\ 1 & 2 & 0 & -5 \end{vmatrix}$$

解 将 D 按第 3 列展开得到

$$D = a_{13}A_{13} + a_{23}A_{23} + a_{33}A_{33} + a_{43}A_{43}$$

$$= 3\times(-1)^{1+3}\begin{vmatrix} 1 & 0 & 2 \\ 3 & -1 & 0 \\ 1 & 2 & -5 \end{vmatrix} + 1\times(-1)^{2+3}\begin{vmatrix} 1 & 2 & 4 \\ 3 & -1 & 0 \\ 1 & 2 & -5 \end{vmatrix} + (-1)\times(-1)^{3+3}\begin{vmatrix} 1 & 2 & 4 \\ 1 & 0 & 2 \\ 1 & 2 & -5 \end{vmatrix} + 0\times(-1)^{4+3}\begin{vmatrix} 1 & 2 & 4 \\ 1 & 0 & 2 \\ 3 & -1 & 0 \end{vmatrix}$$

$$= 3\times19 + 1\times(-63) + (-1)\times18 + 0\times(-10) = -24$$

例 1.2.8 计算 n 阶行列式

$$D_n=\begin{vmatrix} x & y & 0 & 0 & \cdots & 0 & 0 \\ 0 & x & y & 0 & \cdots & 0 & 0 \\ 0 & 0 & x & y & \cdots & 0 & 0 \\ \vdots & \vdots & \vdots & \vdots & & \vdots & \vdots \\ 0 & 0 & 0 & 0 & \cdots & x & y \\ y & 0 & 0 & 0 & \cdots & 0 & x \end{vmatrix}$$

解 此行列式中各行各列有 $n-2$ 个零元素，现在直接按第 1 行展开得到

$$D_n=(-1)^{1+1}x\begin{vmatrix} x & y & 0 & \cdots & 0 & 0 \\ 0 & x & y & \cdots & 0 & 0 \\ \vdots & \vdots & \vdots & & \vdots & \vdots \\ 0 & 0 & 0 & \cdots & x & y \\ 0 & 0 & 0 & \cdots & 0 & x \end{vmatrix}+(-1)^{1+2}y\begin{vmatrix} 0 & y & 0 & \cdots & 0 & 0 \\ 0 & x & y & \cdots & 0 & 0 \\ \vdots & \vdots & \vdots & & \vdots & \vdots \\ 0 & 0 & 0 & \cdots & x & y \\ y & 0 & 0 & \cdots & 0 & x \end{vmatrix}$$

$$=x\cdot x^{n-1}-y\begin{vmatrix} 0 & y & 0 & \cdots & 0 & 0 \\ 0 & x & y & \cdots & 0 & 0 \\ \vdots & \vdots & \vdots & & \vdots & \vdots \\ 0 & 0 & 0 & \cdots & x & y \\ y & 0 & 0 & \cdots & 0 & x \end{vmatrix}$$

按第 1 列展开可得

$$D_n=x^n-y(-1)^{n-1+1}y\begin{vmatrix} y & 0 & \cdots & 0 & 0 \\ x & y & \cdots & 0 & 0 \\ \vdots & \vdots & & \vdots & \vdots \\ 0 & 0 & \cdots & x & y \end{vmatrix}$$

$$=x^n-y(-1)^n yy^{n-2}=x^n-(-1)^n y^n$$

例 1.2.9 计算行列式

$$D=\begin{vmatrix} 3 & 1 & -1 & 2 \\ -5 & 1 & 3 & -4 \\ 2 & 0 & 1 & -1 \\ 1 & -5 & 3 & -3 \end{vmatrix}$$

解 由于 D 中元素 $a_{32}=0$，为了利用这个零元素，用行列式的性质使第 2 列（或第 3 行）出现 $n-1=3$ 个零，即

$$D\xlongequal[r_4+5r_1]{r_2-r_1}\begin{vmatrix} 3 & 1 & -1 & 2 \\ -8 & 0 & 4 & -6 \\ 2 & 0 & 1 & -1 \\ 16 & 0 & -2 & 7 \end{vmatrix}=1\times(-1)^{1+2}\begin{vmatrix} -8 & 4 & -6 \\ 2 & 1 & -1 \\ 16 & -2 & 7 \end{vmatrix}$$

$$\xlongequal[c_3+c_2]{c_1-2c_2}-\begin{vmatrix}-16 & 4 & -2\\ 0 & 1 & 0\\ 20 & -2 & 5\end{vmatrix}$$

$$=(-1)\times 1\times(-1)^{2+2}\begin{vmatrix}-16 & -2\\ 20 & 5\end{vmatrix}$$

$$=40$$

例 1.2.10 证明范德蒙德行列式

$$D_n=\begin{vmatrix}1 & 1 & \cdots & 1\\ x_1 & x_2 & \cdots & x_n\\ x_1^2 & x_2^2 & \cdots & x_n^2\\ \vdots & \vdots & & \vdots\\ x_1^{n-1} & x_2^{n-1} & \cdots & x_n^{n-1}\end{vmatrix}=\prod_{1\leqslant j<i\leqslant n}(x_i-x_j) \tag{1.2.1}$$

其中记号“$\prod$”表示全体同类因子的乘积。

证 用数学归纳法。因为

$$D_2=\begin{vmatrix}1 & 1\\ x_1 & x_2\end{vmatrix}=x_2-x_1=\prod_{1\leqslant j<i\leqslant n}(x_i-x_j)$$

所以当 $n=2$ 时,式(1.2.1)成立。现在假设式(1.2.1)对于 $n-1$ 阶范德蒙德行列式成立,要证明式(1.2.1)对于 n 阶范德蒙德行列式也成立。

为此,设法把 D_n 降阶:从第 n 行开始,后行减去前行的 x_1 倍,有

$$D_n=\begin{vmatrix}1 & 1 & 1 & \cdots & 1\\ 0 & x_2-x_1 & x_3-x_1 & \cdots & x_n-x_1\\ 0 & x_2(x_2-x_1) & x_3(x_3-x_1) & \cdots & x_n(x_n-x_1)\\ \vdots & \vdots & \vdots & & \vdots\\ 0 & x_2^{n-2}(x_2-x_1) & x_3^{n-2}(x_3-x_1) & \cdots & x_n^{n-2}(x_n-x_1)\end{vmatrix}$$

按第1列展开,并把每列的公因子(x_j-x_i)提出,就有

$$D_n=(x_2-x_1)(x_3-x_1)\cdots(x_n-x_1)\begin{vmatrix}1 & 1 & \cdots & 1\\ x_2 & x_3 & \cdots & x_n\\ \vdots & \vdots & & \vdots\\ x_2^{n-2} & x_3^{n-2} & \cdots & x_n^{n-2}\end{vmatrix}$$

上式右端的行列式是 $n-1$ 阶范德蒙德行列式。按归纳法假设,它等于所有(x_j-x_i)因子的乘积,其中 $2\leqslant j<i\leqslant n$。故

$$D_n=(x_2-x_1)(x_3-x_1)\cdots(x_n-x_1)\prod_{2\leqslant j<i\leqslant n}(x_i-x_j)$$

$$=\prod_{1\leqslant j<i\leqslant n}(x_i-x_j)$$

推论 行列式任一行(列)的各元素与另一行(列)对应元素的代数余子式乘积之和为零,即

$$a_{i1}A_{j1}+a_{i2}A_{j2}+\cdots+a_{in}A_{jn}=0,\ i\neq j\quad (i,j=1,2,\cdots,n)$$
$$a_{1i}A_{1j}+a_{2i}A_{2j}+\cdots+a_{ni}A_{nj}=0,\ i\neq j\quad (i,j=1,2,\cdots,n)$$

证 构造行列式 $D=\det(a_{ij})$,按第 j 行展开,有

$$D=\begin{vmatrix} a_{11} & a_{12} & \cdots & a_{1n} \\ \vdots & \vdots & & \vdots \\ a_{i1} & a_{i2} & \cdots & a_{in} \\ \vdots & \vdots & & \vdots \\ a_{j1} & a_{j2} & \cdots & a_{jn} \\ \vdots & \vdots & & \vdots \\ a_{n1} & a_{n2} & \cdots & a_{nn} \end{vmatrix}=a_{j1}A_{j1}+a_{j2}A_{j2}+\cdots+a_{jn}A_{jn}$$

若第 i 行和第 j 行的元素相同($i\neq j$),则行列式的值为零,即

$$D=\begin{vmatrix} a_{11} & a_{12} & \cdots & a_{1n} \\ \vdots & \vdots & & \vdots \\ a_{i1} & a_{i2} & \cdots & a_{in} \\ \vdots & \vdots & & \vdots \\ a_{i1} & a_{i2} & \cdots & a_{in} \\ \vdots & \vdots & & \vdots \\ a_{n1} & a_{n2} & \cdots & a_{nn} \end{vmatrix}=0$$

将上式按第 j 行展开,有

$$a_{i1}A_{j1}+a_{i2}A_{j2}+\cdots+a_{in}A_{jn}=\sum_{k=1}^{n}a_{ik}A_{jk}=0\quad (i\neq j)$$

说明 同理,关于列有如下结论:

$$a_{1i}A_{1j}+a_{2i}A_{2j}+\cdots+a_{ni}A_{nj}=\sum_{k=1}^{n}a_{ki}A_{kj}=0\quad (i\neq j)$$

定理 1.2.1 及推论可归结为

$$a_{i1}A_{j1}+a_{i2}A_{j2}+\cdots+a_{in}A_{jn}=\sum_{k=1}^{n}a_{ik}A_{jk}=D\delta_{ij}=\begin{cases} D, & i=j \\ 0, & i\neq j \end{cases}$$

$$a_{1i}A_{1j}+a_{2i}A_{2j}+\cdots+a_{ni}A_{nj}=\sum_{k=1}^{n}a_{ki}A_{kj}=D\delta_{ij}=\begin{cases} D, & i=j \\ 0, & i\neq j \end{cases}$$

例 1.2.11 设 $D=\begin{vmatrix} -1 & 5 & 7 & -8 \\ 1 & 1 & 1 & 1 \\ 2 & 0 & -9 & 6 \\ -3 & 4 & 3 & 7 \end{vmatrix}$,试证 $A_{41}+A_{42}+A_{43}+A_{44}=0$。

解 这里显然不希望用求出每个 $A_{4i}(i=1,2,3,4)$ 的方法来证明它们之和为 0。因为

$$\begin{vmatrix} -1 & 5 & 7 & -8 \\ 1 & 1 & 1 & 1 \\ 2 & 0 & -9 & 6 \\ a_{41} & a_{42} & a_{43} & a_{44} \end{vmatrix} = a_{41}A_{41}+a_{42}A_{42}+a_{43}A_{43}+a_{44}A_{44}$$

取 $a_{41}=a_{42}=a_{43}=a_{44}=1$，则

$$A_{41}+A_{42}+A_{43}+A_{44}=\begin{vmatrix} -1 & 5 & 7 & -8 \\ 1 & 1 & 1 & 1 \\ 2 & 0 & -9 & 6 \\ 1 & 1 & 1 & 1 \end{vmatrix}=0$$

1.3 克莱姆法则

给定含有 n 个方程 n 个未知数 $x_1,x_2,\cdots,x_n$ 的线性方程组

$$\begin{cases} a_{11}x_1+a_{12}x_2+\cdots+a_{1n}x_n=b_1 \\ a_{21}x_1+a_{22}x_2+\cdots+a_{2n}x_n=b_2 \\ \qquad\qquad\vdots \\ a_{n1}x_1+a_{n2}x_2+\cdots+a_{nn}x_n=b_n \end{cases} \tag{1.3.1}$$

与二元、三元线性方程组相类似，它的解也可以用 n 阶行列式来表示。它的系数行列式可以表示为

$$D=\begin{vmatrix} a_{11} & a_{12} & \cdots & a_{1n} \\ a_{21} & a_{22} & \cdots & a_{2n} \\ \vdots & \vdots & & \vdots \\ a_{n1} & a_{n2} & \cdots & a_{nn} \end{vmatrix}$$

克莱姆法则 若线性方程组的系数行列式 $D\neq 0$，则线性方程组有唯一解，其解为

$$x_i=\frac{D_i}{D}\quad(i=1,2,\cdots,n)$$

其中，$D_i(i=1,2,\cdots,n)$ 是把 D 中第 i 列元素 $a_{1i},a_{2i},\cdots,a_{ni}$ 对应地换成常数项 $b_1,b_2,\cdots,b_n$，而其余各列保持不变所得到的行列式。这个法则的证明将在第 2 章中给出。

例 1.3.1 解线性方程组

$$\begin{cases}2x_1+x_2-5x_3+x_4=8\\x_1-3x_2-6x_4=9\\2x_2-x_3+2x_4=-5\\x_1+4x_2-7x_3+6x_4=0\end{cases}$$

解 按行按列展开计算行列式得到

$$D=\begin{vmatrix}2&1&-5&1\\1&-3&0&-6\\0&2&-1&2\\1&4&-7&6\end{vmatrix}\xlongequal[r_4-r_2]{r_1-2r_2}\begin{vmatrix}0&7&-5&13\\1&-3&0&-6\\0&2&-1&2\\0&7&-7&12\end{vmatrix}$$

$$=-\begin{vmatrix}7&-5&13\\2&-1&2\\7&-7&12\end{vmatrix}\xlongequal[c_3+2c_2]{c_1+2c_2}-\begin{vmatrix}-3&-5&3\\0&-1&0\\-7&-7&-2\end{vmatrix}$$

$$=\begin{vmatrix}-3&3\\-7&-2\end{vmatrix}=27\neq 0$$

余下 4 个行列式这里省略计算步骤,请读者自行练习。

$$D_1=\begin{vmatrix}8&1&-5&1\\9&-3&0&-6\\-5&2&-1&2\\0&4&-7&6\end{vmatrix}=81$$

$$D_2=\begin{vmatrix}2&8&-5&1\\1&9&0&-6\\0&-5&-1&2\\1&0&-7&6\end{vmatrix}=-108$$

$$D_3=\begin{vmatrix}2&1&8&1\\1&-3&9&-6\\0&2&-5&2\\1&4&0&6\end{vmatrix}=-27$$

$$D_4=\begin{vmatrix}2&1&-5&8\\1&-3&0&9\\0&2&-1&-5\\1&4&-7&0\end{vmatrix}=27$$

于是得到唯一解

$$x_1=\frac{D_1}{D}=3,\quad x_2=\frac{D_2}{D}=-4,\quad x_3=\frac{D_3}{D}=-1,\quad x_4=\frac{D_4}{D}=1$$

定理 1.3.1 如果式(1.3.1)中的线性方程组的系数行列式 $D\neq 0$,则它一定有解,且是唯一解。

定理 1.3.1 的逆否定理如下:

定理 1.3.2 如果式(1.3.1)中的线性方程组无解或有两个不同的解,则它的系数行列式必为零。

当式(1.3.1)中的线性方程组右端的常数项 $b_1,b_2,\cdots,b_n$ 不全为零时,线性方程组称为**非齐次线性方程组**,当 $b_1,b_2,\cdots,b_n$ 全为零时,线性方程组称为**齐次线性方程组**。

对于齐次线性方程组

$$\begin{cases} a_{11}x_1+a_{12}x_2+\cdots+a_{1n}x_n=0 \\ a_{21}x_1+a_{22}x_2+\cdots+a_{2n}x_n=0 \\ \qquad\qquad\vdots \\ a_{n1}x_1+a_{n2}x_2+\cdots+a_{nn}x_n=0 \end{cases} \tag{1.3.2}$$

$x_1=x_2=\cdots=x_n=0$ 一定是方程组(1.3.2)的解,这个解叫做齐次线性方程组的**零解**。如果一组不全为零的数是齐次线性方程组(1.3.2)的解,则它叫做齐次线性方程组的**非零解**。齐次线性方程组一定有零解,但不一定有非零解。

把定理 1.3.1 和定理 1.3.2 应用于齐次线性方程组,可以得到以下定理:

定理 1.3.3 如果齐次线性方程组(1.3.2)的系数行列式 $D\neq 0$,则齐次线性方程组只有零解。

定理 1.3.4 如果齐次线性方程组(1.3.2)有非零解,则它的系数行列式必为零。

例 1.3.2 讨论 λ 取何值时,齐次线性方程组

$$\begin{cases} (5-\lambda)x+2y+2z=0 \\ 2x+(6-\lambda)y=0 \\ 2x+(4-\lambda)z=0 \end{cases}$$

有非零解?

解 若齐次线性方程组有非零解,则系数行列式 $D=0$,即

$$D=\begin{vmatrix} 5-\lambda & 2 & 2 \\ 2 & 6-\lambda & 0 \\ 2 & 0 & 4-\lambda \end{vmatrix}=(5-\lambda)(6-\lambda)(4-\lambda)-4(6-\lambda)-4(4-\lambda)$$

$$=(5-\lambda)(2-\lambda)(8-\lambda)=0$$

即当 $\lambda=5,\lambda=2$ 和 $\lambda=8$ 时,方程组有非零解。

习题一

1. 单项选择题

(1) 若$\begin{vmatrix} a_{11} & a_{12} \\ a_{21} & a_{22} \end{vmatrix}=a$,则$\begin{vmatrix} a_{12} & ka_{22} \\ a_{11} & ka_{21} \end{vmatrix}=$(　　)。

(A) ka　　(B) $-ka$　　(C) k^2a　　(D) $-k^2a$

(2) 若$D=\begin{vmatrix} a_{11} & a_{12} & a_{13} \\ a_{21} & a_{22} & a_{23} \\ a_{31} & a_{32} & a_{33} \end{vmatrix}=\frac{1}{2}$,则$D_1=\begin{vmatrix} 2a_{11} & a_{13} & a_{11}-2a_{12} \\ 2a_{21} & a_{23} & a_{21}-2a_{22} \\ 2a_{31} & a_{33} & a_{31}-2a_{32} \end{vmatrix}=$(　　)。

(A) 4　　(B) -4　　(C) 2　　(D) -2

(3) 在函数$f(x)=\begin{vmatrix} 2x & x & -1 & 1 \\ -1 & -x & 1 & 2 \\ 3 & 2 & -x & 3 \\ 0 & 0 & 0 & 1 \end{vmatrix}$中$x^3$项的系数是(　　)。

(A) 0　　(B) -1　　(C) 1　　(D) 2

(4) 已知4阶行列式中第1行元素依次是$-4,0,1,3$,第3行元素的余子式依次为$-2,5,1,x$,则$x=$(　　)。

(A) 0　　(B) -3　　(C) 3　　(D) 2

(5) 若$D=\begin{vmatrix} -8 & 7 & 4 & 3 \\ 6 & -2 & 3 & -1 \\ 1 & 1 & 1 & 1 \\ 4 & 3 & -7 & 5 \end{vmatrix}$,则$D$中第1行元素的代数余子式的和为(　　)。

(A) -1　　(B) 3　　(C) -3　　(D) 0

(6) 若$D=\begin{vmatrix} 3 & 0 & 4 & 0 \\ 1 & 1 & 1 & 1 \\ 0 & -1 & 0 & 0 \\ 5 & 3 & -2 & 2 \end{vmatrix}$,则$D$中第4行元素的余子式的和为(　　)。

(A) -1　　(B) -2

(C) -3　　(D) 0

2. 填空题

(1) 行列式$\begin{vmatrix} 1 & -1 & 1 & x-1 \\ 1 & -1 & x+1 & -1 \\ 1 & x-1 & 1 & -1 \\ x+1 & -1 & 1 & -1 \end{vmatrix}=$________;

（2）n 阶行列式 $\begin{vmatrix} 1+\lambda & 1 & \cdots & 1 \\ 1 & 1+\lambda & \cdots & 1 \\ \vdots & \vdots & & \vdots \\ 1 & 1 & \cdots & 1+\lambda \end{vmatrix}=$________；

（3）设行列式 $D=\begin{vmatrix} 1 & 2 & 3 & 4 \\ 5 & 6 & 7 & 8 \\ 4 & 3 & 2 & 1 \\ 8 & 7 & 6 & 5 \end{vmatrix}$，$A_{4j}(j=1,2,3,4)$ 为 D 中第 4 行元素的代数余子式，则 $4A_{41}+3A_{42}+2A_{43}+A_{44}=$________；

（4）已知 $D=\begin{vmatrix} a & b & c & a \\ c & b & a & b \\ b & a & c & c \\ a & c & b & d \end{vmatrix}$，$D$ 中第 4 列元素的代数余子式的和为________；

（5）设行列式 $D=\begin{vmatrix} 1 & 2 & 3 & 4 \\ 3 & 3 & 4 & 4 \\ 1 & 5 & 6 & 7 \\ 1 & 1 & 2 & 2 \end{vmatrix}=-6$，$A_{4j}$ 为 $a_{4j}(j=1,2,3,4)$ 的代数余子式，则 $A_{41}+A_{42}=$________，$A_{43}+A_{44}=$________；

（6）齐次线性方程组 $\begin{cases} kx_1+2x_2+x_3=0 \\ 2x_1+kx_2=0 \\ x_1-x_2+x_3=0 \end{cases}$ 仅有零解的充要条件是________；

（7）若齐次线性方程组 $\begin{cases} x_1+2x_2+x_3=0 \\ 2x_2+5x_3=0 \\ -3x_1-2x_2+kx_3=0 \end{cases}$ 有非零解，则 $k=$________。

3. 计算下列各行列式：

（1）$\begin{vmatrix} a & a^2 \\ b & b^2 \end{vmatrix}$；（2）$\begin{vmatrix} 2 & 1 \\ -1 & 2 \end{vmatrix}$；（3）$\begin{vmatrix} x & y & x+y \\ y & x+y & x \\ x+y & x & y \end{vmatrix}$；

（4）$\begin{vmatrix} 4 & 1 & 2 & 4 \\ 1 & 2 & 0 & 2 \\ 10 & 5 & 2 & 0 \\ 0 & 1 & 1 & 7 \end{vmatrix}$；（5）$\begin{vmatrix} 2 & 1 & 4 & 1 \\ 3 & -1 & 2 & 1 \\ 1 & 2 & 3 & 2 \\ 5 & 0 & 6 & 2 \end{vmatrix}$；

(6) $\begin{vmatrix} a & b & c & d \\ a^2 & b^2 & c^2 & d^2 \\ a^3 & b^3 & c^3 & d^3 \\ b+c+d & a+c+d & a+b+d & a+b+c \end{vmatrix}$。

4. 求解下列方程：

(1) $\begin{vmatrix} x+1 & 2 & -1 \\ 2 & x+1 & 1 \\ -1 & 1 & x+1 \end{vmatrix}=0$； (2) 解方程 $\begin{vmatrix} 0 & 1 & x & 1 \\ 1 & 0 & 1 & x \\ x & 1 & 1 & 0 \\ 1 & x & 1 & 0 \end{vmatrix}=0$。

5. 证明题

(1) 设 $abcd=1$，证明：$\begin{vmatrix} a^2+\frac{1}{a^2} & a & \frac{1}{a} & 1 \\ b^2+\frac{1}{b^2} & b & \frac{1}{b} & 1 \\ c^2+\frac{1}{c^2} & c & \frac{1}{c} & 1 \\ d^2+\frac{1}{d^2} & d & \frac{1}{d} & 1 \end{vmatrix}=0$；

(2) 证明：$\begin{vmatrix} a_1+b_1x & a_1x+b_1 & c_1 \\ a_2+b_2x & a_2x+b_2 & c_2 \\ a_3+b_3x & a_3x+b_3 & c_3 \end{vmatrix}=(1-x^2)\begin{vmatrix} a_1 & b_1 & c_1 \\ a_2 & b_2 & c_2 \\ a_3 & b_3 & c_3 \end{vmatrix}$；

(3) 证明：

$$\begin{vmatrix} 1 & 1 & 1 & 1 \\ a & b & c & d \\ a^2 & b^2 & c^2 & d^2 \\ a^4 & b^4 & c^4 & d^4 \end{vmatrix}=(b-a)(c-a)(d-a)(c-b)(d-b)(d-c)(a+b+c+d)；$$

(4) 证明：$\begin{vmatrix} 1 & 1 & \cdots & 1 \\ a_1 & a_2 & \cdots & a_n \\ a_1^2 & a_2^2 & \cdots & a_n^2 \\ \vdots & \vdots & & \vdots \\ a_1^{n-2} & a_2^{n-2} & \cdots & a_n^{n-2} \\ a_1^n & a_2^n & \cdots & a_n^n \end{vmatrix}=\sum_{i=1}^{n}a_i\prod_{1\leqslant i<j\leqslant n}(a_j-a_i)$；

(5) 设 a,b,c 两两不等，证明：$\begin{vmatrix} 1 & 1 & 1 \\ a & b & c \\ a^3 & b^3 & c^3 \end{vmatrix}=0$ 的充要条件是 $a+b+c=0$。

6. 计算下列各行列式(D_n 为 n 阶行列式)：

(1) $D_n=\begin{vmatrix} x & a_1 & a_2 & \cdots & a_{n-2} & 1 \\ a_1 & x & a_2 & \cdots & a_{n-2} & 1 \\ a_1 & a_2 & x & \cdots & a_{n-2} & 1 \\ \vdots & \vdots & \vdots & & \vdots & \vdots \\ a_1 & a_2 & a_3 & \cdots & x & 1 \\ a_1 & a_2 & a_3 & \cdots & a_{n-1} & 1 \end{vmatrix}$；

(2) $D_{n+1}=\begin{vmatrix} a_0 & 1 & 1 & \cdots & 1 \\ 1 & a_1 & 1 & \cdots & 1 \\ 1 & 1 & a_2 & \cdots & 1 \\ \vdots & \vdots & \vdots & & \vdots \\ 1 & 1 & 1 & \cdots & a_n \end{vmatrix}(a_j\neq 1, j=0,1,\cdots,n)$；

(3) $D_n=\begin{vmatrix} 1 & 1 & 1 & \cdots & 1 \\ 3 & 1-b & 1 & \cdots & 1 \\ 1 & 1 & 2-b & \cdots & 1 \\ \vdots & \vdots & \vdots & & \vdots \\ 1 & 1 & 1 & \cdots & (n-1)-b \end{vmatrix}$；

(4) $D_{n+1}=\begin{vmatrix} 1 & 1 & 1 & \cdots & 1 \\ b_1 & a_1 & a_1 & \cdots & a_1 \\ b_1 & b_2 & a_2 & \cdots & a_2 \\ \vdots & \vdots & \vdots & & \vdots \\ b_1 & b_2 & b_3 & \cdots & a_n \end{vmatrix}$；

(5) $D_{n+1}=\begin{vmatrix} x & a_1 & a_2 & \cdots & a_n \\ a_1 & x & a_2 & \cdots & a_n \\ a_1 & a_2 & x & \cdots & a_n \\ \vdots & \vdots & \vdots & & \vdots \\ a_1 & a_2 & a_3 & \cdots & x \end{vmatrix}$；

(6) $D_n=\begin{vmatrix} 1+x_1^2 & x_1x_2 & \cdots & x_1x_n \\ x_2x_1 & 1+x_2^2 & \cdots & x_2x_n \\ \vdots & \vdots & & \vdots \\ x_nx_1 & x_nx_2 & \cdots & 1+x_n^2 \end{vmatrix}$；

(7) $D_n=\begin{vmatrix} 2 & 1 & 0 & \cdots & 0 & 0 \\ 1 & 2 & 1 & \cdots & 0 & 0 \\ 0 & 1 & 2 & \cdots & 0 & 0 \\ \vdots & \vdots & \vdots & & \vdots & \vdots \\ 0 & 0 & 0 & \cdots & 2 & 1 \\ 0 & 0 & 0 & \cdots & 1 & 2 \end{vmatrix}$。

7. 用克莱姆法则解下列方程组：

$$\begin{cases} x_1+x_2+x_3+x_4=5 \\ x_1+2x_2-x_3+4x_4=-2 \\ 2x_1-3x_2-x_3-5x_4=-2 \\ 3x_1+x_2+2x_3+11x_4=0 \end{cases}$$

8. 问 λ,μ 取何值时，齐次线性方程组：

$$\begin{cases} \lambda x_1+x_2+x_3=0 \\ x_1+\mu x_2+x_3=0 \\ x_1+2\mu x_2+x_3=0 \end{cases}$$

有非零解？

9. 问 λ 取何值时，齐次线性方程组：

$$\begin{cases} (1-\lambda)x_1-2x_2+4x_3=0 \\ 2x_1+(3-\lambda)x_2+x_3=0 \\ x_1+x_2+(1-\lambda)x_3=0 \end{cases}$$

有非零解？

第2章 矩 阵

矩阵理论是数学的一个重要分支，在自然科学、工程技术以及经济学领域中都有着重要的应用。本章主要介绍矩阵的基本概念和矩阵的基本运算及其运算的一些性质。

2.1 矩阵的基本概念

2.1.1 矩阵的相关概念

例 2.1.1 某车间有 3 个工作小组，他们在去年四个季度内的产量如表 2.1.1 所示。请用矩形数表将其简化。

表 2.1.1 单位：台

	第 1 季度	第 2 季度	第 3 季度	第 4 季度
第 1 组	0	200	400	550
第 2 组	300	150	300	280
第 3 组	400	300	150	360

解 可以把上述表格简化成一个 3 行 4 列的矩形数表，为了表明它的整体性，常给它加一对括号，如下所示，其中第 i 行表示第 i 组，第 j 列表示第 j 季度的产量。

$$\begin{pmatrix} 0 & 200 & 400 & 550 \\ 300 & 150 & 300 & 280 \\ 400 & 300 & 150 & 360 \end{pmatrix}$$

一般地，如果问题所牵涉的数据是以表格形式出现的，那么这些数据常常可以用上述简化的矩形数表来表述，该矩形数表就称为矩阵。学习线性代数的目标之一就是要学会利用矩阵这个工具去解决各种问题。

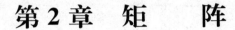

定义 2.1.1 由 $m \times n$ 个数排列成 m 行 n 列的矩形数表

$$\begin{pmatrix} a_{11} & a_{12} & \cdots & a_{1n} \\ a_{21} & a_{22} & \cdots & a_{2n} \\ \vdots & \vdots & & \vdots \\ a_{m1} & a_{m2} & \cdots & a_{mn} \end{pmatrix}$$

称为 m 行 n 列矩阵，可以记作 $\boldsymbol{A}=\boldsymbol{A}_{m\times n}=(a_{ij})_{m\times n}$ 或 $\boldsymbol{A}=(a_{ij})$，其中每一个数 a_{ij} 称为元素，元素 a_{ij} 的下角标表明它位于第 i 行、第 j 列的交叉位置。

定义 2.1.2 设 $\boldsymbol{A}=(a_{ij})_{m\times n}$，$\boldsymbol{B}=(b_{ij})_{m\times n}$，当且仅当矩阵 $\boldsymbol{A}$ 与矩阵 $\boldsymbol{B}$ 为同型矩阵（即两个矩阵的行数相等，列数也相等），且对应位置元素相等（即 $a_{ij}=b_{ij}$）时，称 $\boldsymbol{A}=\boldsymbol{B}$。

2.1.2 一些特殊矩阵

下面我们介绍几种常见的特殊矩阵。

（1）只有 1 行的矩阵 $(a_1, a_2, \cdots, a_n)$ 称为行矩阵，又称行向量；只有 1 列的矩阵 $\begin{pmatrix} b_1 \\ b_2 \\ \vdots \\ b_n \end{pmatrix}$ 称为列矩阵，又称列向量。

（2）所有元素都是零的矩阵称为零矩阵：

$$\boldsymbol{O}=\begin{pmatrix} 0 & 0 & \cdots & 0 \\ 0 & 0 & \cdots & 0 \\ \vdots & \vdots & & \vdots \\ 0 & 0 & \cdots & 0 \end{pmatrix}_{m\times n}$$

（3）当矩阵的行数和列数相等，即 $m=n$ 时，称矩阵为 n 阶方阵：

$$\boldsymbol{A}=\begin{pmatrix} a_{11} & a_{12} & \cdots & a_{1n} \\ a_{21} & a_{22} & \cdots & a_{2n} \\ \vdots & \vdots & & \vdots \\ a_{n1} & a_{n2} & \cdots & a_{nn} \end{pmatrix}$$

以下所提到的矩阵均为 n 阶方阵。

（4）上三角矩阵：

$$\boldsymbol{A}=\begin{pmatrix} a_{11} & a_{12} & \cdots & a_{1n} \\ 0 & a_{22} & \cdots & a_{2n} \\ \vdots & \vdots & & \vdots \\ 0 & 0 & \cdots & a_{nn} \end{pmatrix}$$

(5) 下三角矩阵：

$$\boldsymbol{A}=\begin{pmatrix} a_{11} & 0 & \cdots & 0 \\ a_{21} & a_{22} & \cdots & 0 \\ \vdots & \vdots & & \vdots \\ a_{n1} & a_{n2} & \cdots & a_{nn} \end{pmatrix}$$

(6) 对角方阵：

$$\boldsymbol{A}=\begin{pmatrix} \lambda_1 & 0 & \cdots & 0 \\ 0 & \lambda_2 & \cdots & 0 \\ \vdots & \vdots & & \vdots \\ 0 & 0 & \cdots & \lambda_n \end{pmatrix}$$

(7) 单位矩阵：

$$\boldsymbol{E}=\begin{pmatrix} 1 & 0 & \cdots & 0 \\ 0 & 1 & \cdots & 0 \\ \vdots & \vdots & & \vdots \\ 0 & 0 & \cdots & 1 \end{pmatrix}$$

2.2 矩阵的运算

2.2.1 矩阵的加法

定义 2.2.1 设两个 $m\times n$ 矩阵 $\boldsymbol{A}=(a_{ij})$ 和 $\boldsymbol{B}=(b_{ij})$，那么矩阵 $\boldsymbol{A}$ 与 $\boldsymbol{B}$ 的和就记作 $\boldsymbol{A}+\boldsymbol{B}$，规定

$$\boldsymbol{A}+\boldsymbol{B}=\begin{pmatrix} a_{11}+b_{11} & a_{12}+b_{12} & \cdots & a_{1n}+b_{1n} \\ a_{21}+b_{21} & a_{22}+b_{22} & \cdots & a_{2n}+b_{2n} \\ \vdots & \vdots & & \vdots \\ a_{m1}+b_{m1} & a_{m1}+b_{m2} & \cdots & a_{mn}+b_{mn} \end{pmatrix}$$

注 只有当两个矩阵是同型矩阵时，这两个矩阵才能进行加法运算。

例 2.2.1 已知 $\boldsymbol{A}=\begin{pmatrix} 3 & 7 & -3 & 1 \\ 4 & -1 & 1 & 1 \\ 3 & -1 & 0 & 2 \end{pmatrix}$，$\boldsymbol{B}=\begin{pmatrix} 1 & 2 & 4 & -1 \\ 5 & 3 & 0 & 2 \\ 2 & 2 & -1 & 0 \end{pmatrix}$，求 $\boldsymbol{A}+\boldsymbol{B}$。

解 由于矩阵 $\boldsymbol{A}$ 与 $\boldsymbol{B}$ 均为 3 行 4 列的矩阵，故

$$\boldsymbol{A}+\boldsymbol{B}=\begin{pmatrix} 3+1 & 7+2 & -3+4 & 1+(-1) \\ 4+5 & -1+3 & 1+0 & 1+2 \\ 3+2 & -1+2 & 0+(-1) & 2+0 \end{pmatrix}=\begin{pmatrix} 4 & 9 & 1 & 0 \\ 9 & 2 & 1 & 3 \\ 5 & 1 & -1 & 2 \end{pmatrix}$$

矩阵加法满足以下运算规律(设 $\boldsymbol{A},\boldsymbol{B},\boldsymbol{C}$ 都是 $m\times n$ 矩阵)：

(1) $\boldsymbol{A}+\boldsymbol{B}=\boldsymbol{B}+\boldsymbol{A}$；

(2) $(\boldsymbol{A}+\boldsymbol{B})+\boldsymbol{C}=\boldsymbol{A}+(\boldsymbol{B}+\boldsymbol{C})$。

设矩阵 $\boldsymbol{A}=(a_{ij})$，记 $-\boldsymbol{A}=(-a_{ij})$，$-\boldsymbol{A}$ 称为矩阵 $\boldsymbol{A}$ 的负矩阵，显然有

$$\boldsymbol{A}+(-\boldsymbol{A})=\boldsymbol{O}$$

由此可以规定矩阵的减法为

$$\boldsymbol{A}-\boldsymbol{B}=\boldsymbol{A}+(-\boldsymbol{B})$$

2.2.2 数与矩阵相乘

定义 2.2.2 数 λ 与矩阵 $\boldsymbol{A}$ 的乘积记作 $\lambda\boldsymbol{A}$ 或 $\boldsymbol{A}\lambda$，规定

$$\lambda\boldsymbol{A}=\boldsymbol{A}\lambda=\begin{pmatrix}\lambda a_{11} & \lambda a_{12} & \cdots & \lambda a_{1n}\\ \lambda a_{21} & \lambda a_{22} & \cdots & \lambda a_{2n}\\ \vdots & \vdots & & \vdots\\ \lambda a_{m1} & \lambda a_{m2} & \cdots & \lambda a_{mn}\end{pmatrix}$$

数乘矩阵满足下列运算规律(设 $\boldsymbol{A},\boldsymbol{B}$ 为 $m\times n$ 矩阵，λ,μ 为数)：

(1) $(\lambda\mu)\boldsymbol{A}=\lambda(\mu\boldsymbol{A})$；

(2) $(\lambda+\mu)\boldsymbol{A}=\lambda\boldsymbol{A}+\mu\boldsymbol{A}$；

(3) $\lambda(\boldsymbol{A}+\boldsymbol{B})=\lambda\boldsymbol{A}+\lambda\boldsymbol{B}$。

矩阵的加法与矩阵的数乘运算合起来，统称为矩阵的线性运算。

例 2.2.2 已知 $\boldsymbol{A}=\begin{pmatrix}-1 & 2 & 3 & 1\\ 0 & 3 & -2 & 1\\ 4 & 0 & 3 & 2\end{pmatrix}$，$\boldsymbol{B}=\begin{pmatrix}4 & 3 & 2 & -1\\ 5 & -3 & 0 & 1\\ 1 & 2 & -5 & 0\end{pmatrix}$，求 $3\boldsymbol{A}-2\boldsymbol{B}$。

解

$$\begin{aligned}3\boldsymbol{A}-2\boldsymbol{B}&=3\begin{pmatrix}-1 & 2 & 3 & 1\\ 0 & 3 & -2 & 1\\ 4 & 0 & 3 & 2\end{pmatrix}-2\begin{pmatrix}4 & 3 & 2 & -1\\ 5 & -3 & 0 & 1\\ 1 & 2 & -5 & 0\end{pmatrix}\\ &=\begin{pmatrix}3\times(-1) & 3\times 2 & 3\times 3 & 3\times 1\\ 3\times 0 & 3\times 3 & 3\times(-2) & 3\times 1\\ 3\times 4 & 3\times 0 & 3\times 3 & 3\times 2\end{pmatrix}-\\ &\quad\begin{pmatrix}2\times 4 & 2\times 3 & 2\times 2 & 2\times(-1)\\ 2\times 5 & 2\times(-3) & 2\times 0 & 2\times 1\\ 2\times 1 & 2\times 2 & 2\times(-5) & 2\times 0\end{pmatrix}\\ &=\begin{pmatrix}-3-8 & 6-6 & 9-4 & 3-(-2)\\ 0-10 & 9-(-6) & -6-0 & 3-2\\ 12-2 & 0-4 & 9-(-10) & 6-0\end{pmatrix}=\begin{pmatrix}-11 & 0 & 5 & 5\\ -10 & 15 & -6 & 1\\ 10 & -4 & 19 & 6\end{pmatrix}\end{aligned}$$

例 2.2.3 已知 $\boldsymbol{A}=\begin{pmatrix}12&13&8\\6&5&3\\2&-1&0\end{pmatrix}$，$\boldsymbol{B}=\begin{pmatrix}3&4&2\\6&-1&0\\-4&-4&6\end{pmatrix}$，且 $\boldsymbol{A}-3\boldsymbol{X}=\boldsymbol{B}$，求 $\boldsymbol{X}$。

解 因为 $\boldsymbol{A}-3\boldsymbol{X}=\boldsymbol{B}$，所以 $\boldsymbol{A}-\boldsymbol{B}=3\boldsymbol{X}$，则

$$\boldsymbol{X}=\frac{1}{3}(\boldsymbol{A}-\boldsymbol{B})=\frac{1}{3}\begin{pmatrix}12-3&13-4&8-2\\6-6&5-(-1)&3-0\\2-(-4)&(-1)-(-4)&0-6\end{pmatrix}$$

$$=\frac{1}{3}\begin{pmatrix}9&9&6\\0&6&3\\6&3&-6\end{pmatrix}=\begin{pmatrix}3&3&2\\0&2&1\\2&1&-2\end{pmatrix}$$

2.2.3 矩阵与矩阵相乘

定义 2.2.3 设 $\boldsymbol{A}=(a_{ij})_{m\times s}$，$\boldsymbol{B}=(b_{ij})_{s\times n}$，规定 $\boldsymbol{AB}$ 是一个 $m\times n$ 矩阵 $\boldsymbol{C}$，即 $\boldsymbol{C}=\boldsymbol{AB}=(c_{ij})_{m\times n}$，它的元素 c_{ij} 是由 $\boldsymbol{A}$ 的第 i 行与 $\boldsymbol{B}$ 的第 j 列对应元素相乘累加得到，即

$$c_{ij}=a_{i1}b_{1j}+a_{i2}b_{2j}+\cdots+a_{is}b_{sj}=\sum_{k=1}^{s}a_{ik}b_{kj}$$

例如

$$\begin{pmatrix}a_{11}&a_{12}&\cdots&a_{1k}\\a_{21}&a_{22}&\cdots&a_{2k}\\\vdots&\vdots&&\vdots\\a_{m1}&a_{m2}&\cdots&a_{mk}\end{pmatrix}\begin{pmatrix}b_{11}&b_{12}&\cdots&b_{1n}\\b_{21}&b_{22}&\cdots&b_{2n}\\\vdots&\vdots&&\vdots\\b_{k1}&b_{k2}&\cdots&b_{kn}\end{pmatrix}=\begin{pmatrix}c_{11}&c_{12}&\cdots&c_{1n}\\c_{21}&c_{22}&\cdots&c_{2n}\\\vdots&\vdots&&\vdots\\c_{m1}&c_{m2}&\cdots&c_{mn}\end{pmatrix}$$

其中

$$c_{11}=a_{11}b_{11}+a_{12}b_{21}+\cdots+a_{1k}b_{k1}$$
$$\vdots$$
$$c_{nn}=a_{n1}b_{1n}+a_{n2}b_{2n}+\cdots+a_{nk}b_{kn}$$

例 2.2.4 设

$$\boldsymbol{A}=\begin{pmatrix}1&2&3\\2&-1&-4\end{pmatrix},\quad \boldsymbol{B}=\begin{pmatrix}2&5\\0&1\\-1&-3\end{pmatrix}$$

求 $\boldsymbol{AB}$。

解

$$\boldsymbol{AB}=\begin{pmatrix}1\times2+2\times0+3\times(-1)&1\times5+2\times1+3\times(-3)\\2\times2+(-1)\times0+(-4)\times(-1)&2\times5+(-1)\times1+(-4)\times(-3)\end{pmatrix}$$

$$=\begin{pmatrix}-1&-2\\8&21\end{pmatrix}$$

可以看出，两矩阵相乘要求前者的列数与后者的行数相等，并且一个 $m\times s$ 矩阵

与一个 $s\times n$ 矩阵相乘是一个 $m\times n$ 矩阵，即

$$\boldsymbol{A}_{m\times s}\boldsymbol{B}_{s\times n}=\boldsymbol{C}_{m\times n}$$

例 2.2.5 已知

$$\boldsymbol{A}=\begin{pmatrix}1 & 2 & 0\\ 2 & 0 & 1\end{pmatrix},\quad \boldsymbol{B}=\begin{pmatrix}1 & 0\\ 1 & 3\\ 1 & 2\end{pmatrix}$$

求 $\boldsymbol{AB}$ 和 $\boldsymbol{BA}$。

解

$$\boldsymbol{AB}=\begin{pmatrix}1 & 2 & 0\\ 2 & 0 & 1\end{pmatrix}\begin{pmatrix}1 & 0\\ 1 & 3\\ 1 & 2\end{pmatrix}=\begin{pmatrix}3 & 6\\ 3 & 2\end{pmatrix}$$

$$\boldsymbol{BA}=\begin{pmatrix}1 & 0\\ 1 & 3\\ 1 & 2\end{pmatrix}\begin{pmatrix}1 & 2 & 0\\ 2 & 0 & 1\end{pmatrix}=\begin{pmatrix}1 & 2 & 0\\ 7 & 2 & 3\\ 5 & 2 & 2\end{pmatrix}$$

例 2.2.6 若

$$\boldsymbol{A}=\begin{pmatrix}1 & 0 & 0\\ 0 & 0 & 1\end{pmatrix},\quad \boldsymbol{B}=\begin{pmatrix}0 & 0\\ 1 & 2\\ 0 & 0\end{pmatrix}$$

求 $\boldsymbol{AB}$。

解

$$\boldsymbol{AB}=\begin{pmatrix}1 & 0 & 0\\ 0 & 0 & 1\end{pmatrix}\begin{pmatrix}0 & 0\\ 1 & 2\\ 0 & 0\end{pmatrix}=\begin{pmatrix}0 & 0\\ 0 & 0\end{pmatrix}$$

例 2.2.7 已知

$$\boldsymbol{A}=\begin{pmatrix}1 & 0 & 0\\ 0 & 0 & 1\end{pmatrix},\quad \boldsymbol{C}=\begin{pmatrix}1 & 0\\ 1 & 1\\ 0 & 2\end{pmatrix},\quad \boldsymbol{D}=\begin{pmatrix}1 & 0\\ 4 & 5\\ 0 & 2\end{pmatrix}$$

求 $\boldsymbol{AC}$ 和 $\boldsymbol{AD}$。

解

$$\boldsymbol{AC}=\begin{pmatrix}1 & 0 & 0\\ 0 & 0 & 1\end{pmatrix}\begin{pmatrix}1 & 0\\ 1 & 1\\ 0 & 2\end{pmatrix}=\begin{pmatrix}1 & 0\\ 0 & 2\end{pmatrix}$$

$$\boldsymbol{AD}=\begin{pmatrix}1 & 0 & 0\\ 0 & 0 & 1\end{pmatrix}\begin{pmatrix}1 & 0\\ 4 & 5\\ 0 & 2\end{pmatrix}=\begin{pmatrix}1 & 0\\ 0 & 2\end{pmatrix}$$

由例 2.2.5～例 2.2.7 可知，由于矩阵是数表的形式，矩阵乘矩阵不同于数字之间的运算，一般有以下几点：

(1) $\boldsymbol{AB}\neq\boldsymbol{BA}$(交换律一般不成立)；

(2) 若 $\boldsymbol{AB}=\boldsymbol{O}$，可能 $\boldsymbol{A}\neq\boldsymbol{O}$ 且 $\boldsymbol{B}\neq\boldsymbol{O}$；

(3) 若 $\boldsymbol{AC}=\boldsymbol{AD}$ 时，可能 $\boldsymbol{C}\neq\boldsymbol{D}$(消去律不成立)。

矩阵乘法虽然不满足交换律，但仍满足下列的结合律和分配律(假设运算都是可行的)：

(1) $(\boldsymbol{AB})\boldsymbol{C}=\boldsymbol{A}(\boldsymbol{BC})$；

(2) $\lambda(\boldsymbol{AB})=(\lambda\boldsymbol{A})\boldsymbol{B}=\boldsymbol{A}(\lambda\boldsymbol{B})$；

(3) $\boldsymbol{A}(\boldsymbol{B}+\boldsymbol{C})=\boldsymbol{AB}+\boldsymbol{AC}$，$(\boldsymbol{B}+\boldsymbol{C})\boldsymbol{A}=\boldsymbol{BA}+\boldsymbol{CA}$；

(4) $\boldsymbol{A}_{m\times n}\cdot\boldsymbol{E}_{n\times n}=\boldsymbol{A}_{m\times n}$，$\boldsymbol{E}_{n\times n}\cdot\boldsymbol{B}_{n\times k}=\boldsymbol{B}_{n\times k}$(任意矩阵乘单位方阵仍为该矩阵)。

有了矩阵的乘法就可以定义矩阵的幂。

定义 2.2.4 设方阵 $\boldsymbol{A}=(a_{ij})_{n\times n}$，规定

$$\boldsymbol{A}^0=\boldsymbol{E},\quad \boldsymbol{A}^k=\overbrace{\boldsymbol{A}\cdot\boldsymbol{A}\cdot\cdots\cdot\boldsymbol{A}}^{k个}\quad (k\text{ 为自然数})$$

其中 $\boldsymbol{A}^k$ 称为 $\boldsymbol{A}$ 的 k 次幂。

方阵的幂满足以下运算规律：

(1) $\boldsymbol{A}^m\cdot\boldsymbol{A}^n=\boldsymbol{A}^{m+n}$($m,n$ 是非负整数)；

(2) $(\boldsymbol{A}^m)^n=\boldsymbol{A}^{mn}$。

因为矩阵乘法一般不满足交换律，对于两个 n 阶矩阵 $\boldsymbol{A}$ 与 $\boldsymbol{B}$，一般来说 $(\boldsymbol{AB})^k\neq\boldsymbol{A}^k\boldsymbol{B}^k$，只有当矩阵 $\boldsymbol{A}$ 与 $\boldsymbol{B}$ 可交换(即 $\boldsymbol{AB}=\boldsymbol{BA}$)时，才有 $(\boldsymbol{AB})^k=\boldsymbol{A}^k\boldsymbol{B}^k$。类似地可知，例如完全平方公式 $(\boldsymbol{A}+\boldsymbol{B})^2=\boldsymbol{A}^2+2\boldsymbol{AB}+\boldsymbol{B}^2$ 和平方差公式 $(\boldsymbol{A}+\boldsymbol{B})(\boldsymbol{A}-\boldsymbol{B})=\boldsymbol{A}^2-\boldsymbol{B}^2$，也只有当矩阵 $\boldsymbol{A}$ 与 $\boldsymbol{B}$ 可交换(即 $\boldsymbol{AB}=\boldsymbol{BA}$)时才成立。

2.2.4 矩阵的转置

定义 2.2.5 把矩阵 $\boldsymbol{A}$ 的行换成同序数的列得到一个新矩阵，叫做 $\boldsymbol{A}$ 的转置矩阵，记作 $\boldsymbol{A}^{\mathrm{T}}$。

例如

$$\boldsymbol{A}=\begin{pmatrix}1 & 2 & 0\\ 3 & -1 & 1\end{pmatrix}$$

的转置矩阵为

$$\boldsymbol{A}^{\mathrm{T}}=\begin{pmatrix}1 & 3\\ 2 & -1\\ 0 & 1\end{pmatrix}$$

矩阵转置有以下运算规律：

(1) $(\boldsymbol{A}^{\mathrm{T}})^{\mathrm{T}}=\boldsymbol{A}$；

(2) $(\boldsymbol{A}+\boldsymbol{B})^{\mathrm{T}}=\boldsymbol{A}^{\mathrm{T}}+\boldsymbol{B}^{\mathrm{T}}$；

(3) $(k\boldsymbol{A})^{\mathrm{T}}=k\boldsymbol{A}^{\mathrm{T}}$($k$ 为常数)；

(4) $(\boldsymbol{AB})^{\mathrm{T}}=\boldsymbol{B}^{\mathrm{T}}\boldsymbol{A}^{\mathrm{T}}$。

例 2.2.8 已知

$$\boldsymbol{A}=\begin{pmatrix}2 & 0 & -1\\ 1 & 3 & 2\end{pmatrix},\quad \boldsymbol{B}=\begin{pmatrix}1 & 7 & -1\\ 4 & 2 & 3\\ 2 & 0 & 1\end{pmatrix}$$

求$(\boldsymbol{AB})^{\mathrm{T}}$。

解 $(\boldsymbol{AB})^{\mathrm{T}}=\boldsymbol{B}^{\mathrm{T}}\boldsymbol{A}^{\mathrm{T}}=\begin{pmatrix}1 & 4 & 2\\ 7 & 2 & 0\\ -1 & 3 & 1\end{pmatrix}\begin{pmatrix}2 & 1\\ 0 & 3\\ -1 & 2\end{pmatrix}=\begin{pmatrix}0 & 17\\ 14 & 13\\ -3 & 10\end{pmatrix}$。

定义 2.2.6 设 $\boldsymbol{A}$ 为 n 阶方阵，如果满足 $\boldsymbol{A}^{\mathrm{T}}=\boldsymbol{A}$，即

$$a_{ij}=a_{ji}\quad (i,j=1,2,\cdots,n)$$

那么称 $\boldsymbol{A}$ 为对称矩阵，简称**对称阵**。对称阵的特点是：它的元素以对角线为对称轴对应相等。

例如，矩阵

$$\boldsymbol{A}=\begin{pmatrix}2 & 7 & -1\\ 7 & 3 & 0\\ -1 & 0 & 4\end{pmatrix}$$

就是对称阵。

例 2.2.9 设 $\boldsymbol{AB}$ 为 n 阶矩阵，且 $\boldsymbol{A}$ 为对称矩阵，证明 $\boldsymbol{B}^{\mathrm{T}}\boldsymbol{AB}$ 也是对称矩阵。

证 因为矩阵 $\boldsymbol{A}$ 为对称矩阵，所以 $\boldsymbol{A}=\boldsymbol{A}^{\mathrm{T}}$。于是

$$(\boldsymbol{B}^{\mathrm{T}}\boldsymbol{AB})^{\mathrm{T}}=(\boldsymbol{AB})^{\mathrm{T}}(\boldsymbol{B}^{\mathrm{T}})^{\mathrm{T}}=(\boldsymbol{AB})^{\mathrm{T}}\boldsymbol{B}=\boldsymbol{B}^{\mathrm{T}}\boldsymbol{A}^{\mathrm{T}}\boldsymbol{B}=\boldsymbol{B}^{\mathrm{T}}\boldsymbol{AB}$$

所以 $\boldsymbol{B}^{\mathrm{T}}\boldsymbol{AB}$ 是对称矩阵。

2.2.5 方阵的行列式

定义 2.2.7 由 n 阶方阵 $\boldsymbol{A}$ 的元素所构成的行列式(各元素位置不变)，称为方阵 $\boldsymbol{A}$ 的行列式，记作$|\boldsymbol{A}|$或 $\det\boldsymbol{A}$。若$|\boldsymbol{A}|\neq 0$，称方阵 $\boldsymbol{A}$ 为非奇异矩阵，否则，称 $\boldsymbol{A}$ 为奇异矩阵。

注 方阵 $\boldsymbol{A}$ 与方阵 $\boldsymbol{A}$ 的行列式是两个不同的概念，前者是一个数表，而后者是一个数值。

方阵的行列式满足下列运算规律(设 $\boldsymbol{A}$,$\boldsymbol{B}$ 为 n 阶方阵)：

(1) $|\boldsymbol{A}^{\mathrm{T}}|=|\boldsymbol{A}|$；

(2) $|k\boldsymbol{A}|=k^n|\boldsymbol{A}|$；

(3) $|\boldsymbol{AB}|=|\boldsymbol{BA}|=|\boldsymbol{A}||\boldsymbol{B}|$。

例 2.2.10 设

$$\boldsymbol{A}=\begin{pmatrix}2 & 5 & -1\\ 0 & -1 & 6\\ 0 & 0 & 3\end{pmatrix},\quad \boldsymbol{B}=\begin{pmatrix}7 & 0 & 0\\ -3 & 2 & 0\\ 9 & 8 & 1\end{pmatrix}$$

求 $|2\boldsymbol{A}|$ 及 $|\boldsymbol{AB}|$。

解 因为 $\boldsymbol{A}$ 和 $\boldsymbol{B}$ 为三阶行列式，可求得 $|\boldsymbol{A}|=-6$，$|\boldsymbol{B}|=14$，而

$$2\boldsymbol{A}=\begin{pmatrix}4 & 10 & -2\\ 0 & -2 & 12\\ 0 & 0 & 6\end{pmatrix}$$

$$|2\boldsymbol{A}|=-48$$

所以

$$|2\boldsymbol{A}|=2^3|\boldsymbol{A}|$$

因为

$$\boldsymbol{AB}=\begin{pmatrix}2 & 5 & -1\\ 0 & -1 & 6\\ 0 & 0 & 3\end{pmatrix}\begin{pmatrix}7 & 0 & 0\\ -3 & 2 & 0\\ 9 & 8 & 1\end{pmatrix}=\begin{pmatrix}-10 & 2 & -1\\ 57 & 46 & 6\\ 27 & 24 & 3\end{pmatrix}$$

$$\boldsymbol{BA}=\begin{pmatrix}7 & 0 & 0\\ -3 & 2 & 0\\ 9 & 8 & 1\end{pmatrix}\begin{pmatrix}2 & 5 & -1\\ 0 & -1 & 6\\ 0 & 0 & 3\end{pmatrix}=\begin{pmatrix}14 & 35 & -7\\ -6 & -17 & 15\\ 18 & 37 & 42\end{pmatrix}$$

可计算得到 $|\boldsymbol{AB}|=-84$，$|\boldsymbol{BA}|=-84$，从而验证了

$$|\boldsymbol{AB}|=|\boldsymbol{BA}|=|\boldsymbol{A}||\boldsymbol{B}|$$

2.2.6 线性方程组的矩阵表示

一般线性方程组的形式为

$$\begin{cases}a_{11}x_1+a_{12}x_2+\cdots+a_{1n}x_n=b_1\\ a_{21}x_1+a_{22}x_2+\cdots+a_{2n}x_n=b_2\\ \quad\vdots\\ a_{m1}x_1+a_{m2}x_2+\cdots+a_{mn}x_n=b_m\end{cases}\tag{2.2.1}$$

记 $\boldsymbol{A}=\begin{pmatrix}a_{11} & a_{12} & \cdots & a_{1n}\\ a_{21} & a_{22} & \cdots & a_{2n}\\ \vdots & \vdots & & \vdots\\ a_{m1} & a_{m2} & \cdots & a_{mn}\end{pmatrix}$，称为方程组的系数矩阵，$\boldsymbol{x}=\begin{pmatrix}x_1\\ x_2\\ \vdots\\ x_n\end{pmatrix}$ 为未知数构成的列矩

阵，$b=\begin{pmatrix}b_1\\b_2\\\vdots\\b_m\end{pmatrix}$为常数项构成的列矩阵。利用矩阵的运算，容易知道方程组(2.2.1)可以简单地表示为矩阵方程

$$Ax=b$$

2.3 逆矩阵

从2.2节可知，利用矩阵的乘法，线性方程组(2.2.1)可以用矩阵方程 $Ax=b$ 表示，那么如何求出 x 呢？

在数的运算方程中，对于方程 $ax=b$，当 $a\neq 0$ 时，方程的解为 $x=a^{-1}b$。其中 a^{-1} 为 a 的倒数，有 $a\cdot a^{-1}=a^{-1}\cdot a=1$。我们也希望 $Ax=b$ 可以像数的方程那样求解，把倒数推广到矩阵当中，那就需要找到一个矩阵(不妨记作 A^{-1})，使得它对矩阵 A 有 $A\cdot A^{-1}=E$。但又因为矩阵的乘法不满足交换律，我们不得不要求满足条件 $A\cdot A^{-1}=A^{-1}\cdot A=E$，从而得到了逆矩阵的概念。

2.3.1 伴随矩阵和逆矩阵的概念

定义 2.3.1 行列式 $|A|$ 的各个元素的代数余子式 $A_{ij}\,(i,j=1,2,\cdots,n)$ 所构成的矩阵

$$A^*=\begin{pmatrix}A_{11}&A_{21}&\cdots&A_{n1}\\A_{12}&A_{22}&\cdots&A_{n2}\\\vdots&\vdots&&\vdots\\A_{1n}&A_{2n}&\cdots&A_{nn}\end{pmatrix}$$

称为矩阵 A 的伴随矩阵，简称伴随阵。

定义 2.3.2 对于 n 阶方阵 A，如果存在一个 n 阶方阵 B，使得

$$AB=BA=E$$

则称矩阵 A 为可逆矩阵，而矩阵 B 称为矩阵 A 的逆矩阵，记作 A^{-1}。

例 2.3.1 设

$$A=\begin{pmatrix}1&-1\\1&1\end{pmatrix},\quad B=\begin{pmatrix}\frac{1}{2}&\frac{1}{2}\\-\frac{1}{2}&\frac{1}{2}\end{pmatrix}$$

因为

$$AB=BA=E$$

所以 $\boldsymbol{B}$ 是 $\boldsymbol{A}$ 的逆矩阵,即 $\boldsymbol{B}=\boldsymbol{A}^{-1}$。

性质 若 $\boldsymbol{A}$ 是可逆矩阵,则 $\boldsymbol{A}$ 的逆矩阵是唯一的。

证 设 $\boldsymbol{B}$ 和 $\boldsymbol{C}$ 是 $\boldsymbol{A}$ 的可逆矩阵,则有

$$\boldsymbol{AB}=\boldsymbol{BA}=\boldsymbol{E},\quad \boldsymbol{AC}=\boldsymbol{CA}=\boldsymbol{E}$$

得

$$\boldsymbol{B}=\boldsymbol{EB}=(\boldsymbol{CA})\boldsymbol{B}=\boldsymbol{C}(\boldsymbol{AB})=\boldsymbol{CE}=\boldsymbol{C}$$

所以 $\boldsymbol{A}$ 的逆矩阵是唯一的,即 $\boldsymbol{B}=\boldsymbol{C}=\boldsymbol{A}^{-1}$。

例 2.3.2 设 $\boldsymbol{A}=\begin{pmatrix}2&1\\-1&0\end{pmatrix}$,求 $\boldsymbol{A}$ 的逆矩阵。

解 设 $\boldsymbol{B}=\begin{pmatrix}a&b\\c&d\end{pmatrix}$是 $\boldsymbol{A}$ 的逆矩阵,则

$$\boldsymbol{AB}=\begin{pmatrix}2&1\\-1&0\end{pmatrix}\begin{pmatrix}a&b\\c&d\end{pmatrix}=\begin{pmatrix}1&0\\0&1\end{pmatrix}$$

即

$$\begin{pmatrix}2a+c&2b+d\\-a&-b\end{pmatrix}=\begin{pmatrix}1&0\\0&1\end{pmatrix}$$

所以

$$\begin{cases}2a+c=1\\2b+d=0\\-a=0\\-b=1\end{cases}\Rightarrow\begin{cases}a=0\\b=-1\\c=1\\d=2\end{cases}$$

又因为

$$\begin{pmatrix}2&1\\-1&0\end{pmatrix}\begin{pmatrix}0&-1\\1&2\end{pmatrix}=\begin{pmatrix}0&-1\\1&2\end{pmatrix}\begin{pmatrix}2&1\\-1&0\end{pmatrix}=\begin{pmatrix}1&0\\0&1\end{pmatrix}$$

所以

$$\boldsymbol{A}^{-1}=\begin{pmatrix}0&-1\\1&2\end{pmatrix}$$

定理 2.3.1 若矩阵 $\boldsymbol{A}$ 可逆,则 $|\boldsymbol{A}|\neq0$。

证 $\boldsymbol{A}$ 可逆,即有 $\boldsymbol{A}^{-1}$,使得 $\boldsymbol{AA}^{-1}=\boldsymbol{E}$。故 $|\boldsymbol{A}||\boldsymbol{A}^{-1}|=|\boldsymbol{E}|=1$,所以 $|\boldsymbol{A}|\neq0$。

定理 2.3.2 若 $|\boldsymbol{A}|\neq0$,则矩阵 $\boldsymbol{A}$ 可逆,且

$$\boldsymbol{A}^{-1}=\frac{1}{|\boldsymbol{A}|}\boldsymbol{A}^{*}$$

其中 $\boldsymbol{A}^{*}$ 为 $\boldsymbol{A}$ 的伴随矩阵。

证 由定理 1.2.1 及其推论知

$$AA^* = \begin{pmatrix} a_{11} & a_{12} & \cdots & a_{1n} \\ a_{21} & a_{22} & \cdots & a_{2n} \\ \vdots & \vdots & & \vdots \\ a_{m1} & a_{m2} & \cdots & a_{mn} \end{pmatrix} \begin{pmatrix} A_{11} & A_{21} & \cdots & A_{n1} \\ A_{12} & A_{22} & \cdots & A_{n2} \\ \vdots & \vdots & & \vdots \\ A_{1n} & A_{2n} & \cdots & A_{nn} \end{pmatrix} = \begin{pmatrix} |A| & 0 & \cdots & 0 \\ 0 & |A| & \cdots & 0 \\ \vdots & \vdots & & \vdots \\ 0 & 0 & \cdots & |A| \end{pmatrix}$$

即

$$AA^* = |A|E$$

当$|A|\neq 0$时

$$A\frac{1}{|A|}A^* = E$$

同理可得

$$\frac{1}{|A|}A^*A = E$$

故

$$A^{-1} = \frac{1}{|A|}A^*$$

2.3.2 逆矩阵的求法——伴随矩阵求逆法

定理 2.3.3 对于方阵A,B,若$AB=E$(或$BA=E$),则$B=A^{-1}$。

证 若$AB=E$,则

$$|A||B| = |E| = 1$$

故$|A|\neq 0$,由定理 2.3.2 知A^{-1}存在,于是

$$B = EB = (A^{-1}A)B = A^{-1}(AB) = A^{-1}E = A^{-1}$$

类似地,若$BA=E$,可得

$$B = BE = B(AA^{-1}) = (BA)A^{-1} = EA^{-1} = A^{-1}$$

例 2.3.3 求方阵$A=\begin{pmatrix} 1 & 2 & 3 \\ 2 & 2 & 1 \\ 3 & 4 & 3 \end{pmatrix}$的逆矩阵。

解 因为$|A| = \begin{vmatrix} 1 & 2 & 3 \\ 2 & 2 & 1 \\ 3 & 4 & 3 \end{vmatrix} = 2 \neq 0$,所以$A^{-1}$存在。因为

$$A_{11} = \begin{vmatrix} 2 & 1 \\ 4 & 3 \end{vmatrix} = 2, \quad A_{12} = -\begin{vmatrix} 2 & 1 \\ 3 & 3 \end{vmatrix} = -3$$

同理可得

$$A_{13}=2,\quad A_{21}=6,\quad A_{22}=-6,\quad A_{23}=2, A_{31}=-4,\quad A_{32}=5,\quad A_{33}=-2$$

所以

$$A^* = \begin{pmatrix} 2 & 6 & -4 \\ -3 & -6 & 5 \\ 2 & 2 & -2 \end{pmatrix}$$

故

$$A^{-1}=\frac{1}{|A|}A^{*}=\frac{1}{2}\begin{pmatrix}2&6&-4\\-3&-6&5\\2&2&-2\end{pmatrix}=\begin{pmatrix}1&3&-2\\-\frac{3}{2}&-3&\frac{5}{2}\\1&1&-1\end{pmatrix}$$

例 2.3.4 下列矩阵 $\boldsymbol{A},\boldsymbol{B}$ 是否可逆？若可逆，求出其逆矩阵。

$$\boldsymbol{A}=\begin{pmatrix}1&2&3\\2&1&2\\1&3&3\end{pmatrix},\quad \boldsymbol{B}=\begin{pmatrix}2&3&-1\\-1&3&5\\1&5&-11\end{pmatrix}$$

解

$$|\boldsymbol{A}|=\begin{vmatrix}1&2&3\\2&1&2\\1&3&3\end{vmatrix}=\begin{vmatrix}1&2&3\\0&-3&-4\\0&1&0\end{vmatrix}=\begin{vmatrix}1&2&3\\0&-3&-4\\0&1&0\end{vmatrix}=\begin{vmatrix}-3&-4\\1&0\end{vmatrix}=4\neq 0$$

所以 $\boldsymbol{A}$ 可逆。

因为

$$A_{11}=\begin{vmatrix}1&2\\3&3\end{vmatrix}=-3,\quad A_{12}=-\begin{vmatrix}2&2\\1&3\end{vmatrix}=-4,\quad A_{13}=\begin{vmatrix}2&1\\1&3\end{vmatrix}=5$$

同理可求得

$$A_{21}=3,\quad A_{22}=0,\quad A_{23}=-1,\quad A_{31}=1,\quad A_{32}=4,\quad A_{33}=-3$$

$$\boldsymbol{A}^{-1}=\frac{\boldsymbol{A}^{*}}{|\boldsymbol{A}|}=\frac{1}{|\boldsymbol{A}|}\begin{pmatrix}A_{11}&A_{21}&A_{31}\\A_{12}&A_{22}&A_{32}\\A_{13}&A_{23}&A_{33}\end{pmatrix}=\frac{1}{4}\begin{pmatrix}-3&3&1\\-4&0&4\\5&-1&-3\end{pmatrix}$$

由于 $|\boldsymbol{B}|=\begin{vmatrix}2&3&-1\\-1&3&5\\1&5&-11\end{vmatrix}=0$，故 $\boldsymbol{B}$ 不可逆。

方阵的逆矩阵满足下列运算规律：

(1) 若 $\boldsymbol{A}$ 可逆，则 $\boldsymbol{A}^{-1}$ 亦可逆，且 $(\boldsymbol{A}^{-1})^{-1}=\boldsymbol{A}$；

(2) 若 $\boldsymbol{A}$ 可逆，数 $\lambda\neq 0$，则 $\lambda\boldsymbol{A}$ 可逆，且

$$(\lambda\boldsymbol{A})^{-1}=\frac{1}{\lambda}\boldsymbol{A}^{-1}$$

(3) 若 $\boldsymbol{A},\boldsymbol{B}$ 为同阶方阵均可逆，则 $\boldsymbol{AB}$ 亦可逆，且 $(\boldsymbol{AB})^{-1}=\boldsymbol{B}^{-1}\boldsymbol{A}^{-1}$；

推广 $$(\boldsymbol{A}_1\boldsymbol{A}_2\cdots\boldsymbol{A}_m)^{-1}=\boldsymbol{A}_m^{-1}\cdots\boldsymbol{A}_2^{-1}\boldsymbol{A}_1^{-1}$$

(4) 若 $\boldsymbol{A}$ 可逆，则 $\boldsymbol{A}^{\mathrm{T}}$ 亦可逆，且 $(\boldsymbol{A}^{\mathrm{T}})^{-1}=(\boldsymbol{A}^{-1})^{\mathrm{T}}$；

(5) 若 $\boldsymbol{A}$ 可逆，则有 $|\boldsymbol{A}^{-1}|=|\boldsymbol{A}|^{-1}$；

(6) 当 $|\boldsymbol{A}|\neq 0$ 时，定义 $\boldsymbol{A}^{0}=\boldsymbol{E}$，则

$$A^{\lambda}A^{\mu}=A^{\lambda+\mu},\quad (A^{\lambda})^{\mu}=A^{\lambda\mu}(\lambda,\mu \text{ 为正整数})$$

若 k 为正整数,则

$$(A^{k})^{-1}=(A^{-1})^{k}$$

证 (3) 因为

$$(AB)(B^{-1}A^{-1})=A(BB^{-1})A^{-1}=AEA^{-1}=AA^{-1}=E$$

所以

$$(AB)^{-1}=B^{-1}A^{-1}$$

(4) 因为 $A^{\mathrm{T}}(A^{-1})^{\mathrm{T}}=(A^{-1}A)^{\mathrm{T}}=E^{\mathrm{T}}=E$,所以

$$(A^{\mathrm{T}})^{-1}=(A^{-1})^{\mathrm{T}}$$

(5) 因为 $AA^{-1}=E$,所以 $|A||A^{-1}|=1$,因此 $|A^{-1}|=|A|^{-1}$。

对于线性方程组

$$AX=B$$

如果 $|A|\neq 0$,那么 A^{-1} 必然存在,用 A^{-1} 左乘上式两端就可以得到线性方程组的解向量

$$X=A^{-1}B$$

而且方程组的解向量是唯一确定的。

同理可解方程 $XB=C$,得 $X=CB^{-1}$。

例 2.3.5 设 $A=\begin{pmatrix}1&2&3\\2&2&1\\3&4&3\end{pmatrix}$,$B=\begin{pmatrix}2&1\\5&3\end{pmatrix}$,$C=\begin{pmatrix}1&3\\2&0\\3&1\end{pmatrix}$,求矩阵 X,满足 $AXB=C$。

解 因为 $|A|=\begin{vmatrix}1&2&3\\2&2&1\\3&4&3\end{vmatrix}=2\neq 0$,$|B|=\begin{vmatrix}2&1\\5&3\end{vmatrix}=1\neq 0$,所以 A^{-1},B^{-1} 都存在。

因为 $AXB=C$,所以

$$A^{-1}AXBB^{-1}=A^{-1}CB^{-1}$$
$$X=A^{-1}CB^{-1}$$

可求得

$$A^{-1}=\begin{pmatrix}1&3&-2\\-\frac{3}{2}&-3&\frac{5}{2}\\1&1&-1\end{pmatrix},\quad B^{-1}=\begin{pmatrix}3&-1\\-5&2\end{pmatrix}$$

于是

$$X=A^{-1}CB^{-1}=\begin{pmatrix}1&3&-2\\-\frac{3}{2}&-3&\frac{5}{2}\\1&1&-1\end{pmatrix}\begin{pmatrix}1&3\\2&0\\3&1\end{pmatrix}\begin{pmatrix}3&-1\\-5&2\end{pmatrix}$$

$$=\begin{pmatrix}1&1\\0&-2\\0&2\end{pmatrix}\begin{pmatrix}3&-1\\-5&2\end{pmatrix}=\begin{pmatrix}-2&1\\10&-4\\-10&4\end{pmatrix}$$

例 2.3.6 设方阵 $\boldsymbol{A}$ 满足方程 $\boldsymbol{A}^2-\boldsymbol{A}-2\boldsymbol{E}=\boldsymbol{O}$，证明：$\boldsymbol{A},\boldsymbol{A}+2\boldsymbol{E}$ 都可逆，并求它们的逆矩阵。

证 由 $\boldsymbol{A}^2-\boldsymbol{A}-2\boldsymbol{E}=\boldsymbol{O}$ 得

$$\boldsymbol{A}(\boldsymbol{A}-\boldsymbol{E})=2\boldsymbol{E}$$

$$\boldsymbol{A}\frac{\boldsymbol{A}-\boldsymbol{E}}{2}=\boldsymbol{E}$$

故 $\boldsymbol{A}$ 可逆，且

$$\boldsymbol{A}^{-1}=\frac{1}{2}(\boldsymbol{A}-\boldsymbol{E})$$

下面证明 $\boldsymbol{A}+2\boldsymbol{E}$ 可逆。

方法一 由 $\boldsymbol{A}^2-\boldsymbol{A}-2\boldsymbol{E}=\boldsymbol{O}$ 得

$$\boldsymbol{A}^2-4\boldsymbol{E}-(\boldsymbol{A}+2\boldsymbol{E})=-4\boldsymbol{E}$$

$$(\boldsymbol{A}+2\boldsymbol{E})(\boldsymbol{A}-2\boldsymbol{E})-(\boldsymbol{A}+2\boldsymbol{E})=-4\boldsymbol{E}$$

$$(\boldsymbol{A}+2\boldsymbol{E})(\boldsymbol{A}-3\boldsymbol{E})=-4\boldsymbol{E}$$

即

$$(\boldsymbol{A}+2\boldsymbol{E})\frac{\boldsymbol{A}-3\boldsymbol{E}}{-4}=\boldsymbol{E}$$

故 $\boldsymbol{A}+2\boldsymbol{E}$ 可逆，且

$$(\boldsymbol{A}+2\boldsymbol{E})^{-1}=-\frac{1}{4}(\boldsymbol{A}-3\boldsymbol{E})=\frac{3\boldsymbol{E}-\boldsymbol{A}}{4}$$

方法二 由 $\boldsymbol{A}^2-\boldsymbol{A}-2\boldsymbol{E}=\boldsymbol{O}$ 得

$$\boldsymbol{A}^2=\boldsymbol{A}+2\boldsymbol{E}$$

因为 $\boldsymbol{A}^{-1}=\frac{1}{2}(\boldsymbol{A}-\boldsymbol{E})$，则

$$\boldsymbol{A}^2(\boldsymbol{A}^{-1})^2=(\boldsymbol{A}+2\boldsymbol{E})\left[\frac{1}{2}(\boldsymbol{A}-\boldsymbol{E})\right]^2$$

$$\boldsymbol{E}=(\boldsymbol{A}+2\boldsymbol{E})\frac{1}{4}(\boldsymbol{A}-\boldsymbol{E})^2$$

故 $\boldsymbol{A}+2\boldsymbol{E}$ 可逆，且

$$(\boldsymbol{A}+2\boldsymbol{E})^{-1}=\frac{1}{4}(\boldsymbol{A}-\boldsymbol{E})^2=\frac{1}{4}(\boldsymbol{A}^2-2\boldsymbol{A}+\boldsymbol{E})$$

由 $\boldsymbol{A}^2-\boldsymbol{A}-2\boldsymbol{E}=\boldsymbol{O}$ 可得

$$\boldsymbol{A}^2-2\boldsymbol{A}+\boldsymbol{E}=3\boldsymbol{E}-\boldsymbol{A}$$

所以

$$(\boldsymbol{A}+2\boldsymbol{E})^{-1}=\frac{3\boldsymbol{E}-\boldsymbol{A}}{4}$$

从上述过程中,我们可以发现,方法一与方法二最终的结果是一致的。

例 2.3.7 解下列矩阵方程:

(1) $\begin{pmatrix}1 & -5\\ -1 & 4\end{pmatrix}\boldsymbol{X}=\begin{pmatrix}3 & 2\\ 1 & 4\end{pmatrix}$;

(2) $\boldsymbol{X}\begin{bmatrix}1 & -1 & 1\\ 1 & 1 & 0\\ 2 & 1 & 1\end{bmatrix}=\begin{bmatrix}1 & 2 & -3\\ 2 & 0 & 4\\ 0 & -1 & 5\end{bmatrix}$;

(3) $\begin{bmatrix}1 & -1 & 1\\ 1 & 1 & 0\\ 2 & 1 & 1\end{bmatrix}\boldsymbol{X}\begin{bmatrix}1 & -1 & 1\\ 1 & 1 & 0\\ 3 & 2 & 1\end{bmatrix}=\begin{bmatrix}4 & 2 & 3\\ 0 & -1 & 5\\ 2 & 1 & 1\end{bmatrix}$。

解 (1) 由行列式非零知矩阵可逆,方程两端左乘矩阵$\begin{pmatrix}1 & -5\\ -1 & 4\end{pmatrix}^{-1}$,可得

$$\begin{pmatrix}1 & -5\\ -1 & 4\end{pmatrix}^{-1}\begin{pmatrix}1 & -5\\ -1 & 4\end{pmatrix}\boldsymbol{X}=\begin{pmatrix}1 & -5\\ -1 & 4\end{pmatrix}^{-1}\begin{pmatrix}3 & 2\\ 1 & 4\end{pmatrix}$$

$$\boldsymbol{X}=\begin{pmatrix}1 & -5\\ -1 & 4\end{pmatrix}^{-1}\begin{pmatrix}3 & 2\\ 1 & 4\end{pmatrix}=\begin{pmatrix}-4 & -5\\ -1 & -1\end{pmatrix}\begin{pmatrix}3 & 2\\ 1 & 4\end{pmatrix}=\begin{pmatrix}-17 & -28\\ -4 & -6\end{pmatrix}$$

(2) 由行列式非零知矩阵可逆,方程两端右乘矩阵$\begin{bmatrix}1 & -1 & 1\\ 1 & 1 & 0\\ 2 & 1 & 1\end{bmatrix}^{-1}$,可得

$$\boldsymbol{X}\begin{bmatrix}1 & -1 & 1\\ 1 & 1 & 0\\ 2 & 1 & 1\end{bmatrix}\begin{bmatrix}1 & -1 & 1\\ 1 & 1 & 0\\ 2 & 1 & 1\end{bmatrix}^{-1}=\begin{bmatrix}1 & 2 & -3\\ 2 & 0 & 4\\ 0 & -1 & 5\end{bmatrix}\begin{bmatrix}1 & -1 & 1\\ 1 & 1 & 0\\ 2 & 1 & 1\end{bmatrix}^{-1}$$

$$\boldsymbol{X}=\begin{bmatrix}1 & 2 & -3\\ 2 & 0 & 4\\ 0 & -1 & 5\end{bmatrix}\begin{bmatrix}1 & -1 & 1\\ 1 & 1 & 0\\ 2 & 1 & 1\end{bmatrix}^{-1}=\begin{bmatrix}1 & 2 & -3\\ 2 & 0 & 4\\ 0 & -1 & 5\end{bmatrix}\begin{bmatrix}1 & 2 & -1\\ -1 & -1 & 1\\ -1 & -3 & 2\end{bmatrix}$$

$$=\begin{bmatrix}2 & 9 & -5\\ -2 & -8 & 6\\ -4 & -14 & 9\end{bmatrix}$$

(3) 由行列式非零知矩阵可逆,方程两端左乘矩阵$\begin{bmatrix}1 & -1 & 1\\ 1 & 1 & 0\\ 2 & 1 & 1\end{bmatrix}^{-1}$,方程两端右乘矩阵$\begin{bmatrix}1 & -1 & 1\\ 1 & 1 & 0\\ 3 & 2 & 1\end{bmatrix}^{-1}$,则

$$X=\begin{pmatrix}1&-1&1\\1&1&0\\2&1&1\end{pmatrix}^{-1}\begin{pmatrix}4&2&3\\0&-1&5\\2&1&1\end{pmatrix}\begin{pmatrix}1&-1&1\\1&1&0\\3&2&1\end{pmatrix}^{-1}$$

$$=\begin{pmatrix}1&2&-1\\-1&-1&1\\-1&-3&2\end{pmatrix}\begin{pmatrix}4&2&3\\0&-1&5\\2&1&1\end{pmatrix}\begin{pmatrix}1&3&-1\\-1&-2&1\\-1&-5&2\end{pmatrix}$$

$$=\begin{pmatrix}-9&-52&21\\5&29&-12\\13&74&-29\end{pmatrix}$$

在1.3节中，我们介绍了克莱姆法则并利用其求解了4个四元线性方程组成的方程组，但是由于前面所学知识的局限性，下面对克莱姆法则的内容进行证明。

证 把 n 元线性方程组

$$\begin{cases}a_{11}x_1+a_{12}x_2+\cdots+a_{1n}x_n=b_1\\a_{21}x_1+a_{22}x_2+\cdots+a_{2n}x_n=b_2\\\qquad\vdots\\a_{n1}x_1+a_{n2}x_2+\cdots+a_{nn}x_n=b_n\end{cases}\tag{2.3.1}$$

写成矩阵方程

$$\boldsymbol{Ax}=\boldsymbol{b}$$

这里 $\boldsymbol{A}=(a_{ij})_{n\times n}$ 为线性方程组(2.3.1)中的未知数的系数 a_{ij} 所构成的 n 阶矩阵。

若 $|\boldsymbol{A}|\neq0$，即 $\boldsymbol{A}^{-1}$ 存在，则有

$$\boldsymbol{A}^{-1}\boldsymbol{Ax}=\boldsymbol{A}^{-1}\boldsymbol{b}$$

即

$$\boldsymbol{x}=\boldsymbol{A}^{-1}\boldsymbol{b}$$

根据逆矩阵的唯一性可知 $\boldsymbol{x}=\boldsymbol{A}^{-1}\boldsymbol{b}$ 是线性方程组(2.3.1)的唯一的解向量。

由逆矩阵公式 $\boldsymbol{A}^{-1}=\frac{1}{|\boldsymbol{A}|}\boldsymbol{A}^*$，得

$$\boldsymbol{x}=\boldsymbol{A}^{-1}\boldsymbol{b}=\frac{1}{|\boldsymbol{A}|}\boldsymbol{A}^*\boldsymbol{b}$$

所以

$$\begin{pmatrix}x_1\\x_2\\\vdots\\x_n\end{pmatrix}=\frac{1}{|\boldsymbol{A}|}\begin{pmatrix}A_{11}&A_{21}&\cdots&A_{n1}\\A_{12}&A_{22}&\cdots&A_{2n}\\\vdots&\vdots&&\vdots\\A_{1n}&A_{2n}&\cdots&A_{nn}\end{pmatrix}\begin{pmatrix}b_1\\b_2\\\vdots\\b_n\end{pmatrix}=\frac{1}{|\boldsymbol{A}|}\begin{pmatrix}b_1A_{11}+b_2A_{21}+\cdots+b_nA_{n1}\\b_1A_{12}+b_2A_{22}+\cdots+b_nA_{n2}\\\vdots\\b_1A_{1n}+b_2A_{2n}+\cdots+b_nA_{nn}\end{pmatrix}$$

即

$$x_j=\frac{1}{|\boldsymbol{A}|}(b_1A_{1j}+b_2A_{2j}+\cdots+b_nA_{nj})=\frac{1}{|\boldsymbol{A}|}|\boldsymbol{A}_j|\quad(j=1,2,\cdots,n)$$

克莱姆法则可视为行列式的一个应用，而所给出的证明又可看作逆矩阵的一个应用。它解决的是方程个数与未知数个数相等并且系数行列式不等于零的线性方程组的求解问题。

2.4 矩阵的分块

在矩阵运算中，特别是针对高阶矩阵，常常采用矩阵分块的方法将其简化为较低阶的矩阵运算。用若干条纵线和横线将矩阵 $\boldsymbol{A}$ 分为若干个小矩阵，每一个小矩阵称为 $\boldsymbol{A}$ 的子块。以子块为元素的矩阵 $\boldsymbol{A}$ 称为分块矩阵。

分成子块的方法很多，如 4×3 矩阵 $\boldsymbol{A}$ 可分为

$$\left(\begin{array}{c:cc}1 & 7 & 0\\ 2 & 3 & 9\\ \hdashline 3 & 8 & 1\\ 4 & -1 & 6\end{array}\right),\quad \left(\begin{array}{c:c:c}1 & 7 & 0\\ 2 & 3 & 9\\ 3 & 8 & 1\\ 4 & -1 & 6\end{array}\right),\quad \left(\begin{array}{cc:c}1 & 7 & 0\\ \hdashline 2 & 3 & 9\\ 3 & 8 & 1\\ \hdashline 4 & -1 & 6\end{array}\right),\quad \left(\begin{array}{c:c:c}1 & 7 & 0\\ \hdashline 2 & 3 & 9\\ 3 & 8 & 1\\ 4 & -1 & 6\end{array}\right)$$

它们可分别表示为

$$\begin{pmatrix}\boldsymbol{A}_{11} & \boldsymbol{A}_{12}\\ \boldsymbol{A}_{21} & \boldsymbol{A}_{22}\end{pmatrix},\quad (\boldsymbol{A}_1\quad \boldsymbol{A}_2\quad \boldsymbol{A}_3),\quad \begin{pmatrix}\boldsymbol{A}_{11} & \boldsymbol{A}_{12}\\ \boldsymbol{A}_{21} & \boldsymbol{A}_{22}\\ \boldsymbol{A}_{31} & \boldsymbol{A}_{32}\end{pmatrix},\quad \begin{pmatrix}\boldsymbol{A}_{11} & \boldsymbol{A}_{12} & \boldsymbol{A}_{13}\\ \boldsymbol{A}_{21} & \boldsymbol{A}_{22} & \boldsymbol{A}_{23}\end{pmatrix}$$

在第一种分法中，$\boldsymbol{A}_{11}=\begin{pmatrix}1\\2\end{pmatrix}$，$\boldsymbol{A}_{12}=\begin{pmatrix}7 & 0\\3 & 9\end{pmatrix}$，$\boldsymbol{A}_{21}=\begin{pmatrix}3\\4\end{pmatrix}$，$\boldsymbol{A}_{22}=\begin{pmatrix}8 & 1\\-1 & 6\end{pmatrix}$，其他分法可类推。

分块矩阵的运算与普通矩阵类似，分别说明如下：

1. 加法运算

设 $\boldsymbol{A},\boldsymbol{B}$ 都是 $m\times n$ 矩阵，且将 $\boldsymbol{A},\boldsymbol{B}$ 按完全相同的方法分块：

$$\boldsymbol{A}=\begin{pmatrix}\boldsymbol{A}_{11} & \boldsymbol{A}_{12} & \cdots & \boldsymbol{A}_{1s}\\ \boldsymbol{A}_{21} & \boldsymbol{A}_{22} & \cdots & \boldsymbol{A}_{2s}\\ \vdots & \vdots & & \vdots\\ \boldsymbol{A}_{r1} & \boldsymbol{A}_{r2} & \cdots & \boldsymbol{A}_{rs}\end{pmatrix},\quad \boldsymbol{B}=\begin{pmatrix}\boldsymbol{B}_{11} & \boldsymbol{B}_{12} & \cdots & \boldsymbol{B}_{1s}\\ \boldsymbol{B}_{21} & \boldsymbol{B}_{22} & \cdots & \boldsymbol{B}_{2s}\\ \vdots & \vdots & & \vdots\\ \boldsymbol{B}_{r1} & \boldsymbol{B}_{r2} & \cdots & \boldsymbol{B}_{rs}\end{pmatrix}$$

则有

$$\boldsymbol{A}+\boldsymbol{B}=\begin{pmatrix}\boldsymbol{A}_{11}+\boldsymbol{B}_{11} & \boldsymbol{A}_{12}+\boldsymbol{B}_{12} & \cdots & \boldsymbol{A}_{1s}+\boldsymbol{B}_{1s}\\ \boldsymbol{A}_{21}+\boldsymbol{B}_{21} & \boldsymbol{A}_{22}+\boldsymbol{B}_{22} & \cdots & \boldsymbol{A}_{2s}+\boldsymbol{B}_{2s}\\ \vdots & \vdots & & \vdots\\ \boldsymbol{A}_{r1}+\boldsymbol{B}_{r1} & \boldsymbol{A}_{r2}+\boldsymbol{B}_{r2} & \cdots & \boldsymbol{A}_{rs}+\boldsymbol{B}_{rs}\end{pmatrix}$$

2. 数乘运算

设 $\boldsymbol{A}=\begin{pmatrix}\boldsymbol{A}_{11} & \boldsymbol{A}_{12} & \cdots & \boldsymbol{A}_{1s}\\ \boldsymbol{A}_{21} & \boldsymbol{A}_{22} & \cdots & \boldsymbol{A}_{2s}\\ \vdots & \vdots & & \vdots\\ \boldsymbol{A}_{r1} & \boldsymbol{A}_{r2} & \cdots & \boldsymbol{A}_{rs}\end{pmatrix}$,则有 $\lambda\boldsymbol{A}=\begin{pmatrix}\lambda\boldsymbol{A}_{11} & \lambda\boldsymbol{A}_{12} & \cdots & \lambda\boldsymbol{A}_{1s}\\ \lambda\boldsymbol{A}_{21} & \lambda\boldsymbol{A}_{22} & \cdots & \lambda\boldsymbol{A}_{2s}\\ \vdots & \vdots & & \vdots\\ \lambda\boldsymbol{A}_{r1} & \lambda\boldsymbol{A}_{r2} & \cdots & \lambda\boldsymbol{A}_{rs}\end{pmatrix}$

例 2.4.1 设矩阵

$$\boldsymbol{A}=\begin{pmatrix}1 & 2 & 3 & 4\\ -1 & 3 & 2 & -2\\ 0 & 0 & 2 & 1\\ 0 & 0 & 1 & 2\end{pmatrix},\quad \boldsymbol{B}=\begin{pmatrix}1 & 1 & 1 & 1\\ 1 & -3 & -2 & 0\\ 2 & 0 & 2 & 1\\ -3 & 1 & 2 & -1\end{pmatrix}$$

试用分块矩阵计算 $\boldsymbol{A}+\boldsymbol{B}$,$3\boldsymbol{A}$。

解 把 $\boldsymbol{A}$ 和 $\boldsymbol{B}$ 作相同的分块如下:

$$\boldsymbol{A}=\begin{pmatrix}\boldsymbol{A}_{11} & \boldsymbol{A}_{12}\\ \boldsymbol{A}_{21} & \boldsymbol{A}_{22}\end{pmatrix}\quad 与\quad \boldsymbol{B}=\begin{pmatrix}\boldsymbol{B}_{11} & \boldsymbol{B}_{12}\\ \boldsymbol{B}_{21} & \boldsymbol{B}_{22}\end{pmatrix}$$

其中

$$\boldsymbol{A}_{11}=\begin{pmatrix}1 & 2\\ -1 & 3\end{pmatrix},\quad \boldsymbol{A}_{12}=\begin{pmatrix}3 & 4\\ 2 & -2\end{pmatrix},\quad \boldsymbol{A}_{21}=\begin{pmatrix}0 & 0\\ 0 & 0\end{pmatrix},\quad \boldsymbol{A}_{22}=\begin{pmatrix}2 & 1\\ 1 & 2\end{pmatrix}$$

$$\boldsymbol{B}_{11}=\begin{pmatrix}1 & 1\\ 1 & -3\end{pmatrix},\quad \boldsymbol{B}_{12}=\begin{pmatrix}1 & 1\\ -2 & 0\end{pmatrix},\quad \boldsymbol{B}_{21}=\begin{pmatrix}2 & 0\\ -3 & 1\end{pmatrix},\quad \boldsymbol{B}_{22}=\begin{pmatrix}2 & 1\\ 2 & -1\end{pmatrix}$$

则

$$\boldsymbol{A}_{11}+\boldsymbol{B}_{11}=\begin{pmatrix}2 & 3\\ 0 & 0\end{pmatrix},\quad \boldsymbol{A}_{12}+\boldsymbol{B}_{12}=\begin{pmatrix}4 & 5\\ 0 & -2\end{pmatrix}$$

$$\boldsymbol{A}_{21}+\boldsymbol{B}_{21}=\begin{pmatrix}2 & 0\\ -3 & 1\end{pmatrix},\quad \boldsymbol{A}_{22}+\boldsymbol{B}_{22}=\begin{pmatrix}4 & 2\\ 3 & 1\end{pmatrix}$$

$$3\boldsymbol{A}_{11}=\begin{pmatrix}3 & 6\\ -3 & 9\end{pmatrix},\quad 3\boldsymbol{A}_{12}=\begin{pmatrix}9 & 12\\ 6 & -6\end{pmatrix},\quad 3\boldsymbol{A}_{21}=\begin{pmatrix}0 & 0\\ 0 & 0\end{pmatrix},\quad 3\boldsymbol{A}_{22}=\begin{pmatrix}6 & 3\\ 3 & 6\end{pmatrix}$$

所以

$$\boldsymbol{A}+\boldsymbol{B}=\begin{pmatrix}2 & 3 & 4 & 5\\ 0 & 0 & 0 & -2\\ 2 & 0 & 4 & 2\\ -3 & 1 & 3 & 1\end{pmatrix},\quad 3\boldsymbol{A}=\begin{pmatrix}3 & 6 & 9 & 12\\ -3 & 9 & 6 & -6\\ 0 & 0 & 6 & 3\\ 0 & 0 & 3 & 6\end{pmatrix}$$

3. 乘法运算

设 $\boldsymbol{A}$ 为 $m\times l$ 矩阵,$\boldsymbol{B}$ 为 $l\times n$ 矩阵,将它们分别分块为

$$A=\begin{pmatrix} A_{11} & A_{12} & \cdots & A_{1t} \\ A_{21} & A_{22} & \cdots & A_{2t} \\ \vdots & \vdots & & \vdots \\ A_{r1} & A_{r2} & \cdots & A_{rt} \end{pmatrix},\quad B=\begin{pmatrix} B_{11} & B_{12} & \cdots & B_{1s} \\ B_{21} & B_{22} & \cdots & B_{2s} \\ \vdots & \vdots & & \vdots \\ B_{t1} & B_{t2} & \cdots & B_{ts} \end{pmatrix}$$

其中 $A_{i1},A_{i2},\cdots,A_{it}$ 的列数分别等于 $B_{1j},B_{2j},\cdots,B_{tj}$ 的行数($i=1,2,\cdots,r;j=1,2,\cdots,s$),即 A_{ik} 可以左乘 B_{kj} ($i=1,2,\cdots,r;j=1,2,\cdots,s$),则有

$$AB=\begin{pmatrix} C_{11} & C_{12} & \cdots & C_{1s} \\ C_{21} & C_{22} & \cdots & C_{2s} \\ \vdots & \vdots & & \vdots \\ C_{r1} & C_{r2} & \cdots & C_{rs} \end{pmatrix}$$

其中 $C_{ij}=A_{i1}B_{1j}+A_{i2}B_{2j}+\cdots+A_{it}B_{tj}=\sum_{k=1}^{t}A_{ik}B_{kj}$。

例 2.4.2 设矩阵

$$A=\begin{pmatrix} 1 & 0 & 2 & -1 & 0 \\ 0 & 1 & 1 & -2 & 1 \\ 0 & 0 & 3 & 1 & 0 \\ 1 & 0 & -2 & 0 & 1 \end{pmatrix},\quad B=\begin{pmatrix} 1 & 0 & 1 & 1 \\ 0 & 1 & 1 & 0 \\ -1 & 1 & 1 & -1 \\ 1 & 2 & 0 & 1 \\ 0 & 1 & -1 & 1 \end{pmatrix}$$

利用分块矩阵计算 AB。

解 把 A 和 B 作相同的分块如下:

$$A=\begin{pmatrix} A_{11} & A_{12} \\ A_{21} & A_{22} \end{pmatrix} \quad 与 \quad B=\begin{pmatrix} B_{11} & B_{12} \\ B_{21} & B_{22} \end{pmatrix}$$

其中

$$A_{11}=\begin{pmatrix} 1 & 0 \\ 0 & 1 \end{pmatrix},\quad A_{12}=\begin{pmatrix} 2 & -1 & 0 \\ 1 & -2 & 1 \end{pmatrix},\quad A_{21}=\begin{pmatrix} 0 & 0 \\ 1 & 0 \end{pmatrix},\quad A_{22}=\begin{pmatrix} 3 & 1 & 0 \\ -2 & 0 & 1 \end{pmatrix}$$

$$B_{11}=\begin{pmatrix} 1 & 0 \\ 0 & 1 \end{pmatrix},\quad B_{12}=\begin{pmatrix} 1 & 1 \\ 1 & 0 \end{pmatrix},\quad B_{21}=\begin{pmatrix} -1 & 1 \\ 1 & 2 \\ 0 & 1 \end{pmatrix},\quad B_{22}=\begin{pmatrix} 1 & -1 \\ 0 & 1 \\ -1 & 1 \end{pmatrix}$$

则由定义知

$$C_{11}=A_{11}B_{11}+A_{12}B_{21}=\begin{pmatrix} 1 & 0 \\ 0 & 1 \end{pmatrix}\begin{pmatrix} 1 & 0 \\ 0 & 1 \end{pmatrix}+\begin{pmatrix} 2 & -1 & 0 \\ 1 & -2 & 1 \end{pmatrix}\begin{pmatrix} -1 & 1 \\ 1 & 2 \\ 0 & 1 \end{pmatrix}=\begin{pmatrix} -2 & 0 \\ -3 & -1 \end{pmatrix}$$

$$C_{12}=A_{11}B_{12}+A_{12}B_{22}=\begin{pmatrix} 1 & 0 \\ 0 & 1 \end{pmatrix}\begin{pmatrix} 1 & 1 \\ 1 & 0 \end{pmatrix}+\begin{pmatrix} 2 & -1 & 0 \\ 1 & -2 & 1 \end{pmatrix}\begin{pmatrix} 1 & -1 \\ 0 & 1 \\ -1 & 1 \end{pmatrix}=\begin{pmatrix} 3 & -2 \\ 1 & -2 \end{pmatrix}$$

$$C_{21}=A_{21}B_{11}+A_{22}B_{21}=\begin{pmatrix}0&0\\1&0\end{pmatrix}\begin{pmatrix}1&0\\0&1\end{pmatrix}+\begin{pmatrix}3&0&1\\-2&0&1\end{pmatrix}\begin{pmatrix}-1&1\\1&2\\0&1\end{pmatrix}=\begin{pmatrix}-2&5\\3&-1\end{pmatrix}$$

$$C_{22}=A_{21}B_{12}+A_{22}B_{22}=\begin{pmatrix}0&0\\1&0\end{pmatrix}\begin{pmatrix}1&1\\1&0\end{pmatrix}+\begin{pmatrix}3&1&0\\-2&0&1\end{pmatrix}\begin{pmatrix}1&-1\\0&1\\-1&1\end{pmatrix}=\begin{pmatrix}3&-2\\-2&4\end{pmatrix}$$

所以

$$AB=\begin{pmatrix}C_{11}&C_{12}\\C_{21}&C_{22}\end{pmatrix}=\begin{pmatrix}-2&0&3&-2\\-3&-1&1&-2\\-2&5&3&-2\\3&-1&-2&4\end{pmatrix}$$

4. 转置运算

设 $A=\begin{pmatrix}A_{11}&A_{12}&\cdots&A_{1s}\\A_{21}&A_{22}&\cdots&A_{2s}\\\vdots&\vdots&&\vdots\\A_{r1}&A_{r2}&\cdots&A_{rs}\end{pmatrix}$，则有 $A^{\mathrm{T}}=\begin{pmatrix}A_{11}^{\mathrm{T}}&A_{21}^{\mathrm{T}}&\cdots&A_{r1}^{\mathrm{T}}\\A_{12}^{\mathrm{T}}&A_{22}^{\mathrm{T}}&\cdots&A_{r2}^{\mathrm{T}}\\\vdots&\vdots&&\vdots\\A_{1s}^{\mathrm{T}}&A_{2s}^{\mathrm{T}}&\cdots&A_{rs}^{\mathrm{T}}\end{pmatrix}$。

应该注意分块矩阵的转置，不仅要把每个子块内的元素位置转置，而且要把子块本身的位置转置。例如

$$A=\begin{pmatrix}1&2&3&0&0\\1&0&2&1&1\\2&1&0&9&2\end{pmatrix}$$

将 A 分块如下

$$A=\begin{pmatrix}A_{11}&A_{12}\\A_{21}&A_{22}\end{pmatrix}$$

其中

$$A_{11}=\begin{pmatrix}1&2&3\\1&0&2\end{pmatrix},\quad A_{12}=\begin{pmatrix}0&0\\1&1\end{pmatrix},\quad A_{21}=(2\quad 1\quad 0),\quad A_{22}=(9\quad 2)$$

则有

$$A_{11}^{\mathrm{T}}=\begin{pmatrix}1&1\\2&0\\3&2\end{pmatrix},\quad A_{12}^{\mathrm{T}}=\begin{pmatrix}0&1\\0&1\end{pmatrix},\quad A_{21}^{\mathrm{T}}=\begin{pmatrix}2\\1\\0\end{pmatrix},\quad A_{22}^{\mathrm{T}}=\begin{pmatrix}9\\2\end{pmatrix}$$

于是有

$$A^{\mathrm{T}}=\begin{pmatrix}A_{11}^{\mathrm{T}}&A_{21}^{\mathrm{T}}\\A_{12}^{\mathrm{T}}&A_{22}^{\mathrm{T}}\end{pmatrix}=\begin{pmatrix}1&1&2\\2&0&1\\3&2&0\\0&1&9\\0&1&2\end{pmatrix}$$

5. 分块对角矩阵

如果将方阵 $\boldsymbol{A}$ 分块后，有以下形式：

$$\boldsymbol{A}=\begin{pmatrix}\boldsymbol{A}_1 & & & \\ & \boldsymbol{A}_2 & & \\ & & \ddots & \\ & & & \boldsymbol{A}_r\end{pmatrix}$$

其中主对角线上的子块 $\boldsymbol{A}_i(i=1,2,\cdots,r)$ 均是方阵，而其余子块全是零矩阵，则称 $\boldsymbol{A}$ 为分块对角矩阵，记为 $\boldsymbol{A}=\mathrm{diag}(\boldsymbol{A}_1,\boldsymbol{A}_1,\cdots,\boldsymbol{A}_r)$。

设有两个同型且分块方法相同的对角矩阵

$$\boldsymbol{A}=\begin{pmatrix}\boldsymbol{A}_1 & & & \\ & \boldsymbol{A}_2 & & \\ & & \ddots & \\ & & & \boldsymbol{A}_r\end{pmatrix},\quad \boldsymbol{B}=\begin{pmatrix}\boldsymbol{B}_1 & & & \\ & \boldsymbol{B}_2 & & \\ & & \ddots & \\ & & & \boldsymbol{B}_r\end{pmatrix}$$

则有

$$\boldsymbol{AB}=\begin{pmatrix}\boldsymbol{A}_1\boldsymbol{B}_1 & & & \\ & \boldsymbol{A}_2\boldsymbol{B}_2 & & \\ & & \ddots & \\ & & & \boldsymbol{A}_r\boldsymbol{B}_r\end{pmatrix},\quad \boldsymbol{A}^k=\begin{pmatrix}\boldsymbol{A}_1^k & & & \\ & \boldsymbol{A}_2^k & & \\ & & \ddots & \\ & & & \boldsymbol{A}_r^k\end{pmatrix}.$$

对于上面的分块矩阵 $\boldsymbol{A}$，若对角线上的所有子块 $\boldsymbol{A}_1,\boldsymbol{A}_2,\cdots,\boldsymbol{A}_r$ 都可逆，则不难证明

$$\boldsymbol{A}^{-1}=\begin{pmatrix}\boldsymbol{A}_1^{-1} & & & \\ & \boldsymbol{A}_2^{-1} & & \\ & & \ddots & \\ & & & \boldsymbol{A}_r^{-1}\end{pmatrix}$$

例 2.4.3 设 $\boldsymbol{A}=\begin{bmatrix}3 & 0 & 0\\ 0 & 3 & 1\\ 0 & 2 & 1\end{bmatrix}$，求 $\boldsymbol{A}^{-1}$。

解

$$\boldsymbol{A}=\left(\begin{array}{c:cc}3 & 0 & 0\\ \hdashline 0 & 3 & 1\\ 0 & 2 & 1\end{array}\right)=\begin{pmatrix}A_1 & \boldsymbol{O}\\ \boldsymbol{O} & \boldsymbol{A}_2\end{pmatrix}$$

其中

$$A_1=(3),\quad \boldsymbol{A}_2=\begin{pmatrix} A_1 & 0 \\ 0 & \boldsymbol{A}_2 \end{pmatrix},\quad A_1^{-1}=\left(\frac{1}{3}\right),\quad \boldsymbol{A}_2^{-1}=\begin{pmatrix} 1 & -1 \\ -2 & 3 \end{pmatrix}$$

所以

$$\boldsymbol{A}^{-1}=\begin{pmatrix} \frac{1}{3} & 0 & 0 \\ 0 & 1 & -1 \\ 0 & -2 & 3 \end{pmatrix}$$

习题二

1. 单项选择题

(1) $\boldsymbol{A},\boldsymbol{B}$ 为 n 阶方阵，则下列各式中成立的是(　　)。

(A) $|\boldsymbol{A}^2|=|\boldsymbol{A}|^2$　　(B) $\boldsymbol{A}^2-\boldsymbol{B}^2=(\boldsymbol{A}-\boldsymbol{B})(\boldsymbol{A}+\boldsymbol{B})$

(C) $(\boldsymbol{A}-\boldsymbol{B})\boldsymbol{A}=\boldsymbol{A}^2-\boldsymbol{AB}$　　(D) $(\boldsymbol{AB})^{\mathrm{T}}=\boldsymbol{A}^{\mathrm{T}}\boldsymbol{B}^{\mathrm{T}}$

(2) 设方阵 $\boldsymbol{A},\boldsymbol{B},\boldsymbol{C}$ 满足 $\boldsymbol{AB}=\boldsymbol{AC}$，当 $\boldsymbol{A}$ 满足(　　)时，$\boldsymbol{B}=\boldsymbol{C}$。

(A) $\boldsymbol{AB}=\boldsymbol{BA}$　　(B) $|\boldsymbol{A}|\neq 0$

(C) $\boldsymbol{A}\neq\boldsymbol{O}$　　(D) $\boldsymbol{B},\boldsymbol{C}$ 可逆

(3) 若 $\boldsymbol{A}$ 为 n 阶方阵，k 为非零常数，则 $|k\boldsymbol{A}|=$(　　)。

(A) $k|\boldsymbol{A}|$　　(B) $|k||\boldsymbol{A}|$　　(C) $k^n|\boldsymbol{A}|$　　(D) $|k|^n|\boldsymbol{A}|$

(4) 设 $\boldsymbol{A},\boldsymbol{B}$ 为 n 阶可逆矩阵，下面各式恒正确的是(　　)。

(A) $|(\boldsymbol{A}+\boldsymbol{B})^{-1}|=|\boldsymbol{A}^{-1}|+|\boldsymbol{B}^{-1}|$　　(B) $|(\boldsymbol{AB})^{\mathrm{T}}|=|\boldsymbol{A}||\boldsymbol{B}|$

(C) $|(\boldsymbol{A}^{-1}+\boldsymbol{B})^{\mathrm{T}}|=|\boldsymbol{A}^{-1}|+|\boldsymbol{B}|$　　(D) $(\boldsymbol{A}+\boldsymbol{B})^{-1}=\boldsymbol{A}^{-1}+\boldsymbol{B}^{-1}$

(5) 设 $\boldsymbol{A}$ 为 n 阶方阵，$\boldsymbol{A}^*$ 为 $\boldsymbol{A}$ 的伴随矩阵，则(　　)。

(A) $|\boldsymbol{A}^*|=|\boldsymbol{A}^{-1}|$　　(B) $|\boldsymbol{A}^*|=|\boldsymbol{A}|$

(C) $|\boldsymbol{A}^*|=|\boldsymbol{A}|^{n+1}$　　(D) $|\boldsymbol{A}^*|=|\boldsymbol{A}|^{n-1}$

(6) 设 $\boldsymbol{A}$ 为三阶方阵，$|\boldsymbol{A}|=1$，$\boldsymbol{A}^*$ 为 $\boldsymbol{A}$ 的伴随矩阵，则行列式 $|(2\boldsymbol{A})^{-1}-2\boldsymbol{A}^*|=$(　　)。

(A) $-\dfrac{27}{8}$　　(B) $-\dfrac{8}{27}$　　(C) $\dfrac{27}{8}$　　(D) $\dfrac{8}{27}$

(7) 设 $\boldsymbol{A},\boldsymbol{B}$ 为 n 阶方矩阵，$\boldsymbol{A}^2=\boldsymbol{B}^2$，则下列各式成立的是(　　)。

(A) $\boldsymbol{A}=\boldsymbol{B}$　　(B) $\boldsymbol{A}=-\boldsymbol{B}$　　(C) $|\boldsymbol{A}|=|\boldsymbol{B}|$　　(D) $|\boldsymbol{A}|^2=|\boldsymbol{B}|^2$

(8) 设 $\boldsymbol{A},\boldsymbol{B}$ 均为 n 阶方矩阵，则必有(　　)。

(A) $|\boldsymbol{A}+\boldsymbol{B}|=|\boldsymbol{A}|+|\boldsymbol{B}|$　　(B) $\boldsymbol{AB}=\boldsymbol{BA}$

(C) $|\boldsymbol{AB}|=|\boldsymbol{BA}|$　　(D) $|\boldsymbol{A}|^2=|\boldsymbol{B}|^2$

(9) 设 $\boldsymbol{A}$ 为 n 阶可逆矩阵，则下面各式恒正确的是(　　)。

(A) $|2\boldsymbol{A}|=2|\boldsymbol{A}^{\mathrm{T}}|$　　(B) $(2\boldsymbol{A})^{-1}=2\boldsymbol{A}^{-1}$

(C) $[(\boldsymbol{A}^{-1})^{-1}]^{\mathrm{T}}=[(\boldsymbol{A}^{\mathrm{T}})^{\mathrm{T}}]^{-1}$　　(D) $[(\boldsymbol{A}^{\mathrm{T}})^{\mathrm{T}}]^{-1}=[(\boldsymbol{A}^{-1})^{\mathrm{T}}]^{\mathrm{T}}$

2. 填空题

(1) 设 $\boldsymbol{A}$ 为 n 阶方阵，$\boldsymbol{E}$ 为 n 阶单位阵，且 $\boldsymbol{A}^2=\boldsymbol{E}$，则行列式 $|\boldsymbol{A}|=$________；

(2) 设 $2\boldsymbol{A}=\begin{pmatrix}1&0&1\\0&2&0\\0&0&1\end{pmatrix}$，则行列式 $|(\boldsymbol{A}+3\boldsymbol{E})^{-1}(\boldsymbol{A}^2-9\boldsymbol{E})|$ 的值为________；

(3) 设 $\boldsymbol{A}=\begin{pmatrix}\frac{1}{2}&-\frac{\sqrt{3}}{2}\\\frac{\sqrt{3}}{2}&\frac{1}{2}\end{pmatrix}$，且已知 $\boldsymbol{A}^6=\boldsymbol{E}$，则行列式 $|\boldsymbol{A}^{11}|=$________；

(4) 设 $\boldsymbol{A}$ 为 5 阶方阵，$\boldsymbol{A}^*$ 是其伴随矩阵，且 $|\boldsymbol{A}|=3$，则 $|\boldsymbol{A}^*|=$________。

3. 计算下列乘积：

(1) $\begin{pmatrix}4&3&1\\1&-2&3\\5&7&0\end{pmatrix}\begin{pmatrix}7\\2\\1\end{pmatrix}$；　　(2) $(1\quad 2\quad 3)\begin{pmatrix}3\\2\\1\end{pmatrix}$；

(3) $\begin{pmatrix}2\\1\\3\end{pmatrix}(1\quad 2\quad 3)$；　　(4) $\begin{pmatrix}2&1&4&0\\1&-1&3&4\end{pmatrix}\begin{pmatrix}1&3&1\\0&-1&2\\1&-3&1\\4&0&-2\end{pmatrix}$。

4. 解下列矩阵方程($\boldsymbol{X}$ 为未知矩阵)：

(1) $\begin{pmatrix}2&2&3\\1&-1&0\\-1&2&1\end{pmatrix}\boldsymbol{X}=\begin{pmatrix}2&2\\3&2\\0&-2\end{pmatrix}$；　　(2) $\begin{pmatrix}0&1&0\\1&0&0\\0&0&1\end{pmatrix}\boldsymbol{X}\begin{pmatrix}2&0\\-1&1\end{pmatrix}=\begin{pmatrix}1&3\\2&-1\\1&0\end{pmatrix}$；

(3) $\boldsymbol{X}(\boldsymbol{E}-\boldsymbol{B}^{-1}\boldsymbol{C})^{\mathrm{T}}\boldsymbol{B}^{\mathrm{T}}=\boldsymbol{E}$，其中 $\boldsymbol{B}=\begin{pmatrix}3&1&0\\4&0&4\\4&2&2\end{pmatrix}$，$\boldsymbol{C}=\begin{pmatrix}1&0&1\\2&1&2\\1&2&1\end{pmatrix}$。

5. 设 $\boldsymbol{A}$ 为 n 阶对称阵，且 $\boldsymbol{A}^2=\boldsymbol{O}$，求 $\boldsymbol{A}$。

6. 已知 $\boldsymbol{A}=\begin{pmatrix}1&-1&0\\0&2&1\\1&0&-1\end{pmatrix}$，求 $(\boldsymbol{A}+2\boldsymbol{E})(\boldsymbol{A}^2-4\boldsymbol{E})^{-1}$。

7. 设 $\boldsymbol{A}_1=\begin{pmatrix}1&2\\0&1\end{pmatrix}$，$\boldsymbol{A}_2=\begin{pmatrix}3&4\\2&3\end{pmatrix}$，$\boldsymbol{A}_3=\begin{pmatrix}0&0\\0&0\end{pmatrix}$，$\boldsymbol{A}_4=\begin{pmatrix}1&2\\0&1\end{pmatrix}$，求 $\begin{pmatrix}\boldsymbol{A}_1&\boldsymbol{A}_2\\\boldsymbol{A}_3&\boldsymbol{A}_4\end{pmatrix}^{-1}$。

8. 设 $\boldsymbol{A}=\begin{pmatrix}5&-3&2\\6&-4&4\\4&-4&5\end{pmatrix}$，求 $\boldsymbol{A}^{100}$。

9. 计算$\begin{pmatrix}1&2&1&0\\0&1&0&1\\0&0&2&1\\0&0&0&3\end{pmatrix}\begin{pmatrix}1&0&3&1\\0&1&2&-1\\0&0&-2&3\\0&0&0&-3\end{pmatrix}$。

10. 设$\boldsymbol{A}=\begin{pmatrix}3&4&0&0\\4&-3&0&0\\0&0&2&0\\0&0&2&2\end{pmatrix}$，求$|\boldsymbol{A}^8|$及$\boldsymbol{A}^4$。

11. 求下列矩阵的逆矩阵：

(1) $\begin{pmatrix}5&2&0&0\\2&1&0&0\\0&0&8&3\\0&0&5&2\end{pmatrix}$；　　(2) $\begin{pmatrix}1&0&0&0\\1&2&0&0\\2&1&3&0\\1&2&1&4\end{pmatrix}$。

12. 证明题

(1) 设$\boldsymbol{A},\boldsymbol{B}$均为$n$阶非奇异阵，求证$\boldsymbol{AB}$可逆。

(2) 设$\boldsymbol{A}^k=\boldsymbol{O}$($k$为整数)，求证$\boldsymbol{E}-\boldsymbol{A}$可逆。

(3) 设$a_1,a_2,\cdots,a_k$为实数，且$a_k\neq0$，如果方阵$\boldsymbol{A}$满足$\boldsymbol{A}^k+a_1\boldsymbol{A}^{k-1}+\cdots+a_{k-1}\boldsymbol{A}+a_k\boldsymbol{E}=\boldsymbol{O}$，求证$\boldsymbol{A}$是非奇异阵。

(4) 证明可逆的对称矩阵的逆也是对称矩阵。

(5) 证明可逆矩阵的伴随矩阵也可逆，且伴随矩阵的逆等于该矩阵的逆矩阵的伴随矩阵。

(6) 证明每一个方阵均可表示为一个对称矩阵和一个反对称矩阵的和。

第3章　矩阵的初等变换与线性方程组

本章主要介绍矩阵的初等变换以及秩的概念及性质，并利用矩阵的秩来讨论线性方程组解的情况。最后再介绍利用初等变换来解线性方程组的方法。

3.1　矩阵的初等变换

3.1.1　消元法引入矩阵的初等变换

矩阵的初等变换在矩阵中是一种十分重要的运算，在求逆矩阵、解线性方程组等矩阵理论中都起着至关重要的作用。为了引入矩阵的初等变换，我们首先来分析利用消元法解线性方程组。

引例　利用消元法求解线性方程组

$$\begin{cases} x_1+3x_2+2x_3=3 & ① \\ x_1+4x_2+3x_3=1 & ② \\ 2x_1+3x_2+4x_3=3 & ③ \end{cases} \tag{3.1.1}$$

解

$$\xrightarrow[③-2\times①]{②-①}\begin{cases} x_1+3x_2+2x_3=3 & ① \\ x_2+x_3=-2 & ② \\ -3x_2=-3 & ③ \end{cases} \tag{3.1.2}$$

$$\xrightarrow[②\leftrightarrow③]{③\div(-3)}\begin{cases} x_1+3x_2+2x_3=3 & ① \\ x_2=1 & ② \\ x_2+x_3=-2 & ③ \end{cases} \tag{3.1.3}$$

$$\xrightarrow[③-②]{①-3\times②}\begin{cases} x_1+2x_3=0 & ① \\ x_2=1 & ② \\ x_3=-3 & ③ \end{cases} \tag{3.1.4}$$

最后再将 $x_3=-3$ 代入到方程(3.1.4)中式①可以得到 $x_1=6$，故方程组的解为

$$\begin{cases} x_1=6 \\ x_2=1 \\ x_3=-3 \end{cases}$$

在上述的消元过程中，始终把方程组看作一个整体。不是只注意其中某一个方程的变形，而是要注意整个方程组变成了另一个方程组。在这个过程中用到了3种变换：(1) 对调方程组的两个方程；(2) 将一个方程的两边同时乘以一个非零常数；(3) 一个方程的两边同时乘以一个常数后加在另一个方程上。这3种做法都不会改变方程组的解，称为方程组的同解变换。在上述变换过程中，实际上是只对方程组的系数和常数进行了运算，未知数并没有参与运算。因此记方程组(3.1.1)的矩阵为

$$(\boldsymbol{A},\boldsymbol{b})=\begin{pmatrix}1&3&2&3\\1&4&3&1\\2&3&4&3\end{pmatrix}$$

定义 3.1.1 对于一般线性方程组

$$\begin{cases}a_{11}x_1+a_{12}x_2+\cdots+a_{1n}x_n=b_1\\a_{21}x_1+a_{22}x_2+\cdots+a_{2n}x_n=b_2\\\qquad\qquad\vdots\\a_{m1}x_1+a_{m2}x_2+\cdots+a_{mn}x_n=b_m\end{cases}\tag{3.1.5}$$

式(3.1.5)可以写成以向量 $\boldsymbol{x}$ 为未知元的向量方程

$$\boldsymbol{Ax}=\boldsymbol{b}$$

将其**系数矩阵** $\boldsymbol{A}$ 与常数项矩阵 $\boldsymbol{b}$ 合成为一个矩阵

$$(\boldsymbol{A},\boldsymbol{b})=\begin{pmatrix}a_{11}&a_{12}&\cdots&a_{1n}&b_1\\a_{21}&a_{22}&\cdots&a_{2n}&b_2\\\vdots&\vdots&&\vdots&\vdots\\a_{m1}&a_{m2}&\cdots&a_{mn}&b_m\end{pmatrix}$$

将这个矩阵称为方程组的**增广矩阵**。

通过前面的分析可以知道，上述对方程组的变换完全可以转化为对矩阵$(\boldsymbol{A},\boldsymbol{b})$的变换。那么把方程组的3种同解变换同样作用到矩阵上，就能得到矩阵的3种变换。

定义 3.1.2 下面3种变换称为矩阵的初等行变换：

(1) 对调两行(对调 i,j 两行，记作 $r_i\leftrightarrow r_j$)；

(2) 以数 $k\neq0$ 乘某一行中的所有元素(第 i 行乘 k，记作 $r_i\times k$)；

(3) 把某一行所有元素的 k 倍加到另一行对应的元素上去(第 j 行的 k 倍加到第 i 行上，记作 r_i+kr_j)。

相应有矩阵的初等列变换(表示记号中只须将行记号 r 换成列记号 c 即可)，矩阵的初等行、列变换统称为矩阵的初等变换。因为初等变换是矩阵中元素的运算，变换使得到的矩阵与原矩阵不相等了，故变换过程中不可用等号连接。

如果矩阵 $\boldsymbol{A}$ 经过有限次初等行变换变成矩阵 $\boldsymbol{B}$，就称**矩阵 $\boldsymbol{A}$ 与 $\boldsymbol{B}$ 行等价**，记作

$A\overset{r}{\sim}B$；如果矩阵 A 经过有限次初等列变换变成矩阵 B，就称**矩阵 A 与 B 列等价**，记作 $A\overset{c}{\sim}B$；如果矩阵 A 经过有限次初等变换变成矩阵 B，就称**矩阵 A 与 B 等价**，记作 $A\sim B$。

矩阵之间的等价关系具有下列性质：

(1) **反身性** $A\sim A$；

(2) **对称性** 若 $A\sim B$，则 $B\sim A$；

(3) **传递性** 若 $A\sim B$，$B\sim C$，则 $A\sim C$。

下面用矩阵的初等行变换替换消元法的过程来解线性方程组(3.1.1)，其增广矩阵为

$$(A,b)=\begin{pmatrix}1&3&2&3\\1&4&3&1\\2&3&4&3\end{pmatrix}$$

$$\underset{r_3-2r_1}{\overset{r_2-r_1}{\sim}}\begin{pmatrix}1&3&2&3\\0&1&1&-2\\0&-3&0&-3\end{pmatrix}=B_1$$

$$\underset{r_2\leftrightarrow r_3}{\overset{r_2\div(-3)}{\sim}}\begin{pmatrix}1&3&2&3\\0&1&0&1\\0&1&1&-2\end{pmatrix}=B_2$$

$$\underset{r_3-r_2}{\overset{r_1-3r_2}{\sim}}\begin{pmatrix}1&0&2&0\\0&1&0&1\\0&0&1&-3\end{pmatrix}=B_3$$

由方程组(3.1.4)得到方程组解(3.1.5)的回代过程，也可用矩阵初等行变换来完成，即

$$\overset{r_1-2r_3}{\sim}\begin{pmatrix}1&0&0&6\\0&1&0&1\\0&0&1&-3\end{pmatrix}=B_4$$

由 B_4 对应的方程组为

$$\begin{cases}x_1=6\\x_2=1\\x_3=-3\end{cases}$$

则原方程组的解为

$$x=\begin{pmatrix}6\\1\\-3\end{pmatrix}$$

矩阵 B_3 和 B_4 都称为**行阶梯形矩阵**，其特点是：可以画出一条阶梯线，线的下方

全为 0；每个台阶只有一行，台阶数即是非零行的行数，阶梯线的竖线（每段竖线的长度为一行）后面的第一个元素为非零元，也就是非零行的第一个非零元。

行阶梯形矩阵 $\boldsymbol{B}_4$ 还称为**行最简形矩阵**，其特点是：非零行的第一个非零元为 1，且这些非零元所在的列的其他元素都为 0。

通过上面的分析可知，要利用矩阵的初等变换来解线性方程组，只需把增广矩阵化为行最简形矩阵。

对行最简形矩阵再施以初等列变换，可变成一种更简单的矩阵，称为**标准形**。例如

$$\boldsymbol{B}_4 \overset{c_1+(-6)c_4}{\sim} \begin{pmatrix} 1 & 0 & 0 & 0 \\ 0 & 1 & 0 & 1 \\ 0 & 0 & 1 & -3 \end{pmatrix} \overset{c_2+(-1)c_4}{\sim} \begin{pmatrix} 1 & 0 & 0 & 0 \\ 0 & 1 & 0 & 0 \\ 0 & 0 & 1 & -3 \end{pmatrix} \overset{c_3+3c_4}{\sim} \begin{pmatrix} 1 & 0 & 0 & 0 \\ 0 & 1 & 0 & 0 \\ 0 & 0 & 1 & 0 \end{pmatrix} = \boldsymbol{F}$$

3.1.2 逆矩阵的求法——初等行变换求逆矩阵

矩阵的初等变换是矩阵的一种最基本的运算，为讨论它的应用，需要研究它的性质，下面介绍它的一个最基本的性质。

定理 3.1.1 设 $\boldsymbol{A}$ 与 $\boldsymbol{B}$ 为 $m\times n$ 矩阵，那么

(1) $\boldsymbol{A}\overset{r}{\sim}\boldsymbol{B}$ 的充分必要条件是存在 m 阶可逆矩阵 $\boldsymbol{P}$，使 $\boldsymbol{PA}=\boldsymbol{B}$；

(2) $\boldsymbol{A}\overset{c}{\sim}\boldsymbol{B}$ 的充分必要条件是存在 n 阶可逆矩阵 $\boldsymbol{Q}$，使 $\boldsymbol{AQ}=\boldsymbol{B}$；

(3) $\boldsymbol{A}\sim\boldsymbol{B}$ 的充分必要条件是存在 m 阶可逆矩阵 $\boldsymbol{P}$ 及 n 阶可逆矩阵 $\boldsymbol{Q}$，使 $\boldsymbol{PAQ}=\boldsymbol{B}$。

定理 3.1.1 把矩阵的初等变换与矩阵的乘法联系了起来，从而可以依据矩阵乘法的运算规律得到矩阵初等变换的运算规律，也可以利用矩阵的初等变换去研究矩阵的乘法。

推论 方阵 $\boldsymbol{A}$ 可逆的充分必要条件是 $\boldsymbol{A}\overset{r}{\sim}\boldsymbol{E}$。

证 $\boldsymbol{A}$ 可逆 $\Leftrightarrow$ 存在可逆矩阵 $\boldsymbol{P}$，使 $\boldsymbol{PA}=\boldsymbol{E}$

$$\Leftrightarrow \boldsymbol{A}\overset{r}{\sim}\boldsymbol{E}$$

根据定理 3.1.1，设存在可逆矩阵 $\boldsymbol{P}$，且 $\boldsymbol{PA}=\boldsymbol{E}$，使得 $\boldsymbol{P}(\boldsymbol{A},\boldsymbol{E})=(\boldsymbol{PA},\boldsymbol{PE})$，那么就有 $(\boldsymbol{A},\boldsymbol{E})\overset{r}{\sim}(\boldsymbol{PA},\boldsymbol{PE})$，即 $(\boldsymbol{A},\boldsymbol{E})\overset{r}{\sim}(\boldsymbol{E},\boldsymbol{P})=(\boldsymbol{E},\boldsymbol{A}^{-1})$。因此我们得到了利用初等变换求逆矩阵的方法。

设 $\boldsymbol{A}$ 是一个可逆 n 阶方阵，$\boldsymbol{E}$ 为一个 n 阶单位阵，则 $\boldsymbol{A}$ 的逆矩阵可按下列方法来求：

$$(\boldsymbol{A},\boldsymbol{E})\xrightarrow{\text{初等行变换}}(\boldsymbol{E},\boldsymbol{A}^{-1})$$

即当矩阵 $\boldsymbol{A}$ 经过一系列初等行变换变为单位阵时，单位阵也就经过相同的初等行变

换变为 A^{-1}。

例 3.1.1 设 $A=\begin{pmatrix}1&2&3\\2&2&1\\3&4&3\end{pmatrix}$,求 A^{-1}。

解

$$(A,E)=\begin{pmatrix}1&2&3&1&0&0\\2&2&1&0&1&0\\3&4&3&0&0&1\end{pmatrix}\overset{-2r_1+r_2}{\underset{-3r_1+r_3}{\sim}}\begin{pmatrix}1&2&3&1&0&0\\0&-2&-5&-2&1&0\\0&-2&-6&-3&0&1\end{pmatrix}$$

$$\overset{r_2+r_1}{\underset{-r_2+r_3}{\sim}}\begin{pmatrix}1&0&-2&-1&1&0\\0&-2&-5&-2&1&0\\0&0&-1&-1&-1&1\end{pmatrix}\overset{-2r_3+r_1}{\underset{-5r_3+r_2}{\sim}}\begin{pmatrix}1&0&0&1&3&-2\\0&-2&0&3&6&-5\\0&0&-1&-1&-1&1\end{pmatrix}$$

$$\overset{-\frac{1}{2}\times r_2}{\underset{-1\times r_3}{\sim}}\begin{pmatrix}1&0&0&1&3&-2\\0&1&0&-\frac{3}{2}&-3&\frac{5}{2}\\0&0&1&1&1&-1\end{pmatrix}$$

所以

$$A^{-1}=\begin{pmatrix}1&3&-2\\-\frac{3}{2}&-3&\frac{5}{2}\\1&1&-1\end{pmatrix}$$

例 3.1.2 求解矩阵方程 $AX=B$,其中 $A=\begin{pmatrix}2&1&-3\\1&2&-2\\-1&3&2\end{pmatrix}$,$B=\begin{pmatrix}1&-1\\2&0\\-2&5\end{pmatrix}$。

解 方法一 如果 A^{-1} 存在,对于矩阵方程 $AX=B$ 在等号两边的同时左乘 A^{-1},得到

$$A^{-1}AX=A^{-1}B$$

那么

$$X=A^{-1}B$$

利用初等行变换可以求出 A^{-1},即

$$(A,E)=\begin{pmatrix}2&1&-3&1&0&0\\1&2&-2&0&1&0\\-1&3&2&0&0&1\end{pmatrix}\overset{r_1\leftrightarrow r_2}{\sim}\begin{pmatrix}1&2&-2&0&1&0\\2&1&-3&1&0&0\\-1&3&2&0&0&1\end{pmatrix}$$

$$\overset{r_2-2r_1}{\underset{r_3+r_1}{\sim}}\begin{pmatrix}1&2&-2&0&1&0\\0&-3&1&1&-2&0\\0&5&0&0&1&1\end{pmatrix}\overset{r_3+r_2}{\sim}\begin{pmatrix}1&2&-2&0&1&0\\0&-3&1&1&-2&0\\0&2&1&1&-1&1\end{pmatrix}$$

$$\overset{r_2+r_3}{\sim}\begin{pmatrix}1 & 2 & -2 & 0 & 1 & 0\\0 & -1 & 2 & 2 & -3 & 1\\0 & 2 & 1 & 1 & -1 & 1\end{pmatrix}\underset{-1\times r_2}{\overset{r_3+2r_2}{\sim}}\begin{pmatrix}1 & 2 & -2 & 0 & 1 & 0\\0 & 1 & -2 & -2 & 3 & -1\\0 & 0 & 5 & 5 & -7 & 3\end{pmatrix}$$

$$\underset{r_1-2r_2}{\overset{\frac{1}{5}\times r_3}{\sim}}\begin{pmatrix}1 & 0 & 2 & 4 & -5 & 2\\0 & 1 & -2 & -2 & 3 & -1\\0 & 0 & 1 & 1 & -\frac{7}{5} & \frac{3}{5}\end{pmatrix}\underset{r_2+2r_3}{\overset{r_1-2r_3}{\sim}}\begin{pmatrix}1 & 0 & 0 & 2 & -\frac{11}{5} & \frac{4}{5}\\0 & 1 & 0 & 0 & \frac{1}{5} & \frac{1}{5}\\0 & 0 & 1 & 1 & -\frac{7}{5} & \frac{3}{5}\end{pmatrix}$$

故

$$\boldsymbol{A}^{-1}=\begin{pmatrix}2 & -\frac{11}{5} & \frac{4}{5}\\0 & \frac{1}{5} & \frac{1}{5}\\1 & -\frac{7}{5} & \frac{3}{5}\end{pmatrix}$$

那么

$$\boldsymbol{X}=\boldsymbol{A}^{-1}\boldsymbol{B}=\begin{pmatrix}2 & -\frac{11}{5} & \frac{4}{5}\\0 & \frac{1}{5} & \frac{1}{5}\\1 & -\frac{7}{5} & \frac{3}{5}\end{pmatrix}\begin{pmatrix}1 & -1\\2 & 0\\-2 & 5\end{pmatrix}=\begin{pmatrix}-4 & 2\\0 & 1\\-3 & 2\end{pmatrix}$$

该类矩阵方程还有一种解法。设可逆矩阵 $\boldsymbol{P}$ 使 $\boldsymbol{PA}=\boldsymbol{F}$ 为行最简形矩阵，则

$$\boldsymbol{P}(\boldsymbol{A},\boldsymbol{B})=(\boldsymbol{F},\boldsymbol{PB})$$

那么

$$(\boldsymbol{A},\boldsymbol{B})\overset{r}{\sim}(\boldsymbol{F},\boldsymbol{PB}) \tag{3.1.6}$$

因此对矩阵$(\boldsymbol{A},\boldsymbol{B})$作初等变换把 $\boldsymbol{A}$ 变成 $\boldsymbol{F}$ 时，$\boldsymbol{B}$ 变为 $\boldsymbol{PB}$。

若 $\boldsymbol{F}=\boldsymbol{E}$，则 $\boldsymbol{A}$ 可逆，即 $\boldsymbol{P}=\boldsymbol{A}^{-1}$，式(3.1.6)可变为

$$(\boldsymbol{A},\boldsymbol{B})\overset{r}{\sim}(\boldsymbol{E},\boldsymbol{A}^{-1}\boldsymbol{B})$$

因此对矩阵$(\boldsymbol{A},\boldsymbol{B})$作初等变换把 $\boldsymbol{A}$ 变成 $\boldsymbol{E}$ 时，$\boldsymbol{B}$ 变为 $\boldsymbol{A}^{-1}\boldsymbol{B}$。我们就得到了利用初等变换求解矩阵方程的方法。

方法二

$$(\boldsymbol{A},\boldsymbol{B})=\begin{pmatrix}2 & 1 & -3 & 1 & -1\\1 & 2 & -2 & 2 & 0\\-1 & 3 & 2 & -2 & 5\end{pmatrix}\underset{r_3+r_1}{\overset{\substack{r_1\leftrightarrow r_2\\ r_2-2r_1}}{\sim}}\begin{pmatrix}1 & 2 & -2 & 2 & 0\\0 & -3 & 1 & -3 & -1\\0 & 5 & 0 & 0 & 5\end{pmatrix}$$

$$\overset{r_3\leftrightarrow r_2}{\underset{r_3+2r_2}{\overset{r_2\div 5}{\sim}}}\begin{pmatrix}1 & 2 & -2 & 2 & 0\\ 0 & 1 & 0 & 0 & 1\\ 0 & 0 & 1 & -3 & 2\end{pmatrix}\overset{r_1-r_2+2r_3}{\sim}\begin{pmatrix}1 & 0 & 0 & -4 & 2\\ 0 & 1 & 0 & 0 & 1\\ 0 & 0 & 1 & -3 & 2\end{pmatrix}$$

可见 $\boldsymbol{A}\overset{r}{\sim}\boldsymbol{E}$,因此 $\boldsymbol{A}$ 可逆,且

$$\boldsymbol{X}=\boldsymbol{A}^{-1}\boldsymbol{B}=\begin{pmatrix}-4 & 2\\ 0 & 1\\ -3 & 2\end{pmatrix}$$

3.2 矩阵的秩

定义 3.2.1 设 $\boldsymbol{A}$ 为一个 $m\times n$ 矩阵,任取 $\boldsymbol{A}$ 的 k 行 k 列($k\leqslant\min\{m,n\}$),处于交叉位置的 k^2 个元素,按原来的位置次序构成的 k 阶行列式,称为矩阵 $\boldsymbol{A}$ 的一个 k 阶子式。若其数值不等于 0,就称为一个非零的 k 阶子式。

定义 3.2.2 若矩阵 $\boldsymbol{A}$ 的所有非零子式的最高阶数为 r(即存在 r 阶非零子式,而任意 $r+1$ 阶子式全为 0),称 r 为矩阵 $\boldsymbol{A}$ 的秩,记为 $\mathrm{R}(\boldsymbol{A})=r$。

例 3.2.1 求矩阵 $\boldsymbol{A}$ 和 $\boldsymbol{B}$ 的秩,其中

$$\boldsymbol{A}=\begin{pmatrix}1 & 2 & 3\\ 2 & 3 & -5\\ 4 & 7 & 1\end{pmatrix},\quad \boldsymbol{B}=\begin{pmatrix}2 & -1 & 0 & 3 & -2\\ 0 & 3 & 1 & -2 & 5\\ 0 & 0 & 0 & 4 & -3\\ 0 & 0 & 0 & 0 & 0\end{pmatrix}$$

解 在 $\boldsymbol{A}$ 中容易看出,存在一个二阶子式 $\begin{vmatrix}1 & 2\\ 2 & 3\end{vmatrix}\neq 0$,$\boldsymbol{A}$ 的三阶子式只有一个 $|\boldsymbol{A}|$,经计算可知 $|\boldsymbol{A}|=0$,因此 $\mathrm{R}(\boldsymbol{A})=2$。

$\boldsymbol{B}$ 是一个行阶梯形矩阵,其非零行有 3 行,即知 $\boldsymbol{B}$ 的所有四阶子式全为零。而以 3 个非零行的第一个非零元为对角元的三阶行列式

$$\begin{vmatrix}2 & -1 & 3\\ 0 & 3 & -2\\ 0 & 0 & 4\end{vmatrix}$$

是一个上三角形行列式,它显然不等于 0,因此 $\mathrm{R}(\boldsymbol{B})=3$。

从本例可知,对于一般的矩阵,当行数和列数较多时,按照定义求秩是很麻烦的。然而对于行阶梯形矩阵,它的秩就等于非零行的行数,一目了然。因此可以得出以下重要结论:

(1) 相互等价的矩阵具有相同的秩(即初等变换不改变矩阵的秩);

(2) 等价矩阵中阶梯形(或标准形)矩阵的非零行的行数就是矩阵的秩。

这两个结论为求矩阵的秩提供了重要方法。

例 3.2.2 求下列矩阵的秩。

(1) $\boldsymbol{A}=\begin{pmatrix}1 & 1 & 0 & 1\\0 & 2 & 1 & 0\\1 & -1 & -1 & 0\end{pmatrix}$；　　(2) $\boldsymbol{B}=\begin{pmatrix}0 & 1 & 1 & 0\\1 & 1 & 0 & 0\\1 & 0 & 0 & 1\\0 & 0 & 1 & 1\end{pmatrix}$。

解

(1) $\boldsymbol{A}=\begin{pmatrix}1 & 1 & 0 & 1\\0 & 2 & 1 & 0\\1 & -1 & -1 & 0\end{pmatrix}\overset{r_3-r_1}{\sim}\begin{pmatrix}1 & 1 & 0 & 1\\0 & 2 & 1 & 0\\0 & -2 & -1 & -1\end{pmatrix}\overset{r_3+r_2}{\sim}\begin{pmatrix}1 & 1 & 0 & 1\\0 & 2 & 1 & 0\\0 & 0 & 0 & -1\end{pmatrix}$，所以 $\mathrm{R}(\boldsymbol{A})=3$。

(2) $\boldsymbol{B}=\begin{pmatrix}0 & 1 & 1 & 0\\1 & 1 & 0 & 0\\1 & 0 & 0 & 1\\0 & 0 & 1 & 1\end{pmatrix}\overset{r_1\leftrightarrow r_2}{\sim}\begin{pmatrix}1 & 1 & 0 & 0\\0 & 1 & 1 & 0\\0 & 0 & 1 & 1\\1 & 0 & 0 & 1\end{pmatrix}\overset{r_4-r_1}{\sim}\begin{pmatrix}1 & 1 & 0 & 0\\0 & 1 & 1 & 0\\0 & 0 & 1 & 1\\0 & 0 & 0 & 0\end{pmatrix}$，所以 $\mathrm{R}(\boldsymbol{B})=3$。

例 3.2.3 设

$$\boldsymbol{A}=\begin{pmatrix}1 & 2 & -1 & 1\\3 & 2 & \lambda & -1\\5 & 6 & 3 & \mu\end{pmatrix}$$

已知 $\mathrm{R}(\boldsymbol{A})=2$，求 λ 与 μ 的值。

解 $\boldsymbol{A}\underset{r_3-5r_1}{\overset{r_2-3r_1}{\sim}}\begin{pmatrix}1 & 2 & -1 & 1\\0 & -4 & \lambda+3 & -4\\0 & -4 & 8 & \mu-5\end{pmatrix}\overset{r_3-r_2}{\sim}\begin{pmatrix}1 & 2 & -1 & 1\\0 & -4 & \lambda+3 & -4\\0 & 0 & 5-\lambda & \mu-1\end{pmatrix}$

由 $\mathrm{R}(\boldsymbol{A})=2$，故

$$\begin{cases}5-\lambda=0\\\mu-1=0\end{cases}，\quad 即\quad \begin{cases}\lambda=5\\\mu=1\end{cases}$$

接下来总结矩阵的秩的相关性质：

(1) $0\leqslant \mathrm{R}(\boldsymbol{A}_{m\times n})\leqslant \min\{m,n\}$；

(2) $\mathrm{R}(\boldsymbol{A}^{\mathrm{T}})=\mathrm{R}(\boldsymbol{A})$；

(3) 若 $\boldsymbol{A}\sim\boldsymbol{B}$，则 $\mathrm{R}(\boldsymbol{A})=\mathrm{R}(\boldsymbol{B})$；

(4) 若 $\boldsymbol{P},\boldsymbol{Q}$ 可逆，则 $\mathrm{R}(\boldsymbol{PAQ})=\mathrm{R}(\boldsymbol{A})$；

(5) $\max\{\mathrm{R}(\boldsymbol{A}),\mathrm{R}(\boldsymbol{B})\}\leqslant \mathrm{R}(\boldsymbol{A},\boldsymbol{B})\leqslant \mathrm{R}(\boldsymbol{A})+\mathrm{R}(\boldsymbol{B})$；

特别地，当 $\boldsymbol{B}=\boldsymbol{b}$ 为非零列向量时，有

$$\mathrm{R}(\boldsymbol{A})\leqslant \mathrm{R}(\boldsymbol{A},\boldsymbol{b})\leqslant \mathrm{R}(\boldsymbol{A})+1$$

(6) $R(\boldsymbol{A}+\boldsymbol{B})\leqslant R(\boldsymbol{A})+R(\boldsymbol{B})$;

(7) $R(\boldsymbol{AB})\leqslant \min\{R(\boldsymbol{A}),R(\boldsymbol{B})\}$;

(8) 若 $\boldsymbol{A}_{m\times n}\boldsymbol{B}_{n\times l}=\boldsymbol{O}$,则 $R(\boldsymbol{A})+R(\boldsymbol{B})\leqslant n$。

证 (5) 因为 $\boldsymbol{A}$ 的最高阶非零子式总是 $(\boldsymbol{A},\boldsymbol{B})$ 的非零子式,所以 $R(\boldsymbol{A})\leqslant R(\boldsymbol{A},\boldsymbol{B})$。同理有 $R(\boldsymbol{B})\leqslant R(\boldsymbol{A},\boldsymbol{B})$。两式合起来,即为

$$\max\{R(\boldsymbol{A}),R(\boldsymbol{B})\}\leqslant R(\boldsymbol{A},\boldsymbol{B})$$

设 $R(\boldsymbol{A})=r$,$R(\boldsymbol{B})=t$。把 $\boldsymbol{A}^{T}$ 和 $\boldsymbol{B}^{T}$ 分别作初等行变换化为行阶梯形矩阵 $\widetilde{\boldsymbol{A}}$ 和 $\widetilde{\boldsymbol{B}}$。因此由性质(2)可知 $R(\boldsymbol{A}^{T})=r$,$R(\boldsymbol{B})=t$,故 $\widetilde{\boldsymbol{A}}$ 和 $\widetilde{\boldsymbol{B}}$ 中分别含 r 和 t 个非零行,从而 $\begin{bmatrix}\widetilde{\boldsymbol{A}}\\ \widetilde{\boldsymbol{B}}\end{bmatrix}$ 中只含 $r+t$ 个非零行。由于 $\begin{bmatrix}\boldsymbol{A}^{T}\\ \boldsymbol{B}^{T}\end{bmatrix}\overset{r}{\sim}\begin{bmatrix}\widetilde{\boldsymbol{A}}\\ \widetilde{\boldsymbol{B}}\end{bmatrix}$。于是

$$R(\boldsymbol{A},\boldsymbol{B})=R\begin{bmatrix}\boldsymbol{A}^{T}\\ \boldsymbol{B}^{T}\end{bmatrix}^{T}=R\begin{bmatrix}\boldsymbol{A}^{T}\\ \boldsymbol{B}^{T}\end{bmatrix}=R\begin{bmatrix}\widetilde{\boldsymbol{A}}\\ \widetilde{\boldsymbol{B}}\end{bmatrix}\leqslant r+t=R(\boldsymbol{A})+R(\boldsymbol{B})$$

(6) 不妨设 $\boldsymbol{A},\boldsymbol{B}$ 为 $m\times n$ 矩阵。对矩阵 $\begin{pmatrix}\boldsymbol{A}+\boldsymbol{B}\\ \boldsymbol{B}\end{pmatrix}$ 作初等行变换 $r_i-r_{n+i}(i=1,2,\cdots,n)$ 即得

$$\begin{pmatrix}\boldsymbol{A}+\boldsymbol{B}\\ \boldsymbol{B}\end{pmatrix}\overset{r}{\sim}\begin{pmatrix}\boldsymbol{A}\\ \boldsymbol{B}\end{pmatrix}$$

于是

$$\begin{aligned}R(\boldsymbol{A}+\boldsymbol{B})&\leqslant R\begin{pmatrix}\boldsymbol{A}+\boldsymbol{B}\\ \boldsymbol{B}\end{pmatrix}=R\begin{pmatrix}\boldsymbol{A}\\ \boldsymbol{B}\end{pmatrix}=R(\boldsymbol{A}^{T},\boldsymbol{B}^{T})^{T}=R(\boldsymbol{A}^{T},\boldsymbol{B}^{T})\\&\leqslant R(\boldsymbol{A}^{T})+R(\boldsymbol{B}^{T})=R(\boldsymbol{A})+R(\boldsymbol{B})\end{aligned}$$

3.3 线性方程组的解

例 3.3.1 解方程组

$$\begin{cases}x_1-2x_2+3x_3=5\\ 2x_1-x_2+3x_3=1\\ 4x_1-5x_2+9x_3=11\end{cases}$$

解 记方程组的增广矩阵为

$$(\boldsymbol{A},\boldsymbol{b})=\begin{pmatrix}1&-2&3&5\\ 2&-1&3&1\\ 4&-5&9&11\end{pmatrix}$$

则有

$$(\boldsymbol{A},\boldsymbol{b})=\begin{pmatrix}1&-2&3&5\\2&-1&3&1\\4&-5&9&11\end{pmatrix}\overset{r_2-2r_1}{\underset{r_3-4r_1}{\sim}}\begin{pmatrix}1&-2&3&5\\0&3&-3&-9\\0&0&0&0\end{pmatrix}\overset{r_1+\frac{2}{3}r_2}{\underset{r_2\div 3}{\sim}}\begin{pmatrix}1&0&1&-1\\0&1&-1&-3\\0&0&0&0\end{pmatrix}$$

通过上面的分析，我们可以得到两个有效方程，第三个方程为多余的方程，且 x_1,x_2 的值可用 x_3 及常数项来表示，即

$$\begin{cases}x_1=-x_3-1\\x_2=x_3-3\\x_3=x_3\end{cases}$$

那么令 $x_3=c$（c 为任意常数），即

$$\boldsymbol{x}=c\begin{pmatrix}-1\\1\\1\end{pmatrix}+\begin{pmatrix}-1\\-3\\0\end{pmatrix}$$

为方程组的解。

对于一般线性方程组

$$\begin{cases}a_{11}x_1+a_{12}x_2+\cdots+a_{1n}x_n=b_1\\a_{21}x_1+a_{22}x_2+\cdots+a_{2n}x_n=b_2\\\qquad\vdots\\a_{m1}x_1+a_{m2}x_2+\cdots+a_{mn}x_n=b_m\end{cases}\tag{3.3.1}$$

由第2章可知，上述方程组可以写成以向量 $\boldsymbol{x}$ 为未知元的向量方程

$$\boldsymbol{A}\boldsymbol{x}=\boldsymbol{b}\tag{3.3.2}$$

上述线性方程组如果有解，就称它是相容的；如果无解，就称它不相容。利用系数矩阵 $\boldsymbol{A}$ 和增广矩阵 $\boldsymbol{B}=(\boldsymbol{A},\boldsymbol{b})$ 的秩，可以方便地讨论线性方程组是否有解（即是否相容）以及有解时解是否唯一等问题，其结论为下面定理。

定理 3.3.1 对于 n 元线性方程组 $\boldsymbol{A}\boldsymbol{x}=\boldsymbol{b}$，

(1) 方程组无解的充分必要条件是 $\mathrm{R}(\boldsymbol{A})<\mathrm{R}(\boldsymbol{A},\boldsymbol{b})$；

(2) 方程组有唯一解的充分必要条件是 $\mathrm{R}(\boldsymbol{A})=\mathrm{R}(\boldsymbol{A},\boldsymbol{b})=n$；

(3) 方程组有无限多解的充分必要条件是 $\mathrm{R}(\boldsymbol{A})=\mathrm{R}(\boldsymbol{A},\boldsymbol{b})<n$。

证 只需证明条件的充分性，因为(1)，(2)，(3)中条件的必要性依次是(2)、(3)，(1)、(3)，(1)、(2)中条件的充分性的逆否命题。

设 $\mathrm{R}(\boldsymbol{A})=r$。为叙述方便，无妨设 $\boldsymbol{B}=(\boldsymbol{A},\boldsymbol{b})$ 的行最简形矩阵为

$$\widetilde{\boldsymbol{B}}=\begin{pmatrix}1&0&\cdots&0&b_{11}&\cdots&b_{1,n-r}&d_1\\0&1&\cdots&0&b_{21}&\cdots&b_{2,n-r}&d_2\\\vdots&\vdots&&\vdots&&&\vdots&\vdots\\0&0&\cdots&1&b_{r1}&\cdots&b_{r,n-r}&d_r\\0&0&\cdots&0&0&\cdots&0&d_{r+1}\\0&0&\cdots&0&0&\cdots&0&0\\\vdots&\vdots&&\vdots&\vdots&&\vdots&\vdots\\0&0&\cdots&0&0&\cdots&0&0\end{pmatrix}$$

(1) 若 $\mathrm{R}(\boldsymbol{A})<\mathrm{R}(\boldsymbol{B})$，则 $\widetilde{\boldsymbol{B}}$ 中的 $d_{r+1}=1$，于是 $\widetilde{\boldsymbol{B}}$ 的第 $r+1$ 行对应矛盾方程 $0=1$，故 $\boldsymbol{A}\boldsymbol{x}=\boldsymbol{b}$ 无解。

(2) 若 $\mathrm{R}(\boldsymbol{A})=\mathrm{R}(\boldsymbol{B})=r=n$，则 $\widetilde{\boldsymbol{B}}$ 中的 $d_{r+1}=0$（或 d_{r+1} 不出现），且 $b_{ij}(i=1,2,\cdots,r;j=1,2,\cdots,n-r)$ 都不出现，于是 $\widetilde{\boldsymbol{B}}$ 对应方程组

$$\begin{cases}x_1=d_1\\x_2=d_2\\\quad\vdots\\x_n=d_n\end{cases}$$

故方程(3.3.2)有唯一解。

(3) 若 $\mathrm{R}(\boldsymbol{A})=\mathrm{R}(\boldsymbol{B})=r<n$，则 $\widetilde{\boldsymbol{B}}$ 中的 $d_{r+1}=0$（或 d_{r+1} 不出现），$\widetilde{\boldsymbol{B}}$ 对应方程组

$$\begin{cases}x_1=-b_{11}x_{r+1}-\cdots-b_{1,n-r}x_n+d_1\\x_2=-b_{21}x_{r+1}-\cdots-b_{2,n-r}x_n+d_2\\\quad\vdots\\x_n=-b_{r1}x_{r+1}-\cdots-b_{r,n-r}x_n+d_r\end{cases}\tag{3.3.3}$$

令自由未知数 $x_{r+1}=c_1,\cdots,x_n=c_{n-r}$，即得方程(3.3.2)的含 $n-r$ 个参数的解

$$\begin{pmatrix}x_1\\\vdots\\x_r\\x_{r+1}\\\vdots\\x_n\end{pmatrix}=\begin{pmatrix}-b_{11}c_1-\cdots-b_{1,n-r}c_{n-r}+d_1\\\vdots\\-b_{r1}c_1-\cdots-b_{r,n-r}c_{n-r}+d_r\\c_1\\\vdots\\c_{n-r}\end{pmatrix}$$

即

$$\begin{pmatrix}x_1\\\vdots\\x_r\\x_{r+1}\\\vdots\\x_n\end{pmatrix}=c_1\begin{pmatrix}-b_{11}\\\vdots\\-b_{r1}\\1\\\vdots\\0\end{pmatrix}+\cdots+c_{n-r}\begin{pmatrix}-b_{1,n-r}\\\vdots\\-b_{r,n-r}\\0\\\vdots\\1\end{pmatrix}+\begin{pmatrix}d_1\\\vdots\\d_r\\0\\\vdots\\0\end{pmatrix}\tag{3.3.4}$$

由于参数 $c_1,\cdots,c_{n-r}$ 可任意取值，故方程(3.3.2)有无限多个解。

当 $\mathrm{R}(\boldsymbol{A})=\mathrm{R}(\boldsymbol{B})=r<n$ 时，由于含 $n-r$ 个参数的解(3.3.4)可以表示线性方程组(3.3.3)的任一解，从而也可以表示线性方程组(3.3.1)的任一解，因此解(3.2.4)称为**线性方程组**(3.3.1)的**通解**。

定理3.3.1的证明过程给出了求解线性方程组的步骤，这个步骤在例3.3.1中也已显示出来，现将其归纳如下：

(1) 对于非齐次线性方程组，将它的增广矩阵 $\boldsymbol{B}$ 化成行阶梯形，从 $\boldsymbol{B}$ 的行阶梯形可同时看出 $\mathrm{R}(\boldsymbol{A})$ 和 $\mathrm{R}(\boldsymbol{B})$。

① 若 $\mathrm{R}(\boldsymbol{A})<\mathrm{R}(\boldsymbol{B})$，则方程组无解；

② 若 $\mathrm{R}(\boldsymbol{A})=\mathrm{R}(\boldsymbol{B})=r=n$，则方程组有唯一解；

③ 若 $\mathrm{R}(\boldsymbol{A})=\mathrm{R}(\boldsymbol{B})=r<n$，把行最简形中 r 个非零行的首个非零元所对应的未知数取作非自由未知数，其余 $n-r$ 个未知数取作自由未知数，并令自由未知数分别等于 $c_1,c_2,\cdots,c_{n-r}$，由 $\boldsymbol{B}$(或 $\boldsymbol{A}$)是行最简形矩阵，即可写出含 $n-r$ 个参数的通解。

(2) 对于齐次线性方程组，则把系数矩阵 $\boldsymbol{A}$ 化成行最简形矩阵。

① 若 $\mathrm{R}(\boldsymbol{A})=r=n$，则方程组只有零解；

② 若 $\mathrm{R}(\boldsymbol{A})=r<n$，按照非齐次线性方程组的做法可求出方程组的通解。

例3.3.2 求解齐次线性方程组

$$\begin{cases}x_1+2x_2+2x_3+x_4=0\\2x_1+x_2-2x_3-2x_4=0\\x_1-x_2-4x_3-3x_4=0\end{cases}$$

解 对系数矩阵进行变换得

$$\boldsymbol{A}=\begin{pmatrix}1&2&2&1\\2&1&-2&-2\\1&-1&-4&-3\end{pmatrix}\underset{r_3-r_1}{\overset{r_2-2r_1}{\sim}}\begin{pmatrix}1&2&2&1\\0&-3&-6&-4\\0&-3&-6&-4\end{pmatrix}$$

$$\underset{(-\frac{1}{3})\times r_2}{\overset{r_3-r_2}{\sim}}\begin{pmatrix}1&2&2&1\\0&1&2&\frac{4}{3}\\0&0&0&0\end{pmatrix}\overset{r_1-2r_2}{\sim}\begin{pmatrix}1&0&-2&-\frac{5}{3}\\0&1&2&\frac{4}{3}\\0&0&0&0\end{pmatrix}$$

得到与原方程组同解的方程组

$$\begin{cases}x_1-2x_3-\dfrac{5}{3}x_4=0\\x_2+2x_3+\dfrac{4}{3}x_4=0\end{cases}$$

设 x_3,x_4 为自由未知数，由此即得

$$\begin{cases} x_1 = 2x_3 + \dfrac{5}{3}x_4 \\ x_2 = -2x_3 - \dfrac{4}{3}x_4 \\ x_3 = x_3 \\ x_4 = x_4 \end{cases} \quad (x_3, x_4 \text{ 可任意取值})$$

令 $x_3 = c_1, x_4 = c_2$，写成通常的参数形式

$$\begin{cases} x_1 = 2c_1 + \dfrac{5}{3}c_2 \\ x_2 = -2c_1 - \dfrac{4}{3}c_2 \\ x_3 = \quad c_1 \\ x_4 = \quad\quad c_2 \end{cases}$$

其中 c_1, c_2 为任意实数，或写成向量形式

$$\begin{pmatrix} x_1 \\ x_2 \\ x_3 \\ x_4 \end{pmatrix} = \begin{pmatrix} 2c_1 + \dfrac{5}{3}c_2 \\ -2c_1 - \dfrac{4}{3}c_2 \\ c_1 \\ c_2 \end{pmatrix} = c_1 \begin{pmatrix} 2 \\ -2 \\ 1 \\ 0 \end{pmatrix} + c_2 \begin{pmatrix} \dfrac{5}{3} \\ -\dfrac{4}{3} \\ 0 \\ 1 \end{pmatrix}$$

例 3.3.3 求解非齐次线性方程组

$$\begin{cases} x_1 - 2x_2 + 3x_3 - x_4 = 1 \\ 3x_1 - x_2 + 5x_3 - 3x_4 = 2 \\ 2x_1 + x_2 + 2x_3 - 2x_4 = 3 \end{cases}$$

解 对增广矩阵 $\boldsymbol{B}$ 施行初等行变换得

$$\boldsymbol{B} = \begin{pmatrix} 1 & -2 & 3 & -1 & 1 \\ 3 & -1 & 5 & -3 & 2 \\ 2 & 1 & 2 & -2 & 3 \end{pmatrix} \overset{r_2 - 3r_1}{\underset{r_3 - 2r_1}{\sim}} \begin{pmatrix} 1 & -2 & 3 & -1 & 1 \\ 0 & 5 & -4 & 0 & -1 \\ 0 & 5 & -4 & 0 & 1 \end{pmatrix}$$

$$\overset{r_3 - r_2}{\sim} \begin{pmatrix} 1 & -2 & 3 & -1 & 1 \\ 0 & 5 & -4 & 0 & -1 \\ 0 & 0 & 0 & 0 & 2 \end{pmatrix}$$

可见 $\mathrm{R}(\boldsymbol{A}) = 2, \mathrm{R}(\boldsymbol{B}) = 3$，故方程组无解。

例 3.3.4 求解非齐次线性方程组

$$\begin{cases} 2x_1 + x_2 + x_3 = 2 \\ x_1 + 3x_2 + x_3 = 5 \\ x_1 + x_2 + 5x_3 = -7 \\ 2x_1 + 3x_2 - 3x_3 = 14 \end{cases}$$

解 对增广矩阵 $\boldsymbol{B}$ 施行初等行变换得

$$\boldsymbol{B}=\begin{pmatrix}2&1&1&2\\1&3&1&5\\1&1&5&-7\\2&3&-3&14\end{pmatrix}\overset{r_1\leftrightarrow r_2}{\sim}\begin{pmatrix}1&3&1&5\\2&1&1&2\\1&1&5&-7\\2&3&-3&14\end{pmatrix}\underset{\substack{r_3-r_1\\r_4-2r_1}}{\overset{r_2-2r_1}{\sim}}\begin{pmatrix}1&3&1&5\\0&-5&-1&-8\\0&-2&4&-12\\0&-3&-5&4\end{pmatrix}$$

$$\overset{r_2-2r_3}{\sim}\begin{pmatrix}1&3&1&5\\0&-1&-9&16\\0&-2&4&-12\\0&-3&-5&4\end{pmatrix}\underset{r_4-3r_2}{\overset{r_3-2r_2}{\sim}}\begin{pmatrix}1&3&1&5\\0&-1&-9&16\\0&0&22&-44\\0&0&22&-44\end{pmatrix}$$

$$\underset{\substack{(-1)\times r_2\\\frac{1}{22}\times r_3}}{\overset{r_4-r_3}{\sim}}\begin{pmatrix}1&3&1&5\\0&1&9&-16\\0&0&1&-2\\0&0&0&0\end{pmatrix}\underset{r_2-9r_3}{\overset{r_1-r_3}{\sim}}\begin{pmatrix}1&3&0&7\\0&1&0&2\\0&0&1&-2\\0&0&0&0\end{pmatrix}$$

$$\overset{r_1-3r_2}{\sim}\begin{pmatrix}1&0&0&1\\0&1&0&2\\0&0&1&-2\\0&0&0&0\end{pmatrix}$$

可见 $\mathrm{R}(\boldsymbol{A})=\mathrm{R}(\boldsymbol{B})=3$，故方程组有唯一解

$$\begin{cases}x_1=1\\x_2=2\\x_3=-2\end{cases}$$

即

$$\begin{pmatrix}x_1\\x_2\\x_3\end{pmatrix}=\begin{pmatrix}1\\2\\-2\end{pmatrix}$$

注 对于非齐次线性方程组唯一解的情况，我们还可以利用克莱姆法则或者利用矩阵方程 $\boldsymbol{Ax}=\boldsymbol{b}$ 左乘逆矩阵 $\boldsymbol{A}^{-1}$ 的方法来进行求解。

例 3.3.5 求解非齐次线性方程组

$$\begin{cases}x_1+x_2-3x_3-x_4=1\\3x_1-x_2-3x_3+4x_4=4\\x_1+5x_2-9x_3-8x_4=0\end{cases}$$

解 对增广矩阵 $\boldsymbol{B}$ 施行初等行变换得

$$\boldsymbol{B}=\begin{pmatrix}1&1&-3&-1&1\\3&-1&-3&4&4\\1&5&-9&-8&0\end{pmatrix}\underset{r_3-r_1}{\overset{r_2-3r_1}{\sim}}\begin{pmatrix}1&1&-3&-1&1\\0&-4&6&7&1\\0&4&-6&-7&-1\end{pmatrix}$$

$$\overset{r_2+r_3}{\underset{-\frac{1}{4}\times r_3}{\sim}}\begin{pmatrix}1 & 1 & -3 & -1 & 1\\ 0 & 1 & -\frac{3}{2} & -\frac{7}{4} & -\frac{1}{4}\\ 0 & 0 & 0 & 0 & 0\end{pmatrix}\overset{r_1-r_2}{\sim}\begin{pmatrix}1 & 0 & -\frac{3}{2} & \frac{3}{4} & \frac{5}{4}\\ 0 & 1 & -\frac{3}{2} & -\frac{7}{4} & -\frac{1}{4}\\ 0 & 0 & 0 & 0 & 0\end{pmatrix}$$

设 x_3, x_4 为自由变量，所以

$$\begin{cases}x_1=\frac{3}{2}x_3-\frac{3}{4}x_4+\frac{5}{4}\\ x_2=\frac{3}{2}x_3+\frac{7}{4}x_4-\frac{1}{4}\\ x_3=\quad x_3\\ x_4=\qquad\quad x_4\end{cases}$$

得到

$$\begin{pmatrix}x_1\\ x_2\\ x_3\\ x_4\end{pmatrix}=c_1\begin{pmatrix}\frac{3}{2}\\ \frac{3}{2}\\ 1\\ 0\end{pmatrix}+c_2\begin{pmatrix}-\frac{3}{4}\\ \frac{7}{4}\\ 0\\ 1\end{pmatrix}+\begin{pmatrix}\frac{5}{4}\\ -\frac{1}{4}\\ 0\\ 0\end{pmatrix}\quad(c_1, c_2\in\mathbb{R})$$

例 3.3.6 设有线性方程组

$$\begin{cases}(\lambda+1)x_1+x_2+x_3=0\\ x_1+(\lambda+1)x_2+x_3=3\\ x_1+x_2+(1+\lambda)x_3=\lambda\end{cases}$$

问 λ 取何值时，此方程组(1)有唯一解；(2)无解；(3)有无限多解？并在有无限多解时求其通解。

解 方法一 对增广矩阵 $(\boldsymbol{A}, \boldsymbol{b})$ 施行初等行变换把它变为行阶梯形矩阵，有

$$(\boldsymbol{A}, \boldsymbol{b})=\begin{pmatrix}1+\lambda & 1 & 1 & 0\\ 1 & 1+\lambda & 1 & 3\\ 1 & 1 & 1+\lambda & \lambda\end{pmatrix}\overset{r_1\leftrightarrow r_3}{\sim}\begin{pmatrix}1 & 1 & 1+\lambda & \lambda\\ 1 & 1+\lambda & 1 & 3\\ 1+\lambda & 1 & 1 & 0\end{pmatrix}$$

$$\overset{r_2-r_1}{\underset{r_3-(1+\lambda)r_1}{\sim}}\begin{pmatrix}1 & 1 & 1+\lambda & \lambda\\ 0 & \lambda & -\lambda & 3-\lambda\\ 0 & 1-\lambda & 1-\lambda^2 & 1-\lambda^2\end{pmatrix}$$

$$\overset{r_3+r_2}{\sim}\begin{pmatrix}1 & 1 & 1+\lambda & \lambda\\ 0 & \lambda & -\lambda & 3-\lambda\\ 0 & 0 & -\lambda(3+\lambda) & (1-\lambda)(3+\lambda)\end{pmatrix}$$

(1) 当 $\lambda\neq 0,\lambda\neq -3$ 时，$R(\boldsymbol{A},\boldsymbol{b})=R(\boldsymbol{A})=3$，方程组有唯一解；

(2) 当 $\lambda=0$ 时，$R(\boldsymbol{A})=1,R(\boldsymbol{B})=2$，方程组无解；

(3) 当 $\lambda=-3$ 时，$R(\boldsymbol{A})=R(\boldsymbol{B})=2$，方程组有无限多个解。

这时

$$(\boldsymbol{A},\boldsymbol{b})\overset{r}{\sim}\begin{pmatrix}1&1&-2&3\\0&-3&3&6\\0&0&0&0\end{pmatrix}\overset{r}{\sim}\begin{pmatrix}1&0&-1&-1\\0&1&-1&-2\\0&0&0&0\end{pmatrix}$$

由此可得通解

$$\begin{cases}x_1=x_3-1\\x_2=x_3-2\\x_3=x_3\end{cases}\quad(x_3\text{ 可任意取值})$$

即

$$\begin{pmatrix}x_1\\x_2\\x_3\end{pmatrix}=c\begin{pmatrix}1\\1\\1\end{pmatrix}+\begin{pmatrix}-1\\-2\\0\end{pmatrix}\quad(c\in\mathbb{R})$$

方法二　因为系数矩阵 $\boldsymbol{A}$ 为方阵，故方程有唯一解的充分必要条件是系数行列式 $|\boldsymbol{A}|\neq 0$。而

$$|\boldsymbol{A}|=\begin{vmatrix}1+\lambda&1&1\\1&1+\lambda&1\\1&1&1+\lambda\end{vmatrix}=(3+\lambda)\begin{vmatrix}1&1&1\\1&1+\lambda&1\\1&1&1+\lambda\end{vmatrix}$$

$$=(3+\lambda)\begin{vmatrix}1&1&1\\0&\lambda&0\\0&0&\lambda\end{vmatrix}=(3+\lambda)\lambda^2$$

因此，当 $\lambda\neq 0$ 且 $\lambda\neq -3$ 时，方程组有唯一解。

当 $\lambda=0$ 时，

$$(\boldsymbol{A},\boldsymbol{b})=\begin{pmatrix}1&1&1&0\\1&1&1&3\\1&1&1&0\end{pmatrix}\overset{r}{\sim}\begin{pmatrix}1&1&1&0\\0&0&0&1\\0&0&0&0\end{pmatrix}$$

知 $R(\boldsymbol{A})=1,R(\boldsymbol{A},\boldsymbol{b})=2$，故方程组无解。

当 $\lambda=-3$ 时，

$$(\boldsymbol{A},\boldsymbol{b})=\begin{pmatrix}-1&1&1&0\\1&-2&1&3\\1&1&-2&-3\end{pmatrix}\overset{r}{\sim}\begin{pmatrix}1&0&-1&-1\\0&1&-1&-2\\0&0&0&0\end{pmatrix}$$

知 $R(\boldsymbol{A})=R(\boldsymbol{A},\boldsymbol{b})=2$，故方程组有无限多个解，可求出通解

$$\begin{pmatrix}x_1\\x_2\\x_3\end{pmatrix}=c\begin{pmatrix}1\\1\\1\end{pmatrix}+\begin{pmatrix}-1\\-2\\0\end{pmatrix}\quad(c\in\mathbb{R})$$

明显方法二比方法一简单，但方法二只适用于系数矩阵为方阵的情形。

习题三

1. 单项选择题

(1) 设 $\boldsymbol{A}$ 为 n 阶方阵，且 $|\boldsymbol{A}|\neq 0$，则(　　)。

(A) $\boldsymbol{A}$ 经列初等变换可变为单位阵 $\boldsymbol{E}$

(B) 由 $\boldsymbol{AX}=\boldsymbol{BA}$，可得 $\boldsymbol{X}=\boldsymbol{B}$

(C) 当 $(\boldsymbol{A}|\boldsymbol{E})$ 经有限次初等变换变为 $(\boldsymbol{E}|\boldsymbol{B})$ 时，有 $\boldsymbol{A}^{-1}=\boldsymbol{B}$

(D) 以上(A)、(B)、(C)都不对

(2) 设 $\boldsymbol{A}$ 为 $m\times n$ 矩阵，$\mathrm{R}(\boldsymbol{A})=r<m<n$，则(　　)。

(A) $\boldsymbol{A}$ 中 r 阶子式不全为零　　(B) $\boldsymbol{A}$ 中阶数小于 r 的子式全为零

(C) $\boldsymbol{A}$ 经行初等变换可化为 $\begin{pmatrix}\boldsymbol{E} & \boldsymbol{O}\\ \boldsymbol{O} & \boldsymbol{O}\end{pmatrix}$　　(D) $\boldsymbol{A}$ 为满秩矩阵

(3) 设 $\boldsymbol{A}$ 为 $m\times n$ 矩阵，$\boldsymbol{C}$ 为 n 阶可逆矩阵，$\boldsymbol{B}=\boldsymbol{AC}$，则(　　)。

(A) $\mathrm{R}(\boldsymbol{A})>\mathrm{R}(\boldsymbol{B})$　　(B) $\mathrm{R}(\boldsymbol{A})=\mathrm{R}(\boldsymbol{B})$

(C) $\mathrm{R}(\boldsymbol{A})<\mathrm{R}(\boldsymbol{B})$　　(D) $\mathrm{R}(\boldsymbol{A})$ 与 $\mathrm{R}(\boldsymbol{B})$ 的关系依 $\boldsymbol{C}$ 而定

(4) $\boldsymbol{A},\boldsymbol{B}$ 为 n 阶非零矩阵，且 $\boldsymbol{AB}=\boldsymbol{O}$，则 $\mathrm{R}(\boldsymbol{A})$ 和 $\mathrm{R}(\boldsymbol{B})$(　　)。

(A) 有一个等于零　　(B) 都为 n

(C) 都小于 n　　(D) 一个小于 n，一个等于 n

(5) 方程组 $\begin{cases}x_1+2x_2-x_3=4\\x_2+2x_3=2\\(\lambda-2)x_3=-(\lambda-3)(\lambda-4)(\lambda-1)\end{cases}$ 无解的充分条件是 $\lambda=$(　　)。

(A) 1　　(B) 2　　(C) 3　　(D) 4

(6) 方程组 $\begin{cases}x_1+x_2+x_3=\lambda-1\\2x_2-x_3=\lambda-2\\x_3=\lambda-4\\(\lambda-1)x_3=-(\lambda-3)(\lambda-1)\end{cases}$ 有唯一解的充分条件是 $\lambda=$(　　)。

(A) 1　　(B) 2　　(C) 3　　(D) 4

(7) 方程组 $\begin{cases}x_1+2x_2-x_3=\lambda-1\\3x_2-x_3=\lambda-2\\\lambda x_2-x_3=(\lambda-3)(\lambda-4)+(\lambda-2)\end{cases}$ 有无穷多解的充分条件是 $\lambda=$(　　)。

(A) 1　　(B) 2　　(C) 3　　(D) 4

(8) 设 $\boldsymbol{A}$ 为 $m\times n$ 矩阵，$\boldsymbol{b}$ 为向量，$\boldsymbol{0}=(0,0,\cdots,0)$ 为零向量，则下列结论正确的是(　　)。

(A) 若 $\boldsymbol{Ax}=\boldsymbol{0}$ 仅有零解，则 $\boldsymbol{Ax}=\boldsymbol{b}$ 有唯一解

(B) 若 $\boldsymbol{Ax}=\boldsymbol{0}$ 有非零解，则 $\boldsymbol{Ax}=\boldsymbol{b}$ 有无穷多解

(C) 若 $\boldsymbol{Ax}=\boldsymbol{b}$ 有无穷多解，则 $\boldsymbol{Ax}=\boldsymbol{0}$ 仅有零解

(D) 若 $\boldsymbol{Ax}=\boldsymbol{b}$ 有无穷多解，则 $\boldsymbol{Ax}=\boldsymbol{0}$ 有非零解

2. 填空题

(1) 设四阶方阵 $\boldsymbol{A}$ 的秩为 2，则其伴随矩阵 $\boldsymbol{A}^*$ 的秩为________；

(2) 非零矩阵 $\begin{pmatrix} a_1b_1 & a_1b_2 & \cdots & a_1b_n \\ a_2b_1 & a_2b_2 & \cdots & a_2b_n \\ \vdots & \vdots & & \vdots \\ a_nb_1 & a_nb_2 & \cdots & a_nb_n \end{pmatrix}$ 的秩为________；

(3) 设 $\boldsymbol{A}=\begin{pmatrix} 1 & 2 & 1 \\ 2 & 3 & a+2 \\ 1 & a & -2 \end{pmatrix}$，$\boldsymbol{x}=\begin{pmatrix} x_1 \\ x_2 \\ x_3 \end{pmatrix}$，若齐次线性方程组 $\boldsymbol{Ax}=\boldsymbol{0}$ 只有零解，则 $a=$________；

(4) 设 $\boldsymbol{A}=\begin{pmatrix} 1 & 2 & 1 \\ 2 & 3 & a+2 \\ 1 & a & -2 \end{pmatrix}$，$\boldsymbol{b}=\begin{pmatrix} 1 \\ 3 \\ 0 \end{pmatrix}$，$\boldsymbol{x}=\begin{pmatrix} x_1 \\ x_2 \\ x_3 \end{pmatrix}$，若线性方程组 $\boldsymbol{Ax}=\boldsymbol{b}$ 无解，则 $a=$________。

3. 用初等行变换把下列矩阵化为行最简形矩阵：

(1) $\boldsymbol{A}=\begin{pmatrix} 1 & 0 & 2 & -1 \\ 2 & 0 & 3 & 1 \\ 3 & 0 & 4 & 3 \end{pmatrix}$；　　(2) $\boldsymbol{A}=\begin{pmatrix} 1 & -1 & 3 & -4 & 3 \\ 3 & -3 & 5 & -4 & 1 \\ 2 & -2 & 3 & -2 & 0 \\ 3 & -3 & 4 & -2 & -1 \end{pmatrix}$。

4. 用矩阵的行初等变换求下列矩阵的逆：

(1) $\boldsymbol{A}=\begin{pmatrix} 2 & 2 & 3 \\ 1 & -1 & 0 \\ -1 & 2 & 1 \end{pmatrix}$；　　(2) $\boldsymbol{A}=\begin{pmatrix} 1 & 2 & 2 \\ 2 & 1 & -2 \\ 2 & -2 & 1 \end{pmatrix}$。

5. 解下列矩阵方程：

(1) 已知 $\boldsymbol{A}\begin{pmatrix} 1 & 1 & 1 \\ 0 & 1 & 1 \\ 1 & 0 & 1 \end{pmatrix}=\begin{pmatrix} 1 & 2 & 3 \\ 4 & 5 & 6 \end{pmatrix}$，求 $\boldsymbol{A}$。

(2) 设 $\boldsymbol{A}=\begin{pmatrix}1&1&-1\\0&1&1\\0&0&-1\end{pmatrix}$,求矩阵 $\boldsymbol{B}$,使 $\boldsymbol{A}^2-\boldsymbol{AB}=\boldsymbol{E}$;

(3) $\boldsymbol{AX}=\boldsymbol{A}^2+\boldsymbol{X}-\boldsymbol{E}$,其中 $\boldsymbol{A}=\begin{pmatrix}1&0&1\\0&2&0\\1&0&1\end{pmatrix}$;

(4) $\boldsymbol{AX}=\boldsymbol{A}+2\boldsymbol{X}$,其中 $\boldsymbol{A}=\begin{pmatrix}4&2&3\\1&1&0\\-1&2&3\end{pmatrix}$。

6. 求下列矩阵的秩:

(1) $\begin{pmatrix}3&1&0&2\\1&-1&2&-1\\1&3&-4&4\end{pmatrix}$; (2) $\begin{pmatrix}3&2&-1&-3&-1\\2&-1&3&1&-3\\7&0&5&-1&-8\end{pmatrix}$;

(3) $\begin{pmatrix}2&1&8&3&7\\2&-3&0&7&-5\\3&-2&5&8&0\\1&0&3&2&0\end{pmatrix}$。

7. 求解下列齐次线性方程组:

(1) $\begin{cases}x_1+x_2+2x_3-x_4=0\\2x_1+x_2+x_3-x_4=0\\2x_1+2x_2+x_3+2x_4=0\end{cases}$; (2) $\begin{cases}x_1+2x_2+x_3-x_4=0\\3x_1+6x_2-x_3-3x_4=0\\5x_1+10x_2+x_3-5x_4=0\end{cases}$;

(3) $\begin{cases}2x_1+3x_2-x_3-7x_4=0\\3x_1+x_2+2x_3-7x_4=0\\4x_1+x_2-3x_3+6x_4=0\\x_1-2x_2+5x_3-5x_4=0\end{cases}$; (4) $\begin{cases}3x_1+4x_2-5x_3+7x_4=0\\2x_1-3x_2+3x_3-2x_4=0\\4x_1+11x_2-13x_3+16x_4=0\\7x_1-2x_2+x_3+3x_4=0\end{cases}$。

8. 求解下列非齐次线性方程组:

(1) $\begin{cases}4x_1+2x_2-x_3=2\\3x_1-x_2+2x_3=10\\11x_1+3x_2=8\end{cases}$; (2) $\begin{cases}2x+3y+z=4\\x-2y+4z=-5\\3x+8y-2z=13\\4x-y+9z=-6\end{cases}$;

(3) $\begin{cases}2x+y-z+w=1\\4x+2y-2z+w=2\\2x+y-z-w=1\end{cases}$; (4) $\begin{cases}2x+y-z+w=1\\3x-2y+z-3w=4\\x+4y-3z+5w=-2\end{cases}$。

9. 讨论非齐次线性方程组

$$\begin{cases}-2x_1+x_2+x_3=-2\\ x_1-2x_2+x_3=\lambda\\ x_1+x_2-2x_3=\lambda^2\end{cases}$$

当 λ 取何值时有解？并求出它的通解。

10. 设

$$\begin{cases}(2-\lambda)x_1+2x_2-2x_3=1\\ 2x_1+(5-\lambda)x_2-4x_3=2\\ -2x_1-4x_2+(5-\lambda)x_3=-\lambda-1\end{cases}$$

当 λ 取何值时此方程组有解？此方程组有唯一解、无解或有无穷多解？并在有无穷多解时求其通解。

11. 问 a 取何值时，线性方程组

$$\begin{cases}x_1+x_2+x_3=a\\ ax_1+x_2+x_3=1\\ x_1+x_2+ax_3=1\end{cases}$$

有解，并求其解。

第4章 向量组的线性相关性和矩阵的特征值

向量是在几何、物理等多种问题中都会涉及的一个概念，也是线性代数中的一个重要概念，本章简单介绍向量的相关知识，并研究关于向量的基本问题。

4.1 向量组及其线性组合

为了进一步研究线性方程组的有解性和工程技术实际问题以及理论的需要，我们在本节研究向量的概念及其线性关系。

4.1.1 n 维向量及其线性运算

通过空间解析几何的学习，我们已经知道空间向量（向径）$\overrightarrow{OM}=(x,y,z)$（其中 $M(x,y,z)$，O 为原点）与有序三元数组一一对应。将此推广到一般 n 元有序数组就得到 n 维向量的概念。

定义 4.1.1 n 个数 $a_1,a_2,\cdots,a_n$ 组成的有序数组 $(a_1,a_2,\cdots,a_n)$ 称为 n 维向量，$a_i(i=1,2,\cdots,n)$ 称为 $(a_1,a_2,\cdots,a_n)$ 的第 i 个分量（坐标），通常向量用小写字母 $\boldsymbol{a},\boldsymbol{b},\boldsymbol{c},\boldsymbol{d},\boldsymbol{\alpha},\boldsymbol{\beta}$ 表示。

一个 n 维向量可以写成一行的形式：

$$\boldsymbol{\alpha}=(a_1,a_2,\cdots,a_n)$$

称为行向量，可以把一个行向量看作一个行矩阵；也可以写成一列的形式：

$$\boldsymbol{\beta}=\begin{pmatrix} a_1 \\ a_2 \\ \vdots \\ a_n \end{pmatrix}=(a_1,a_2,\cdots,a_n)^{\mathrm{T}}$$

称为列向量，可以把一个列向量看作一个列矩阵。在接下来的内容中，若无特别说明，向量均指列向量。

需要注意两点：

(1) 当向量的每一个分量都是零时，称此向量为零向量，记作 $\mathbf{0}=(0,0,\cdots,0)$；

(2) 如果两个 n 维向量 $\boldsymbol{\alpha}$ 和 $\boldsymbol{\beta}$ 的对应分量都相等，则称这两个向量相等，记作

$\boldsymbol{\alpha}=\boldsymbol{\beta}$。

定义 4.1.2 设 $\boldsymbol{\alpha}=(a_1,a_2,\cdots,a_n)$，$\boldsymbol{\beta}=(b_1,b_2,\cdots,b_n)$ 均是 n 维向量，$\boldsymbol{\alpha}$ 与 $\boldsymbol{\beta}$ 的对应分量相加所构成的 n 维向量称为向量 $\boldsymbol{\alpha}$ 和 $\boldsymbol{\beta}$ 的和，记作 $\boldsymbol{\alpha}+\boldsymbol{\beta}$，即

$$\boldsymbol{\alpha}+\boldsymbol{\beta}=(a_1+b_1,a_2+b_2,\cdots,a_n+b_n)$$

定义 4.1.3 设 $\boldsymbol{\alpha}=(a_1,a_2,\cdots,a_n)$是 n 维向量，k 是一个常数，k 与 $\boldsymbol{\alpha}=(a_1,a_2,\cdots,a_n)$的各分量的乘积所构成的 n 维向量称为数 k 与向量 $\boldsymbol{\alpha}$ 的乘积(简称**数乘**)，记作 $k\boldsymbol{\alpha}$，即

$$k\boldsymbol{\alpha}=(ka_1,ka_2,\cdots,ka_n)$$

向量的加减法和数乘运算统称为向量的**线性运算**。

设 $\boldsymbol{\alpha},\boldsymbol{\beta},\boldsymbol{\gamma}$ 为 n 维向量，k,l 为实数，容易验证，向量的加法与乘法两种运算满足以下运算规律：

(1) $\boldsymbol{\alpha}+\boldsymbol{\beta}=\boldsymbol{\beta}+\boldsymbol{\alpha}$；　　(2) $(\boldsymbol{\alpha}+\boldsymbol{\beta})+\boldsymbol{\gamma}=\boldsymbol{\alpha}+(\boldsymbol{\beta}+\boldsymbol{\gamma})$；

(3) $\boldsymbol{\alpha}+\mathbf{0}=\boldsymbol{\alpha}$；　　(4) $\boldsymbol{\alpha}+(-\boldsymbol{\alpha})=\mathbf{0}$；

(5) $1\boldsymbol{\alpha}=\boldsymbol{\alpha}$；　　(6) $k(l\boldsymbol{\alpha})=(kl)\boldsymbol{\alpha}$；

(7) $k(\boldsymbol{\alpha}+\boldsymbol{\beta})=k\boldsymbol{\alpha}+k\boldsymbol{\beta}$；　　(8) $(k+l)\boldsymbol{\alpha}=k\boldsymbol{\alpha}+l\boldsymbol{\alpha}$。

例 4.1.1 设 $\boldsymbol{\alpha}=(1,-4,2,3)$，$\boldsymbol{\beta}=(2,5,-3,7)$，求向量 $3\boldsymbol{\alpha}+4\boldsymbol{\beta}$。

解
$$\begin{aligned}3\boldsymbol{\alpha}+4\boldsymbol{\beta}&=3(1,-4,2,3)+4(2,5,-3,7)\\&=(3,-12,6,9)+(8,20,-12,28)\\&=(11,8,-6,37)\end{aligned}$$

4.1.2 向量组的线性组合

由若干个同维数列向量(或行向量)所组成的集合称为**向量组**。

例如，一个 $m\times n$ 矩阵

$$\boldsymbol{A}=\begin{pmatrix}a_{11}&a_{12}&\cdots&a_{1n}\\a_{21}&a_{22}&\cdots&a_{2n}\\\vdots&\vdots&&\vdots\\a_{m1}&a_{m2}&\cdots&a_{mn}\end{pmatrix}$$

可以看作由 n 个 m 维的列向量所组成的向量组 A：$\boldsymbol{\alpha}_1,\boldsymbol{\alpha}_2,\cdots,\boldsymbol{\alpha}_n$ 所构成，其中

$$\boldsymbol{\alpha}_i=\begin{pmatrix}a_{1i}\\a_{2i}\\\vdots\\a_{mi}\end{pmatrix}\quad(i=1,2,\cdots,n)$$

矩阵 $\boldsymbol{A}$ 也可以看作由 m 个 n 维的行向量所组成的向量组 A：$\boldsymbol{\beta}_1^{\mathrm{T}},\boldsymbol{\beta}_2^{\mathrm{T}},\cdots,\boldsymbol{\beta}_m^{\mathrm{T}}$ 所构成，其中

$$\boldsymbol{\beta}_i^{\mathrm{T}}=(a_{i1},a_{i2},\cdots,a_{in})\quad(i=1,2,\cdots,m)$$

因此，矩阵 $\boldsymbol{A}$ 可以记为

$$\boldsymbol{A}=(\boldsymbol{\alpha}_1,\boldsymbol{\alpha}_2,\cdots,\boldsymbol{\alpha}_n)\quad 或\quad \boldsymbol{A}=\begin{pmatrix}\boldsymbol{\beta}_1^{\mathrm{T}}\\ \boldsymbol{\beta}_2^{\mathrm{T}}\\ \vdots\\ \boldsymbol{\beta}_m^{\mathrm{T}}\end{pmatrix}$$

矩阵的列向量组和行向量组都是只含有限个向量的向量组；反之，一个含有限个向量的向量组可以构成一个矩阵。总之，含有限个向量的有序向量组可以与矩阵一一对应。

定义 4.1.4 给定向量组 A：$\boldsymbol{\alpha}_1,\boldsymbol{\alpha}_2,\cdots,\boldsymbol{\alpha}_m$，对于任何一组实数 $k_1,k_2,\cdots,k_m$，表达式

$$k_1\boldsymbol{\alpha}_1+k_2\boldsymbol{\alpha}_2+\cdots+k_m\boldsymbol{\alpha}_m$$

称为向量组 A 的一个**线性组合**，$k_1,k_2,\cdots,k_m$ 称为这个线性组合的系数。

给定向量组 A：$\boldsymbol{\alpha}_1,\boldsymbol{\alpha}_2,\cdots,\boldsymbol{\alpha}_m$ 和向量 $\boldsymbol{\beta}$，如果存在一组数 $\lambda_1,\lambda_2,\cdots,\lambda_m$，使得

$$\boldsymbol{\beta}=\lambda_1\boldsymbol{\alpha}_1+\lambda_2\boldsymbol{\alpha}_2+\cdots+\lambda_m\boldsymbol{\alpha}_m$$

则向量 $\boldsymbol{\beta}$ 是向量组 A 的线性组合，这时称向量 $\boldsymbol{\beta}$ 能由向量组 A **线性表示**。

例 4.1.2 设 $\boldsymbol{\alpha}_1^{\mathrm{T}}=(1,1,1)$，$\boldsymbol{\alpha}_2^{\mathrm{T}}=(0,1,1)$，$\boldsymbol{\alpha}_3^{\mathrm{T}}=(0,0,1)$，$\boldsymbol{\beta}^{\mathrm{T}}=(1,3,4)$，问 $\boldsymbol{\beta}$ 能否由 $\boldsymbol{\alpha}_1,\boldsymbol{\alpha}_2,\boldsymbol{\alpha}_3$ 线性表示？

解 由定义 4.1.4 可知，$\boldsymbol{\beta}$ 能由 $\boldsymbol{\alpha}_1,\boldsymbol{\alpha}_2,\boldsymbol{\alpha}_3$ 线性表示⇔存在 k_1,k_2,k_3，使得

$$\boldsymbol{\beta}=k_1\boldsymbol{\alpha}_1+k_2\boldsymbol{\alpha}_2+k_3\boldsymbol{\alpha}_3$$

成立，即

$$\begin{cases}k_1=1\\ k_1+k_2=3\\ k_1+k_2+k_3=4\end{cases}$$

解得

$$k_1=1,\quad k_2=2,\quad k_3=1$$

所以，$\boldsymbol{\beta}=\boldsymbol{\alpha}_1+2\boldsymbol{\alpha}_2+\boldsymbol{\alpha}_3$，$\boldsymbol{\beta}$ 能由 $\boldsymbol{\alpha}_1,\boldsymbol{\alpha}_2,\boldsymbol{\alpha}_3$ 线性表示。

由定义 4.1.4 可知，向量组 $\boldsymbol{\beta}$ 能由向量组 A：$\boldsymbol{\alpha}_1,\boldsymbol{\alpha}_2,\cdots,\boldsymbol{\alpha}_m$ 线性表示，也就是方程组

$$x_1\boldsymbol{\alpha}_1+x_2\boldsymbol{\alpha}_2+\cdots+x_m\boldsymbol{\alpha}_m=\boldsymbol{\beta}$$

有解。

由此可以得出以下结论：

(1) $\boldsymbol{\beta}$ 能由向量组 $\boldsymbol{\alpha}_1,\boldsymbol{\alpha}_2,\cdots,\boldsymbol{\alpha}_m$ 唯一线性表示的充分必要条件是线性方程组

$$x_1\boldsymbol{\alpha}_1+x_2\boldsymbol{\alpha}_2+\cdots+x_m\boldsymbol{\alpha}_m=\boldsymbol{\beta}$$

有唯一解。

(2) $\boldsymbol{\beta}$ 能由向量组 $\boldsymbol{\alpha}_1,\boldsymbol{\alpha}_2,\cdots,\boldsymbol{\alpha}_m$ 线性表示且表示法不唯一的充分必要条件是线性方程组

$$x_1\boldsymbol{\alpha}_1+x_2\boldsymbol{\alpha}_2+\cdots+x_m\boldsymbol{\alpha}_m=\boldsymbol{\beta}$$

有无穷多个解。

(3) $\boldsymbol{\beta}$ 不能由向量组 $\boldsymbol{\alpha}_1,\boldsymbol{\alpha}_2,\cdots,\boldsymbol{\alpha}_m$ 线性表示的充分必要条件是线性方程组

$$x_1\boldsymbol{\alpha}_1+x_2\boldsymbol{\alpha}_2+\cdots+x_m\boldsymbol{\alpha}_m=\boldsymbol{\beta}$$

无解。

定理 4.1.1 向量 $\boldsymbol{\beta}$ 能由向量组 $A:\boldsymbol{\alpha}_1,\boldsymbol{\alpha}_2,\cdots,\boldsymbol{\alpha}_m$ 线性表示的充分必要条件是矩阵 $\boldsymbol{A}=(\boldsymbol{\alpha}_1,\boldsymbol{\alpha}_2,\cdots,\boldsymbol{\alpha}_m)$ 的秩等于矩阵 $\boldsymbol{B}=(\boldsymbol{\alpha}_1,\boldsymbol{\alpha}_2,\cdots,\boldsymbol{\alpha}_m,\boldsymbol{\beta})$ 的秩。

例 4.1.3 问向量 $\boldsymbol{\beta}=\begin{pmatrix}1\\0\\3\\1\end{pmatrix}$ 是否能被向量组 $\boldsymbol{\alpha}_1=\begin{pmatrix}1\\1\\2\\2\end{pmatrix},\boldsymbol{\alpha}_2=\begin{pmatrix}1\\2\\1\\3\end{pmatrix},\boldsymbol{\alpha}_3=\begin{pmatrix}1\\-1\\4\\0\end{pmatrix}$ 线性表示？如果能，给出一种表示。

解 构造线性方程组 $\boldsymbol{\alpha}_1x_1+\boldsymbol{\alpha}_2x_2+\cdots+\boldsymbol{\alpha}_mx_m=\boldsymbol{\beta}$，其系数矩阵 $\boldsymbol{A}=(\boldsymbol{\alpha}_1,\boldsymbol{\alpha}_2,\boldsymbol{\alpha}_3)$，增广矩阵 $\boldsymbol{B}=(\boldsymbol{\alpha}_1,\boldsymbol{\alpha}_2,\boldsymbol{\alpha}_3,\boldsymbol{\beta})$。

将 $\boldsymbol{B}$ 化为阶梯形矩阵得

$$\boldsymbol{B}=\begin{pmatrix}1&1&1&1\\1&2&-1&0\\2&1&4&3\\2&3&0&1\end{pmatrix}\overset{\substack{r_2-r_1\\r_3-2r_1}}{\underset{r_4-2r}{\sim}}\begin{pmatrix}1&1&-1&1\\0&1&-2&-1\\0&-1&2&1\\0&1&-2&-1\end{pmatrix}$$

$$\overset{r_3+r_2}{\underset{r_4-r_2}{\sim}}\begin{pmatrix}1&1&1&1\\0&1&-2&-1\\0&0&0&0\\0&0&0&0\end{pmatrix}\overset{r_1-r_2}{\sim}\begin{pmatrix}1&0&3&2\\0&1&-2&-1\\0&0&0&0\\0&0&0&0\end{pmatrix}$$

可知 $\mathrm{R}(\boldsymbol{A})=\mathrm{R}(\boldsymbol{B})$，因此 $\boldsymbol{\beta}$ 能由向量组 $\boldsymbol{\alpha}_1,\boldsymbol{\alpha}_2,\boldsymbol{\alpha}_3$ 线性表示。

由上述行最简形，可得方程 $(\boldsymbol{\alpha}_1,\boldsymbol{\alpha}_2,\boldsymbol{\alpha}_3)\boldsymbol{x}=\boldsymbol{\beta}$ 的通解为

$$\boldsymbol{x}=c\begin{pmatrix}-3\\2\\1\end{pmatrix}+\begin{pmatrix}2\\-1\\0\end{pmatrix}=\begin{pmatrix}-3c+2\\2c-1\\c\end{pmatrix}\quad(c\text{ 为任意实数})$$

从而得表达式

$$\boldsymbol{\beta}=(\boldsymbol{\alpha}_1,\boldsymbol{\alpha}_2,\boldsymbol{\alpha}_3)\boldsymbol{x}=(-3c+2)\boldsymbol{\alpha}_1+(2c-1)\boldsymbol{\alpha}_2+c\boldsymbol{\alpha}_3$$

其中 c 可任意取值。

令 $c=0$，则 $\boldsymbol{\beta}=2\boldsymbol{\alpha}_1-\boldsymbol{\alpha}_2+0\boldsymbol{\alpha}_3$，该式即为 $\boldsymbol{\beta}$ 关于向量组 $\boldsymbol{\alpha}_1,\boldsymbol{\alpha}_2,\boldsymbol{\alpha}_3$ 的一种线性表示。

定义 4.1.5 设有两个向量组 A：$\boldsymbol{\alpha}_1,\boldsymbol{\alpha}_2,\cdots,\boldsymbol{\alpha}_m$ 和 B：$\boldsymbol{\beta}_1,\boldsymbol{\beta}_2,\cdots,\boldsymbol{\beta}_l$，若 B 组中的每个向量都能由向量组 A 线性表示，则称**向量组 B 能由向量组 A 线性表示**，若向量组 A 与向量组 B 能相互线性表示，则称这两个**向量组等价**。

把向量组 A 和向量组 B 所构成的矩阵依次记为 $\boldsymbol{A}=(\boldsymbol{\alpha}_1,\boldsymbol{\alpha}_2,\cdots,\boldsymbol{\alpha}_m)$ 和向量组 $\boldsymbol{B}=(\boldsymbol{\beta}_1,\boldsymbol{\beta}_2,\cdots,\boldsymbol{\beta}_l)$，向量组 B 能由向量组 A 线性表示，即对每个向量 $\boldsymbol{\beta}_j(j=1,2,\cdots,l)$，存在数 $k_{1j},k_{2j},\cdots,k_{mj}$，使

$$\boldsymbol{\beta}_j=k_{1j}\boldsymbol{\alpha}_1+k_{2j}\boldsymbol{\alpha}_2+\cdots+k_{mj}\boldsymbol{\alpha}_m=(\boldsymbol{\alpha}_1,\boldsymbol{\alpha}_2,\cdots,\boldsymbol{\alpha}_m)\begin{pmatrix}k_{1j}\\k_{2j}\\\vdots\\k_{mj}\end{pmatrix}$$

从而

$$(\boldsymbol{\beta}_1,\boldsymbol{\beta}_2,\cdots,\boldsymbol{\beta}_l)=(\boldsymbol{\alpha}_1,\boldsymbol{\alpha}_2,\cdots,\boldsymbol{\alpha}_m)\begin{pmatrix}k_{11}&k_{12}&\cdots&k_{1l}\\k_{21}&k_{22}&\cdots&k_{2l}\\\vdots&\vdots&&\vdots\\k_{m1}&k_{m2}&\cdots&k_{ml}\end{pmatrix}$$

这里，矩阵 $\boldsymbol{K}_{m\times l}=\begin{pmatrix}k_{11}&k_{12}&\cdots&k_{1l}\\k_{21}&k_{22}&\cdots&k_{2l}\\\vdots&\vdots&&\vdots\\k_{m1}&k_{m2}&\cdots&k_{ml}\end{pmatrix}$ 称为这一线性表示的系数矩阵。

由此可知，若 $\boldsymbol{C}_{m\times n}=\boldsymbol{A}_{m\times l}\boldsymbol{B}_{l\times n}$，则矩阵 $\boldsymbol{C}$ 的列向量 $\boldsymbol{c}_1,\boldsymbol{c}_2,\cdots,\boldsymbol{c}_n$ 能由矩阵 $\boldsymbol{A}$ 的列向量 $\boldsymbol{\alpha}_1,\boldsymbol{\alpha}_2,\cdots,\boldsymbol{\alpha}_l$ 线性表示，$\boldsymbol{B}$ 为这一表示的系数矩阵：

$$(\boldsymbol{c}_1,\boldsymbol{c}_2,\cdots,\boldsymbol{c}_n)=(\boldsymbol{\alpha}_1,\boldsymbol{\alpha}_2,\cdots,\boldsymbol{\alpha}_l)\begin{pmatrix}b_{11}&b_{12}&\cdots&b_{1n}\\b_{21}&b_{22}&\cdots&b_{2n}\\\vdots&\vdots&&\vdots\\b_{l1}&b_{l2}&\cdots&b_{ln}\end{pmatrix}$$

同时，矩阵 $\boldsymbol{C}$ 的行向量能由矩阵 $\boldsymbol{B}$ 的行向量线性表示，$\boldsymbol{A}$ 为这一表示的系数矩阵：

$$\begin{pmatrix}\boldsymbol{\gamma}_1^{\mathrm{T}}\\\boldsymbol{\gamma}_2^{\mathrm{T}}\\\vdots\\\boldsymbol{\gamma}_m^{\mathrm{T}}\end{pmatrix}=\begin{pmatrix}a_{11}&a_{12}&\cdots&a_{1l}\\a_{21}&a_{22}&\cdots&a_{2l}\\\vdots&\vdots&&\vdots\\a_{m1}&a_{m2}&\cdots&a_{ml}\end{pmatrix}\begin{pmatrix}\boldsymbol{\beta}_1^{\mathrm{T}}\\\boldsymbol{\beta}_2^{\mathrm{T}}\\\vdots\\\boldsymbol{\beta}_l^{\mathrm{T}}\end{pmatrix}$$

下面给出向量组线性表示的相关结论。

(1) 若矩阵 $\boldsymbol{A}$ 与 $\boldsymbol{B}$ 行等价，则 $\boldsymbol{A}$ 的行向量组与 $\boldsymbol{B}$ 的行向量组等价；若矩阵 $\boldsymbol{A}$ 与 $\boldsymbol{B}$ 列等价，则 $\boldsymbol{A}$ 的列向量组与 $\boldsymbol{B}$ 的列向量组等价；

(2) 向量组 B：$\boldsymbol{\beta}_1,\boldsymbol{\beta}_2,\cdots,\boldsymbol{\beta}_l$ 能由向量组 A：$\boldsymbol{\alpha}_1,\boldsymbol{\alpha}_2,\cdots,\boldsymbol{\alpha}_m$ 线性表示的充分必要条件是矩阵 $\boldsymbol{A}=(\boldsymbol{\alpha}_1,\boldsymbol{\alpha}_2,\cdots,\boldsymbol{\alpha}_m)$ 的秩等于矩阵 $(\boldsymbol{A},\boldsymbol{B})=(\boldsymbol{\alpha}_1,\boldsymbol{\alpha}_2,\cdots,\boldsymbol{\alpha}_m,\boldsymbol{\beta}_1,\boldsymbol{\beta}_2,\cdots,\boldsymbol{\beta}_l)$ 的秩，即 $\mathrm{R}(\boldsymbol{A})=\mathrm{R}(\boldsymbol{A},\boldsymbol{B})$；

(3) 向量组 A：$\boldsymbol{\alpha}_1,\boldsymbol{\alpha}_2,\cdots,\boldsymbol{\alpha}_m$ 与向量组 B：$\boldsymbol{\beta}_1,\boldsymbol{\beta}_2,\cdots,\boldsymbol{\beta}_l$ 等价的充分必要条件是 $\mathrm{R}(\boldsymbol{A})=\mathrm{R}(\boldsymbol{B})=\mathrm{R}(\boldsymbol{A},\boldsymbol{B})$，其中 $\boldsymbol{A}$ 和 $\boldsymbol{B}$ 是向量组 A 和向量组 B 构成的矩阵；

(4) 若向量组 B：$\boldsymbol{\beta}_1,\boldsymbol{\beta}_2,\cdots,\boldsymbol{\beta}_l$ 能由向量组 A：$\boldsymbol{\alpha}_1,\boldsymbol{\alpha}_2,\cdots,\boldsymbol{\alpha}_m$ 线性表示，则 $\mathrm{R}(\boldsymbol{B})\leqslant\mathrm{R}(\boldsymbol{A})$。

例 4.1.4 已知

$$A:(\boldsymbol{\alpha}_1,\boldsymbol{\alpha}_2)=\begin{pmatrix}1&1\\1&0\\0&1\\0&1\end{pmatrix},\quad B:(\boldsymbol{\beta}_1,\boldsymbol{\beta}_2)=\begin{pmatrix}2&0\\-1&1\\3&-1\\3&-1\end{pmatrix}$$

证明向量组 A 与向量组 B 等价。

证 构造矩阵 $\boldsymbol{C}$ 并施行初等行变换，将该矩阵化为行最简形矩阵。

$$\boldsymbol{C}=(\boldsymbol{\alpha}_1,\boldsymbol{\alpha}_2,\boldsymbol{\beta}_1,\boldsymbol{\beta}_2)=\begin{pmatrix}1&1&2&0\\1&0&-1&1\\0&1&3&-1\\0&1&3&-1\end{pmatrix}\sim\begin{pmatrix}1&1&2&0\\0&-1&-3&1\\0&1&3&-1\\0&1&3&-1\end{pmatrix}\sim\begin{pmatrix}1&0&-1&1\\0&-1&-3&1\\0&0&0&0\\0&0&0&0\end{pmatrix}$$

可见 $\mathrm{R}(\boldsymbol{C})=2$，而向量组 A 与向量组 B 的秩都是 2，即 $\mathrm{R}(\boldsymbol{C})=\mathrm{R}(\boldsymbol{A})=\mathrm{R}(\boldsymbol{B})=2$。

所以，向量组 A 与向量组 B 等价。

4.2 向量组的线性相关性

4.2.1 线性相关与线性无关的概念

定义 4.2.1 给定向量组 A：$\boldsymbol{\alpha}_1,\boldsymbol{\alpha}_2,\cdots,\boldsymbol{\alpha}_m$，如果存在不全为零的 m 个数 $k_1,k_2,\cdots,k_m$，使

$$k_1\boldsymbol{\alpha}_1+k_2\boldsymbol{\alpha}_2+\cdots+k_m\boldsymbol{\alpha}_m=\boldsymbol{0}$$

成立，则称向量组 A：$\boldsymbol{\alpha}_1,\boldsymbol{\alpha}_2,\cdots,\boldsymbol{\alpha}_m$ **线性相关**；如果当且仅当 $k_1=k_2=\cdots=k_m=0$ 时，式子 $k_1\boldsymbol{\alpha}_1+k_2\boldsymbol{\alpha}_2+\cdots+k_m\boldsymbol{\alpha}_m=\boldsymbol{0}$ 才成立，则称向量组 A：$\boldsymbol{\alpha}_1,\boldsymbol{\alpha}_2,\cdots,\boldsymbol{\alpha}_m$ **线性无关**。

向量组 $\boldsymbol{\alpha}_1,\boldsymbol{\alpha}_2,\cdots,\boldsymbol{\alpha}_m$ 线性相关，通常是指 $m\geqslant2$ 的情形，但定义 4.2.1 也适用于 $m=1$ 的情形。当 $m=1$ 时，向量组只含一个向量，对于只含一个向量 $\boldsymbol{\alpha}$ 的向量组，当 $\boldsymbol{\alpha}=\boldsymbol{0}$ 时是线性相关的，当 $\boldsymbol{\alpha}\neq\boldsymbol{0}$ 时是线性无关的。对于含两个向量 $\boldsymbol{\alpha}_1,\boldsymbol{\alpha}_2$ 的向量组，其线性相关的充分必要条件是 $\boldsymbol{\alpha}_1,\boldsymbol{\alpha}_2$ 的分量对应成比例，其几何意义是两个向量共线。3 个向量线性相关的几何意义是 3 个向量共面。

向量组 A：$\boldsymbol{\alpha}_1,\boldsymbol{\alpha}_2,\cdots,\boldsymbol{\alpha}_m(m\geqslant 2)$线性相关，也就是在向量组 A 中至少有一个向量能由其余 $m-1$ 个向量线性表示。这是因为：如果向量组 A 线性相关，则有不全为 0 的数 $k_1,k_2,\cdots,k_m$ 使 $k_1\boldsymbol{\alpha}_1+k_2\boldsymbol{\alpha}_2+\cdots+k_m\boldsymbol{\alpha}_m=\boldsymbol{0}$。因 $k_1,k_2,\cdots,k_m$ 不全为 0，不妨设 $k_1\neq 0$，于是有

$$\boldsymbol{\alpha}_1=-\frac{1}{k_1}(k_2\boldsymbol{\alpha}_2+\cdots+k_m\boldsymbol{\alpha}_m)$$

即 $\boldsymbol{\alpha}_1$ 能由 $\boldsymbol{\alpha}_2,\cdots,\boldsymbol{\alpha}_m$ 线性表示。

如果向量组 A 中有某个向量能由其余 $m-1$ 个向量线性表示，不妨设 $\boldsymbol{\alpha}_m$ 能由 $\boldsymbol{\alpha}_1,\cdots,\boldsymbol{\alpha}_{m-1}$ 线性表示，即有 $\lambda_1,\lambda_2,\cdots,\lambda_{m-1}$，使 $\boldsymbol{\alpha}_m=\lambda_1\boldsymbol{\alpha}_1+\lambda_2\boldsymbol{\alpha}_2+\cdots+\lambda_{m-1}\boldsymbol{\alpha}_{m-1}$，于是

$$\lambda_1\boldsymbol{\alpha}_1+\cdots+\lambda_{m-1}\boldsymbol{\alpha}_{m-1}+(-1)\boldsymbol{\alpha}_m=\boldsymbol{0}$$

因 $\lambda_1,\lambda_2,\cdots,\lambda_{m-1},-1$ 这 m 个数不全为 0(至少 $-1\neq 0$)，所以向量组 A 线性相关。

向量组的线性相关与线性无关的概念也可以移用到线性方程组上。当方程组中有某个方程是其余方程的线性组合时，这个方程组就是多余的，这时称方程组(各个方程)是线性相关的；当方程组中没有多余方程时，就称该方程组(各个方程)是线性无关(线性独立)的。

4.2.2 线性相关与线性无关的判定方法

1. 利用定义判别向量组的线性相关性

向量组 A：$\boldsymbol{\alpha}_1,\boldsymbol{\alpha}_2,\cdots,\boldsymbol{\alpha}_m$ 是否线性相关与齐次线性方程组 $\boldsymbol{\alpha}_1x_1+\boldsymbol{\alpha}_2x_2+\cdots+\boldsymbol{\alpha}_mx_m=\boldsymbol{0}$ 的解有如下关系：

(1) 向量组 A 线性相关的充分必要条件是齐次线性方程组

$$\begin{cases}a_{11}x_1+a_{12}x_2+\cdots+a_{1m}x_m=0\\a_{21}x_1+a_{22}x_2+\cdots+a_{2m}x_m=0\\\qquad\vdots\\a_{n1}x_1+a_{n2}x_2+\cdots+a_{nm}x_m=0\end{cases}$$

即 $\boldsymbol{\alpha}_1x_1+\boldsymbol{\alpha}_2x_2+\cdots+\boldsymbol{\alpha}_mx_m=\boldsymbol{0}(\boldsymbol{Ax}=\boldsymbol{0})$有非零解。当 $m=n$ 时，其线性相关的充要条件是

$$|\boldsymbol{A}|=\begin{vmatrix}a_{11}&a_{12}&\cdots&a_{1n}\\a_{21}&a_{22}&\cdots&a_{2n}\\\vdots&\vdots&&\vdots\\a_{n1}&a_{n2}&\cdots&a_{nn}\end{vmatrix}=0$$

(2) 向量组 A 线性无关的充分必要条件是齐次线性方程组

$$\begin{cases}a_{11}x_1+a_{12}x_2+\cdots+a_{1m}x_m=0\\a_{21}x_1+a_{22}x_2+\cdots+a_{2m}x_m=0\\\qquad\vdots\\a_{n1}x_1+a_{n2}x_2+\cdots+a_{nm}x_m=0\end{cases}$$

即 $\boldsymbol{\alpha}_1 x_1+\boldsymbol{\alpha}_2 x_2+\cdots+\boldsymbol{\alpha}_m x_m=\mathbf{0}(\boldsymbol{A}\boldsymbol{x}=\mathbf{0})$ 只有零解，当 $m=n$ 时，其线性无关的充要条件是

$$|\boldsymbol{A}|=\begin{vmatrix} a_{11} & a_{12} & \cdots & a_{1n} \\ a_{21} & a_{22} & \cdots & a_{2n} \\ \vdots & \vdots & & \vdots \\ a_{n1} & a_{n2} & \cdots & a_{nn} \end{vmatrix}\neq 0$$

n 维向量组 $\boldsymbol{\varepsilon}_1=(1,0,\cdots,0)^{\mathrm{T}},\boldsymbol{\varepsilon}_2=(0,1,\cdots,0)^{\mathrm{T}},\cdots,\boldsymbol{\varepsilon}_n=(0,0,\cdots,1)^{\mathrm{T}}$ 称为 **n 维单位坐标向量组**，n 维单位坐标向量组线性无关。

例 4.2.1 设 $\boldsymbol{\alpha}_1=\begin{pmatrix}1\\1\\1\end{pmatrix},\boldsymbol{\alpha}_2=\begin{pmatrix}1\\2\\3\end{pmatrix},\boldsymbol{\alpha}_3=\begin{pmatrix}1\\3\\t\end{pmatrix}$。求：

(1) t 为何值时，向量组 $\boldsymbol{\alpha}_1,\boldsymbol{\alpha}_2,\boldsymbol{\alpha}_3$ 线性相关？

(2) t 为何值时，向量组 $\boldsymbol{\alpha}_1,\boldsymbol{\alpha}_2,\boldsymbol{\alpha}_3$ 线性无关？

(3) 当向量组 $\boldsymbol{\alpha}_1,\boldsymbol{\alpha}_2,\boldsymbol{\alpha}_3$ 线性相关时，将 $\boldsymbol{\alpha}_3$ 表示为 $\boldsymbol{\alpha}_1,\boldsymbol{\alpha}_2$ 的线性组合。

解 设有一组数 k_1,k_2,k_3，使得 $k_1\boldsymbol{\alpha}_1+k_2\boldsymbol{\alpha}_2+k_3\boldsymbol{\alpha}_3=\mathbf{0}$，即有方程组

$$\begin{cases} k_1+k_2+k_3=0 \\ k_1+2k_2+3k_3=0 \\ k_1+3k_2+tk_3=0 \end{cases}$$

此齐次方程组的系数行列式为

$$\begin{vmatrix} 1 & 1 & 1 \\ 1 & 2 & 3 \\ 1 & 3 & t \end{vmatrix}=t-5$$

则

(1) 当 $t-5=0$，即 $t=5$ 时，方程组有非零解，所以 $\boldsymbol{\alpha}_1,\boldsymbol{\alpha}_2,\boldsymbol{\alpha}_3$ 线性相关；

(2) 当 $t-5\neq 0$，即 $t\neq 5$ 时，方程组只有零解，即 $k_1=k_2=k_3=0$，所以 $\boldsymbol{\alpha}_1,\boldsymbol{\alpha}_2,\boldsymbol{\alpha}_3$ 线性无关；

(3) 当 $t=5$ 时，设 $\boldsymbol{\alpha}_3=\boldsymbol{\alpha}_1 x_1+\boldsymbol{\alpha}_2 x_2$，即有

$$\begin{cases} x_1+x_2=1 \\ x_1+2x_2=3 \\ x_1+3x_2=5 \end{cases}$$

解得

$$x_1=-1,\quad x_2=-2$$

故

$$\boldsymbol{\alpha}_3=-\boldsymbol{\alpha}_1+2\boldsymbol{\alpha}_2$$

2. 利用矩阵的秩判别向量组的线性相关性

定理 4.2.1 向量组 $\boldsymbol{\alpha}_1,\boldsymbol{\alpha}_2,\cdots,\boldsymbol{\alpha}_m$ 线性相关的充分必要条件是它所构成的矩阵 $\boldsymbol{A}=(\boldsymbol{\alpha}_1,\boldsymbol{\alpha}_2,\cdots,\boldsymbol{\alpha}_m)$ 的秩小于向量个数 m；向量组 $\boldsymbol{\alpha}_1,\boldsymbol{\alpha}_2,\cdots,\boldsymbol{\alpha}_m$ 线性无关的充分必要条件是 $\mathrm{R}(\boldsymbol{A})=m$。

利用定理 4.2.1 容易得到以下几个相关的结论：

(1) 当向量组中向量的个数大于向量的维数时，此向量组线性相关，例如 $n+1$ 个 n 维向量组线性相关；

(2) 如果向量组中有一部分向量（称为部分组）线性相关，则整个向量组线性相关；

(3) 线性无关的向量组中任何一个部分组皆线性无关；

(4) 包含零向量的任何向量组都线性相关；

(5) 设向量组 A：$\boldsymbol{\alpha}_1,\boldsymbol{\alpha}_2,\cdots,\boldsymbol{\alpha}_m$ 线性无关，而向量组 B：$\boldsymbol{\alpha}_1,\boldsymbol{\alpha}_2,\cdots,\boldsymbol{\alpha}_m,\boldsymbol{\beta}$ 线性相关，则向量 $\boldsymbol{\beta}$ 必能由向量组 A 线性表示，且表示是唯一的。

证 只对(5)进行证明。记 $\boldsymbol{A}=(\boldsymbol{\alpha}_1,\boldsymbol{\alpha}_2,\cdots,\boldsymbol{\alpha}_m)$，$\boldsymbol{B}=(\boldsymbol{\alpha}_1,\boldsymbol{\alpha}_2,\cdots,\boldsymbol{\alpha}_m,\boldsymbol{\beta})$，则

$$\mathrm{R}(\boldsymbol{A})\leqslant\mathrm{R}(\boldsymbol{B})$$

因为向量组 A 线性无关，所以

$$\mathrm{R}(\boldsymbol{A})=m$$

向量组 B 线性相关，则

$$\mathrm{R}(\boldsymbol{B})<m+1$$

故

$$m\leqslant\mathrm{R}(\boldsymbol{B})<m+1$$

即

$$\mathrm{R}(\boldsymbol{B})=m$$

由 $\mathrm{R}(\boldsymbol{A})=\mathrm{R}(\boldsymbol{B})=m$ 可知线性方程组

$$(\boldsymbol{\alpha}_1,\boldsymbol{\alpha}_2,\cdots,\boldsymbol{\alpha}_m)\boldsymbol{x}=\boldsymbol{\beta}$$

有唯一解，即向量 $\boldsymbol{\beta}$ 能由向量组 A 线性表示，且表示是唯一的。

例 4.2.2 判断下列向量组是线性相关还是线性无关：

$$\boldsymbol{\alpha}_1=\begin{pmatrix}1\\-2\\3\end{pmatrix},\quad \boldsymbol{\alpha}_2=\begin{pmatrix}0\\2\\-5\end{pmatrix},\quad \boldsymbol{\alpha}_3=\begin{pmatrix}-1\\0\\2\end{pmatrix}$$

解 由题意可得矩阵

$$\boldsymbol{A}=(\boldsymbol{\alpha}_1,\boldsymbol{\alpha}_2,\boldsymbol{\alpha}_3)=\begin{pmatrix}1&0&-1\\-2&2&0\\3&-5&2\end{pmatrix}\underset{r_3-3r_1}{\overset{r_2+2r_1}{\sim}}\begin{pmatrix}1&0&-1\\0&2&-2\\0&0&0\end{pmatrix}$$

$$R(\boldsymbol{A})=2<3$$

根据定理 4.2.1 知向量组 $\boldsymbol{\alpha}_1,\boldsymbol{\alpha}_2,\boldsymbol{\alpha}_3$ 线性相关。

例 4.2.3 已知

$$\boldsymbol{\alpha}_1=\begin{pmatrix}1\\1\\1\end{pmatrix},\quad \boldsymbol{\alpha}_2=\begin{pmatrix}0\\2\\5\end{pmatrix},\quad \boldsymbol{\alpha}_3=\begin{pmatrix}2\\4\\7\end{pmatrix}$$

试讨论向量组 $\boldsymbol{\alpha}_1,\boldsymbol{\alpha}_2,\boldsymbol{\alpha}_3$ 及向量组 $\boldsymbol{\alpha}_1,\boldsymbol{\alpha}_2$ 的线性相关性。

解 对矩阵$(\boldsymbol{\alpha}_1,\boldsymbol{\alpha}_2,\boldsymbol{\alpha}_3)$施行初等行变换变成行阶梯形矩阵，即可同时看出矩阵$(\boldsymbol{\alpha}_1,\boldsymbol{\alpha}_2,\boldsymbol{\alpha}_3)$与矩阵$(\boldsymbol{\alpha}_1,\boldsymbol{\alpha}_2)$的秩，利用定理 4.2.1 可得

$$(\boldsymbol{\alpha}_1,\boldsymbol{\alpha}_2,\boldsymbol{\alpha}_3)=\begin{pmatrix}1&0&2\\1&2&4\\1&5&7\end{pmatrix}\underset{r_3-r_1}{\overset{r_2-r_1}{\sim}}\begin{pmatrix}1&0&2\\0&2&2\\0&5&5\end{pmatrix}\overset{r_3-\frac{5}{2}r_2}{\sim}\begin{pmatrix}1&0&2\\0&2&2\\0&0&0\end{pmatrix}$$

可见 $R(\boldsymbol{\alpha}_1,\boldsymbol{\alpha}_2,\boldsymbol{\alpha}_3)=2$，故向量组 $\boldsymbol{\alpha}_1,\boldsymbol{\alpha}_2,\boldsymbol{\alpha}_3$ 线性相关；同时可见 $R(\boldsymbol{\alpha}_1,\boldsymbol{\alpha}_2)=2$，故向量组 $\boldsymbol{\alpha}_1,\boldsymbol{\alpha}_2$ 线性无关。

4.2.3 向量组的秩

前面我们在讨论向量组的线性组合和线性相关性时，矩阵的秩起了十分重要的作用。为使讨论进一步深入，我们在向量组中引入秩的概念。

定义 4.2.2 设有向量组 A，如果在 A 中能选出 r 个向量 $\boldsymbol{\alpha}_1,\boldsymbol{\alpha}_2,\cdots,\boldsymbol{\alpha}_r$，满足

(1) 向量组 A_0：$\boldsymbol{\alpha}_1,\boldsymbol{\alpha}_2,\cdots,\boldsymbol{\alpha}_r$ 线性无关；

(2) 向量组 A 中任意 $r+1$ 个向量（如果 A 中有 $r+1$ 个向量）都线性相关，则称向量组 A_0 是向量组 A 的一个**极大线性无关向量组**（简称最大无关组），最大无关组所含向量个数 r 称为向量组 A 的秩，记作 $R(\boldsymbol{A})$。

以后向量组 $\boldsymbol{\alpha}_1,\boldsymbol{\alpha}_2,\cdots,\boldsymbol{\alpha}_m$ 的秩也记作 $R(\boldsymbol{\alpha}_1,\boldsymbol{\alpha}_2,\cdots,\boldsymbol{\alpha}_m)$。

定理 4.2.2 矩阵的秩等于它的列向量组的秩，也等于它的行向量组的秩。

证 设 $\boldsymbol{A}=(\boldsymbol{\alpha}_1,\boldsymbol{\alpha}_2,\cdots,\boldsymbol{\alpha}_m)$，$R(\boldsymbol{A})=r$，并设 r 阶子式 $D_r\neq0$。

根据定理 4.2.1 可知，D_r 所在的 r 列向量线性无关；又由 A 中所有 $r+1$ 阶子式均为零，知 A 中任意 $r+1$ 个列向量都线性相关。因此 D_r 所在的 r 列是 A 的列向量组的一个最大无关组，所以列向量组的秩等于 r。

类似也可证明矩阵 $\boldsymbol{A}$ 的行向量组的秩也等于 $R(\boldsymbol{A})$。

从上述证明中可见：若 D_r 是矩阵 $\boldsymbol{A}$ 的一个最高阶非零子式，则 D_r 所在的 r 列即是 $\boldsymbol{A}$ 的列向量组的一个最大无关组，D_r 所在的 r 行即是 $\boldsymbol{A}$ 的行向量组的一个最大无关组。

向量组的最大无关组一般不是唯一的，如例 4.2.3 中，有

$$(\boldsymbol{\alpha}_1,\boldsymbol{\alpha}_2,\boldsymbol{\alpha}_3)=\begin{pmatrix}1&0&2\\1&2&4\\1&5&7\end{pmatrix}$$

由 $R(\boldsymbol{\alpha}_1,\boldsymbol{\alpha}_2)=2$ 知 $\boldsymbol{\alpha}_1,\boldsymbol{\alpha}_2$ 线性无关；由 $R(\boldsymbol{\alpha}_1,\boldsymbol{\alpha}_2,\boldsymbol{\alpha}_3)=2$ 知 $\boldsymbol{\alpha}_1,\boldsymbol{\alpha}_2,\boldsymbol{\alpha}_3$ 线性相关，因此 $\boldsymbol{\alpha}_1,\boldsymbol{\alpha}_2$ 是向量组 $\boldsymbol{\alpha}_1,\boldsymbol{\alpha}_2,\boldsymbol{\alpha}_3$ 的一个最大无关组。

此外，由 $R(\boldsymbol{\alpha}_1,\boldsymbol{\alpha}_3)=2$ 及 $R(\boldsymbol{\alpha}_2,\boldsymbol{\alpha}_3)=2$ 可知 $\boldsymbol{\alpha}_1,\boldsymbol{\alpha}_3$ 和 $\boldsymbol{\alpha}_2,\boldsymbol{\alpha}_3$ 都是向量组 $\boldsymbol{\alpha}_1,\boldsymbol{\alpha}_2,\boldsymbol{\alpha}_3$ 的最大无关组。

下面给出最大无关组的等价定义：

定义 4.2.3 若向量组 $A_0:\boldsymbol{\alpha}_1,\boldsymbol{\alpha}_2,\cdots,\boldsymbol{\alpha}_r$ 是向量组 A 的一个部分组，且满足

(1) 向量组 A_0 线性无关；

(2) 向量组 A 的任一向量都能由向量组 A_0 线性表示，

则称向量组 A_0 是向量组 A 的一个**最大无关组**。

例 4.2.4 求向量组

$$\boldsymbol{\alpha}_1=\begin{pmatrix}1\\1\\0\end{pmatrix},\quad \boldsymbol{\alpha}_2=\begin{pmatrix}2\\2\\0\end{pmatrix},\quad \boldsymbol{\alpha}_3=\begin{pmatrix}1\\0\\0\end{pmatrix},\quad \boldsymbol{\alpha}_4=\begin{pmatrix}0\\2\\0\end{pmatrix},\quad \boldsymbol{\alpha}_5=\begin{pmatrix}0\\0\\3\end{pmatrix}$$

的秩及一个最大无关组。

解 因为

$$|\boldsymbol{\alpha}_3,\boldsymbol{\alpha}_4,\boldsymbol{\alpha}_5|=\begin{vmatrix}1&0&0\\0&2&0\\0&0&3\end{vmatrix}=6\neq 0$$

所以 $R(\boldsymbol{\alpha}_3,\boldsymbol{\alpha}_4,\boldsymbol{\alpha}_5)=3$，即 $\boldsymbol{\alpha}_3,\boldsymbol{\alpha}_4,\boldsymbol{\alpha}_5$ 线性无关。

由 $R(\boldsymbol{\alpha}_1,\boldsymbol{\alpha}_3,\boldsymbol{\alpha}_4,\boldsymbol{\alpha}_5)=3$，$R(\boldsymbol{\alpha}_2,\boldsymbol{\alpha}_3,\boldsymbol{\alpha}_4,\boldsymbol{\alpha}_5)=3$ 可知，$\boldsymbol{\alpha}_1,\boldsymbol{\alpha}_3,\boldsymbol{\alpha}_4,\boldsymbol{\alpha}_5$ 和 $\boldsymbol{\alpha}_2,\boldsymbol{\alpha}_3,\boldsymbol{\alpha}_4,\boldsymbol{\alpha}_5$ 线性相关，即 $\boldsymbol{\alpha}_1,\boldsymbol{\alpha}_2$ 都可以由 $\boldsymbol{\alpha}_3,\boldsymbol{\alpha}_4,\boldsymbol{\alpha}_5$ 线性表示，故向量组的秩为 3，且 $\boldsymbol{\alpha}_3,\boldsymbol{\alpha}_4,\boldsymbol{\alpha}_5$ 为一个最大无关组。

类似可以得到 $\boldsymbol{\alpha}_1,\boldsymbol{\alpha}_3,\boldsymbol{\alpha}_5$ 和 $\boldsymbol{\alpha}_2,\boldsymbol{\alpha}_4,\boldsymbol{\alpha}_5$ 都是列向量组的最大无关组，它们所含的向量的个数都是 3。

例 4.2.5 设齐次线性方程组

$$\begin{cases}x_1+2x_2+x_3-2x_4=0\\2x_1+3x_2-x_4=0\\x_1-x_2-5x_3+7x_4=0\end{cases}$$

的全体解向量构成的向量组为 S，求 S 的秩。

解 先解方程，为此把系数矩阵 $\boldsymbol{A}$ 化成行最简形：

$$A=\begin{pmatrix}1&2&1&-2\\2&3&0&-1\\1&-1&-5&7\end{pmatrix}\overset{r_2-2r_1}{\underset{r_3-r_1}{\sim}}\begin{pmatrix}1&2&1&-2\\0&-1&-2&3\\0&-3&-6&9\end{pmatrix}\overset{\substack{r_1+2r_2\\r_3-3r_2}}{\underset{r_2\times(-1)}{\sim}}\begin{pmatrix}1&0&-3&4\\0&1&2&-3\\0&0&0&0\end{pmatrix}$$

得

$$\begin{cases}x_1=3x_3-4x_4\\x_2=-2x_3+3x_4\\x_3=x_3\\x_4=x_4\end{cases}$$

令自由未知数 $x_3=c_1,x_4=c_2$,得通解

$$\begin{pmatrix}x_1\\x_2\\x_3\\x_4\end{pmatrix}=c_1\begin{pmatrix}3\\-2\\1\\0\end{pmatrix}+c_2\begin{pmatrix}-4\\3\\0\\1\end{pmatrix}$$

把上式记作 $\boldsymbol{x}=c_1\boldsymbol{\xi}_1+c_2\boldsymbol{\xi}_2$,知

$$S=\{\boldsymbol{x}=c_1\boldsymbol{\xi}_1+c_2\boldsymbol{\xi}_2\mid c_1,c_2\in\mathbb{R}\}$$

即 S 能由向量组 $\boldsymbol{\xi}_1,\boldsymbol{\xi}_2$ 线性表示。

因 $\boldsymbol{\xi}_1,\boldsymbol{\xi}_2$ 的 4 个分量不成比例,故 $\boldsymbol{\xi}_1,\boldsymbol{\xi}_2$ 线性无关。因此根据最大无关组的等价定义知 $\boldsymbol{\xi}_1,\boldsymbol{\xi}_2$ 是 S 的最大无关组,则 $\mathrm{R}(S)=2$。

我们可以把一个矩阵看作是一个行向量组或列向量组,如果能由矩阵的秩来求向量组的秩的话,是不是会有更简单的方法呢?向量组的秩与矩阵的秩有怎样的关系呢?

通过定理 4.2.2 可以看出,求向量组的秩只需要以向量组中各向量为列向量组成矩阵后,只作初等行变换,将该矩阵化为行阶梯形矩阵,则可直接写出所求向量组的最大无关组。同理,也可以用向量组中各向量作为行向量组成矩阵,通过作初等列变换来求向量组的最大无关组。

例 4.2.6 求向量组

$$\boldsymbol{\alpha}_1=\begin{pmatrix}1\\-2\\2\\3\end{pmatrix},\quad\boldsymbol{\alpha}_2=\begin{pmatrix}-2\\4\\-1\\3\end{pmatrix},\quad\boldsymbol{\alpha}_3=\begin{pmatrix}-2\\4\\0\\6\end{pmatrix},\quad\boldsymbol{\alpha}_4=\begin{pmatrix}0\\6\\2\\3\end{pmatrix}$$

的一个最大无关组和向量组的秩,并将向量组中的其余向量用最大无关组线性表示。

解 以 $\boldsymbol{\alpha}_1,\boldsymbol{\alpha}_2,\boldsymbol{\alpha}_3,\boldsymbol{\alpha}_4$ 为矩阵的列向量构造矩阵 $\boldsymbol{A}$,对 $\boldsymbol{A}$ 作初等行变换化为行最简形矩阵,得

$$\boldsymbol{A}=\begin{pmatrix}1&-2&-2&0\\-2&4&4&6\\2&-1&0&2\\3&3&6&3\end{pmatrix}\stackrel{r}{\sim}\begin{pmatrix}1&-2&-2&0\\0&0&0&6\\0&3&4&2\\0&9&12&3\end{pmatrix}$$

$$\stackrel{r}{\sim}\begin{pmatrix}1&-2&-2&0\\0&3&4&3\\0&0&0&6\\0&0&0&-3\end{pmatrix}\stackrel{r}{\sim}\begin{pmatrix}1&0&\frac{2}{3}&0\\0&1&\frac{4}{3}&0\\0&0&0&1\\0&0&0&0\end{pmatrix}$$

因此，$\mathrm{R}(\boldsymbol{A})=3$，所以，向量组 $\boldsymbol{\alpha}_1,\boldsymbol{\alpha}_2,\boldsymbol{\alpha}_3,\boldsymbol{\alpha}_4$ 的秩是3，而且 $\boldsymbol{\alpha}_1,\boldsymbol{\alpha}_2,\boldsymbol{\alpha}_4$ 为一个最大无关组。

为了将 $\boldsymbol{\alpha}_3$ 表示为 $\boldsymbol{\alpha}_1,\boldsymbol{\alpha}_2,\boldsymbol{\alpha}_4$ 的线性组合，设 $k_1\boldsymbol{\alpha}_1+k_2\boldsymbol{\alpha}_2+k_3\boldsymbol{\alpha}_3+k_4\boldsymbol{\alpha}_4=\boldsymbol{0}$，它的同解方程组为

$$\begin{cases}k_1+\frac{2}{3}k_3=0\\k_2+\frac{4}{3}k_3=0\\k_4=0\end{cases}$$

即

$$\begin{cases}k_1=-\frac{2}{3}k_3\\k_2=-\frac{4}{3}k_3\\k_4=0\end{cases}$$

令 $k_3=1$，得 $k_1=-\frac{2}{3}$，$k_2=-\frac{4}{3}$，$k_4=0$，所以 $\boldsymbol{\alpha}_3$ 的线性表示为 $\boldsymbol{\alpha}_3=\frac{2}{3}\boldsymbol{\alpha}_1+\frac{4}{3}\boldsymbol{\alpha}_2+0\boldsymbol{\alpha}_4$。

注 采用同样的方法可知 $\boldsymbol{\alpha}_1,\boldsymbol{\alpha}_3,\boldsymbol{\alpha}_4$ 为向量组 A 一个最大无关组，$\boldsymbol{\alpha}_2$ 能由 $\boldsymbol{\alpha}_1,\boldsymbol{\alpha}_3,\boldsymbol{\alpha}_4$ 线性表示。

例 4.2.7 设 $\boldsymbol{\alpha}_1,\boldsymbol{\alpha}_2,\boldsymbol{\alpha}_3$ 是一向量组的最大无关组，且

$$\boldsymbol{\beta}_1=\boldsymbol{\alpha}_1+\boldsymbol{\alpha}_2+\boldsymbol{\alpha}_3,\quad \boldsymbol{\beta}_2=\boldsymbol{\alpha}_1+\boldsymbol{\alpha}_2+2\boldsymbol{\alpha}_3,\quad \boldsymbol{\beta}_3=\boldsymbol{\alpha}_1+2\boldsymbol{\alpha}_2+3\boldsymbol{\alpha}_3$$

证明：$\boldsymbol{\beta}_1,\boldsymbol{\beta}_2,\boldsymbol{\beta}_3$ 也是该向量组的最大无关组。

证 因为

$$\begin{cases}\boldsymbol{\alpha}_1+\boldsymbol{\alpha}_2+\boldsymbol{\alpha}_3=\boldsymbol{\beta}_1\\\boldsymbol{\alpha}_1+\boldsymbol{\alpha}_2+2\boldsymbol{\alpha}_3=\boldsymbol{\beta}_2\\\boldsymbol{\alpha}_1+2\boldsymbol{\alpha}_2+3\boldsymbol{\alpha}_3=\boldsymbol{\beta}_3\end{cases}$$

即

$$(\boldsymbol{\alpha}_1,\boldsymbol{\alpha}_2,\boldsymbol{\alpha}_3)\begin{pmatrix}1&1&1\\1&1&2\\1&2&3\end{pmatrix}=(\boldsymbol{\beta}_1,\boldsymbol{\beta}_2,\boldsymbol{\beta}_3)$$

则$(\boldsymbol{\beta}_1,\boldsymbol{\beta}_2,\boldsymbol{\beta}_3)$可由$(\boldsymbol{\alpha}_1,\boldsymbol{\alpha}_2,\boldsymbol{\alpha}_3)$线性表示。

设$\boldsymbol{A}=\begin{pmatrix}1&1&1\\1&1&2\\1&2&3\end{pmatrix}$,因$|\boldsymbol{A}|=-1\neq 0$可逆,因此$(\boldsymbol{\alpha}_1,\boldsymbol{\alpha}_2,\boldsymbol{\alpha}_3)=(\boldsymbol{\beta}_1,\boldsymbol{\beta}_2,\boldsymbol{\beta}_3)\boldsymbol{A}^{-1}$,即$(\boldsymbol{\alpha}_1,\boldsymbol{\alpha}_2,\boldsymbol{\alpha}_3)$可由向量组$(\boldsymbol{\beta}_1,\boldsymbol{\beta}_2,\boldsymbol{\beta}_3)$线性表示。

所以$(\boldsymbol{\alpha}_1,\boldsymbol{\alpha}_2,\boldsymbol{\alpha}_3)$与$(\boldsymbol{\beta}_1,\boldsymbol{\beta}_2,\boldsymbol{\beta}_3)$等价。因为$(\boldsymbol{\alpha}_1,\boldsymbol{\alpha}_2,\boldsymbol{\alpha}_3)$为向量组的最大无关组,所以$(\boldsymbol{\beta}_1,\boldsymbol{\beta}_2,\boldsymbol{\beta}_3)$也是该向量组的最大无关组。

4.3 线性方程组解的结构

在第 3 章中,我们已经介绍了利用矩阵的初等变换来解线性方程组的方法,下面用向量组线性相关性的理论来讨论线性方程组的解。

4.3.1 齐次线性方程组解的结构

对于齐次线性方程组

$$\begin{cases}a_{11}x_1+a_{12}x_2+\cdots+a_{1n}x_n=0\\a_{21}x_1+a_{22}x_2+\cdots+a_{2n}x_n=0\\\qquad\qquad\vdots\\a_{m1}x_1+a_{m2}x_2+\cdots+a_{mn}x_n=0\end{cases}\tag{4.3.1}$$

记

$$\boldsymbol{A}=\begin{pmatrix}a_{11}&a_{12}&\cdots&a_{1n}\\a_{21}&a_{22}&\cdots&a_{2n}\\\vdots&\vdots&&\vdots\\a_{m1}&a_{m2}&\cdots&a_{mn}\end{pmatrix},\quad \boldsymbol{x}=\begin{pmatrix}x_1\\x_2\\\vdots\\x_n\end{pmatrix}$$

则式(4.3.1)可以写成矩阵形式

$$\boldsymbol{Ax}=\boldsymbol{0}\tag{4.3.2}$$

若$x_1=\xi_{11},x_2=\xi_{21},\cdots,x_n=\xi_{n1}$为方程组(4.3.1)的解,则

$$\boldsymbol{x}=\boldsymbol{\xi}_1=\begin{pmatrix}\xi_{11}\\\xi_{21}\\\vdots\\\xi_{n1}\end{pmatrix}$$

称为方程组(4.3.1)的解向量,它也是向量方程(4.3.2)的解。

齐次线性方程组的解向量具有以下性质:

性质 1 若 $\boldsymbol{x}=\boldsymbol{\xi}_1,\boldsymbol{x}=\boldsymbol{\xi}_2$ 都为方程(4.3.2)的解,则 $\boldsymbol{x}=\boldsymbol{\xi}_1+\boldsymbol{\xi}_2$ 也是方程(4.3.2)的解。

证 因为 $\boldsymbol{x}=\boldsymbol{\xi}_1,\boldsymbol{x}=\boldsymbol{\xi}_2$ 都为方程(4.3.2)的解,则 $\boldsymbol{A\xi}_1=\boldsymbol{0},\boldsymbol{A\xi}_2=\boldsymbol{0}$,所以

$$\boldsymbol{A}(\boldsymbol{\xi}_1+\boldsymbol{\xi}_2)=\boldsymbol{A\xi}_1+\boldsymbol{A\xi}_2=\boldsymbol{0}+\boldsymbol{0}=\boldsymbol{0}$$

故 $\boldsymbol{x}=\boldsymbol{\xi}_1+\boldsymbol{\xi}_2$ 也是方程(4.3.2)的解。

性质 2 若 $\boldsymbol{x}=\boldsymbol{\xi}_1$ 为方程(4.3.2)的解,k 为实数,则 $\boldsymbol{x}=k\boldsymbol{\xi}_1$ 也是方程(4.3.2)的解。

证 因为 $\boldsymbol{x}=\boldsymbol{\xi}_1$ 为方程(4.3.2)的解,则 $\boldsymbol{A\xi}_1=\boldsymbol{0}$,所以

$$\boldsymbol{A}(k\boldsymbol{\xi}_1)=k(\boldsymbol{A\xi}_1)=k\boldsymbol{0}=\boldsymbol{0}$$

故 $\boldsymbol{x}=k\boldsymbol{\xi}_1$ 也是方程(4.3.2)的解。

综合以上两个性质可知,齐次线性方程组(4.3.1)的解向量的线性组合仍是它的解向量,所以,如果齐次线性方程组(4.3.1)有非零解,那么它一定有无穷多个解向量。

把方程(4.3.2)的全体解所组成的集合记作 S,如果能求得解集 S 的一个最大无关组 S_0: $\boldsymbol{\xi}_1,\boldsymbol{\xi}_2,\cdots,\boldsymbol{\xi}_t$,则 S_0 的任何线性组合

$$\boldsymbol{x}=k_1\boldsymbol{\xi}_1+k_2\boldsymbol{\xi}_2+\cdots+k_t\boldsymbol{\xi}_t$$

都是方程(4.3.2)的解,因此上式便是方程(4.3.2)的**通解**。

齐次线性方程组的解集的最大无关组称为该齐次线性方程组的**基础解系**。由上面的讨论可知,要求齐次线性方程组的通解,只需求出它的基础解系。

第 3 章我们用初等变换的方法求线性方程组的通解,下面用同一方法来求齐次线性方程组的基础解系。

设方程组(4.3.1)的系数矩阵 $\boldsymbol{A}$ 的秩为 r,不妨设 $\boldsymbol{A}$ 的前 r 个列向量线性无关,于是 $\boldsymbol{A}$ 的行最简形矩阵为

$$\boldsymbol{B}=\begin{pmatrix} 1 & \cdots & 0 & b_{11} & \cdots & b_{1,n-r} \\ \vdots & & \vdots & \vdots & & \vdots \\ 0 & \cdots & 1 & b_{r1} & \cdots & b_{r,n-r} \\ 0 & \cdots & 0 & 0 & \cdots & 0 \\ \vdots & & \vdots & \vdots & & \vdots \\ 0 & \cdots & 0 & 0 & \cdots & 0 \end{pmatrix}$$

与 $\boldsymbol{B}$ 对应,即由方程组

$$\begin{cases} x_1=-b_{11}x_{r+1}-\cdots-b_{1,n-r}x_n \\ \quad\vdots \\ x_r=-b_{r1}x_{r+1}-\cdots-b_{r,n-r}x_n \end{cases} \tag{4.3.3}$$

把 $x_{r+1},\cdots,x_n$ 作为自由未知数,并令它们依次等于 $c_1,\cdots,c_{n-r}$,可得方程组(4.3.1)的通解

$$\begin{pmatrix} x_1 \\ \vdots \\ x_r \\ x_{r+1} \\ x_{r+2} \\ \vdots \\ x_n \end{pmatrix} = c_1 \begin{pmatrix} -b_{11} \\ \vdots \\ -b_{r1} \\ 1 \\ 0 \\ \vdots \\ 0 \end{pmatrix} + c_2 \begin{pmatrix} -b_{12} \\ \vdots \\ -b_{r2} \\ 0 \\ 1 \\ \vdots \\ 0 \end{pmatrix} + \cdots + c_{n-r} \begin{pmatrix} -b_{1,n-r} \\ \vdots \\ -b_{r,n-r} \\ 0 \\ 0 \\ \vdots \\ 1 \end{pmatrix}$$

把上式记作

$$\boldsymbol{x} = c_1\boldsymbol{\xi}_1 + c_2\boldsymbol{\xi}_2 + \cdots + c_{n-r}\boldsymbol{\xi}_{n-r}$$

可知解集 S 中的任一向量 $\boldsymbol{x}$ 能由 $\boldsymbol{\xi}_1,\boldsymbol{\xi}_2,\cdots,\boldsymbol{\xi}_{n-r}$ 线性表示,又因为矩阵$(\boldsymbol{\xi}_1,\boldsymbol{\xi}_2,\cdots,\boldsymbol{\xi}_{n-r})$中有一个 $n-r$ 阶子式$|\boldsymbol{E}_{n-r}|\neq 0$ 故 $\mathrm{R}(\boldsymbol{\xi}_1,\boldsymbol{\xi}_2,\cdots,\boldsymbol{\xi}_{n-r})=n-r$,所以 $\boldsymbol{\xi}_1,\boldsymbol{\xi}_2,\cdots,\boldsymbol{\xi}_{n-r}$线性无关。根据最大无关组的等价定义,即知 $\boldsymbol{\xi}_1,\boldsymbol{\xi}_2,\cdots,\boldsymbol{\xi}_{n-r}$是解集 S 的最大无关组,即 $\boldsymbol{\xi}_1,\boldsymbol{\xi}_2,\cdots,\boldsymbol{\xi}_{n-r}$是方程组(4.3.1)的基础解系。

在上面的讨论中,我们先求出齐次线性方程组的通解,再从通解中求得基础解系。其实也可以先求基础解系,再写出通解,这只需在得到方程组(4.3.3)以后,令自由未知数 $x_{r+1},x_{r+2},\cdots,x_n$ 取下列 $n-r$ 组数:

$$\begin{pmatrix} x_{r+1} \\ x_{r+2} \\ \vdots \\ x_n \end{pmatrix} = \begin{pmatrix} 1 \\ 0 \\ \vdots \\ 0 \end{pmatrix}, \begin{pmatrix} 0 \\ 1 \\ \vdots \\ 0 \end{pmatrix}, \cdots, \begin{pmatrix} 0 \\ 0 \\ \vdots \\ 1 \end{pmatrix}$$

再由方程组(4.3.3)即可依次得到

$$\begin{pmatrix} x_1 \\ \vdots \\ x_r \end{pmatrix} = \begin{pmatrix} -b_{11} \\ \vdots \\ -b_{r1} \end{pmatrix}, \begin{pmatrix} -b_{12} \\ \vdots \\ -b_{r2} \end{pmatrix}, \cdots, \begin{pmatrix} -b_{1,n-r} \\ \vdots \\ -b_{r,n-r} \end{pmatrix}$$

合起来便得基础解系

$$\boldsymbol{\xi}_1 = \begin{pmatrix} -b_{11} \\ \vdots \\ -b_{r1} \\ 1 \\ 0 \\ \vdots \\ 0 \end{pmatrix}, \quad \boldsymbol{\xi}_2 = \begin{pmatrix} -b_{12} \\ \vdots \\ -b_{r2} \\ 0 \\ 1 \\ \vdots \\ 0 \end{pmatrix}, \quad \cdots, \quad \boldsymbol{\xi}_{n-r} = \begin{pmatrix} -b_{1,n-r} \\ \vdots \\ -b_{r,n-r} \\ 0 \\ 0 \\ \vdots \\ 1 \end{pmatrix}$$

依据上面的讨论,可以得到以下定理。

定理 4.3.1 设 $m\times n$ 矩阵 $\boldsymbol{A}$ 的秩 $\mathrm{R}(\boldsymbol{A})=r$,则 n 元齐次线性方程组 $\boldsymbol{Ax}=\boldsymbol{0}$ 的解集 S 的秩 $\mathrm{R}(S)=n-r$。

例 4.3.1 求下列齐次线性方程组的基础解系:

$$\begin{cases}x_1-8x_2+10x_3+2x_4=0\\2x_1+4x_2+5x_3-x_4=0\\3x_1+8x_2+6x_3-2x_4=0\end{cases}$$

解 对系数矩阵 $\boldsymbol{A}$ 进行初等行变换,变为行最简形矩阵,得

$$\boldsymbol{A}=\begin{pmatrix}1&-8&10&2\\2&4&5&-1\\3&8&6&-2\end{pmatrix}\sim\begin{pmatrix}1&-8&10&2\\0&20&-15&-5\\3&8&6&-2\end{pmatrix}$$

$$\sim\begin{pmatrix}1&-8&10&2\\0&1&-\dfrac{4}{3}&-1\\0&0&0&0\end{pmatrix}\sim\begin{pmatrix}1&0&4&0\\0&1&-\dfrac{3}{4}&-\dfrac{1}{4}\\0&0&0&0\end{pmatrix}$$

可得通解方程组为

$$\begin{cases}x_1=-4x_3\\x_2=\dfrac{3}{4}x_3+\dfrac{1}{4}x_4\end{cases}$$

分别令 $\begin{pmatrix}x_3\\x_4\end{pmatrix}=\begin{pmatrix}1\\0\end{pmatrix},\begin{pmatrix}0\\1\end{pmatrix}$,可得基础解系

$$\boldsymbol{\xi}_1=\begin{pmatrix}-4\\\dfrac{3}{4}\\1\\0\end{pmatrix},\quad\boldsymbol{\xi}_2=\begin{pmatrix}0\\\dfrac{1}{4}\\0\\1\end{pmatrix}$$

故方程组的通解为 $\boldsymbol{x}=k_1\boldsymbol{\xi}_1+k_2\boldsymbol{\xi}_2\,(k_1,k_2\in\mathbb{R})$。

注 方程组可以有不同的基础解系,例如,分别令 $\begin{pmatrix}x_3\\x_4\end{pmatrix}=\begin{pmatrix}1\\1\end{pmatrix},\begin{pmatrix}1\\-1\end{pmatrix}$,所以基础解系为

$$\boldsymbol{\eta}_1=\begin{pmatrix}-4\\1\\1\\1\end{pmatrix},\quad\boldsymbol{\eta}_2=\begin{pmatrix}-4\\\dfrac{1}{2}\\1\\-1\end{pmatrix}$$

故方程组的通解为 $\boldsymbol{x}=k_1\boldsymbol{\eta}_1+k_2\boldsymbol{\eta}_2(k_1,k_2\in\mathbb{R})$。

除此之外,如果自由未知数选取 x_2,x_4,则得到的基础解系又会不同。

4.3.2 非齐次线性方程组解的结构

设有非齐次线性方程组

$$\begin{cases}a_{11}x_1+a_{12}x_2+\cdots+a_{1n}x_n=b_1\\a_{21}x_1+a_{22}x_2+\cdots+a_{2n}x_n=b_2\\\quad\vdots\\a_{m1}x_1+a_{m2}x_2+\cdots+a_{mn}x_n=b_m\end{cases}\tag{4.3.4}$$

它可写作矩阵形式

$$\boldsymbol{Ax}=\boldsymbol{b}\tag{4.3.5}$$

非齐次线性方程组的解向量具有以下性质:

性质 3 设 $\boldsymbol{x}=\boldsymbol{\eta}_1$ 及 $\boldsymbol{x}=\boldsymbol{\eta}_2$ 都是方程(4.3.5)的解,则 $\boldsymbol{x}=\boldsymbol{\eta}_1-\boldsymbol{\eta}_2$ 为对应的齐次线性方程组

$$\boldsymbol{Ax}=\boldsymbol{0}\tag{4.3.6}$$

的解。

证 因为 $\boldsymbol{A\eta}_1=\boldsymbol{b},\boldsymbol{A\eta}_2=\boldsymbol{b}$,故

$$\boldsymbol{A}(\boldsymbol{\eta}_1-\boldsymbol{\eta}_2)=\boldsymbol{A\eta}_1-\boldsymbol{A\eta}_2=\boldsymbol{b}-\boldsymbol{b}=\boldsymbol{0}$$

即 $\boldsymbol{x}=\boldsymbol{\eta}_1-\boldsymbol{\eta}_2$ 是 $\boldsymbol{Ax}=\boldsymbol{0}$ 的解。

性质 4 设 $\boldsymbol{x}=\boldsymbol{\eta}$ 是方程(4.3.5)的解,$\boldsymbol{x}=\boldsymbol{\xi}$ 是方程(4.3.6)的解,则 $\boldsymbol{x}=\boldsymbol{\xi}+\boldsymbol{\eta}$ 是方程(4.3.5)的解。

证 因 $\boldsymbol{A\eta}=\boldsymbol{b},\boldsymbol{A\xi}=\boldsymbol{0}$,故

$$\boldsymbol{A}(\boldsymbol{\xi}+\boldsymbol{\eta})=\boldsymbol{A\xi}+\boldsymbol{A\eta}=\boldsymbol{0}+\boldsymbol{b}=\boldsymbol{b}$$

故 $\boldsymbol{x}=\boldsymbol{\xi}+\boldsymbol{\eta}$ 是方程(4.3.5)的解。

性质 5 设 $\boldsymbol{x}=\boldsymbol{\eta}_0$ 是 $\boldsymbol{Ax}=\boldsymbol{b}$ 的一个特解,$\boldsymbol{x}=\boldsymbol{\xi}$ 是方程(4.3.6)的通解,$\boldsymbol{x}=\boldsymbol{\xi}+\boldsymbol{\eta}_0$ 是 $\boldsymbol{Ax}=\boldsymbol{b}$ 的通解。

例 4.3.2 求解非齐次线性方程组

$$\begin{cases}2x_1+x_2-x_3+x_4=1\\2x_1+x_2-x_3-x_4=1\\4x_1+2x_2-2x_3+x_4=2\end{cases}$$

解 对增广矩阵作初等行变换,得

$$(\boldsymbol{A},\boldsymbol{b})=\begin{pmatrix}2&1&-1&1&1\\2&1&-1&-1&1\\4&2&-2&1&2\end{pmatrix}\sim\begin{pmatrix}2&1&-1&1&1\\0&0&0&-2&0\\0&0&0&-1&0\end{pmatrix}$$

$$\sim\begin{pmatrix}2&1&-1&1&1\\0&0&0&1&0\\0&0&0&0&0\end{pmatrix}\sim\begin{pmatrix}2&1&-1&0&1\\0&0&0&1&0\\0&0&0&0&0\end{pmatrix}$$

因 $R(\boldsymbol{A})=R(\boldsymbol{A},\boldsymbol{b})=2<4$，故方程组有无穷多解，并得通解方程组为

$$\begin{cases}2x_1+x_2-x_3+x_4=1\\x_4=0\end{cases}$$

由此得

$$\begin{cases}x_2+x_4=1-2x_1+x_3\\x_4=0\end{cases}$$

取 $\begin{pmatrix}x_1\\x_3\end{pmatrix}=\begin{pmatrix}0\\0\end{pmatrix}$，代入上式得到 $\begin{pmatrix}x_2\\x_4\end{pmatrix}=\begin{pmatrix}1\\0\end{pmatrix}$，则方程组的一个解为

$$\boldsymbol{\eta}_0=\begin{pmatrix}0\\1\\0\\0\end{pmatrix}$$

对应齐次方程组为

$$\begin{cases}x_2+x_4=-2x_1+x_3\\x_4=0\end{cases}$$

分别取 $\begin{pmatrix}x_1\\x_3\end{pmatrix}=\begin{pmatrix}1\\0\end{pmatrix},\begin{pmatrix}0\\1\end{pmatrix}$，解得 $\begin{pmatrix}x_2\\x_4\end{pmatrix}=\begin{pmatrix}-2\\0\end{pmatrix},\begin{pmatrix}1\\0\end{pmatrix}$，则对应齐次线性方程组的基础解系为

$$\boldsymbol{\xi}_1=\begin{pmatrix}1\\-2\\0\\0\end{pmatrix},\quad \boldsymbol{\xi}_2=\begin{pmatrix}0\\1\\1\\0\end{pmatrix}$$

所以原方程组的通解为

$$\boldsymbol{x}=k_1\boldsymbol{\xi}_1+k_2\boldsymbol{\xi}_2+\boldsymbol{\eta}_0=k_1\begin{pmatrix}1\\-2\\0\\0\end{pmatrix}+k_2\begin{pmatrix}0\\1\\1\\0\end{pmatrix}+\begin{pmatrix}0\\1\\0\\0\end{pmatrix}\quad(k_1,k_2\in\mathbb{R})$$

4.4 矩阵的特征值与特征向量

在几何空间中，我们可以借助于坐标来表示一个向量，如在平面直角坐标系下，坐标轴上单位向量为 $\boldsymbol{i},\boldsymbol{j}$，若点 A 的坐标为 (x,y)，则有向量 $\overrightarrow{OA}=x\boldsymbol{i}+y\boldsymbol{j}$，简记为 $\boldsymbol{a}=$

(x,y)。而在空间直角坐标系下，坐标轴上单位向量为 $\boldsymbol{i},\boldsymbol{j},\boldsymbol{k}$，若 B 点坐标为 (x,y,z)，则有向量 $\overrightarrow{OB}=x\boldsymbol{i}+y\boldsymbol{j}+z\boldsymbol{k}$，简记为 $\boldsymbol{b}=(x,y,z)$。

在实际中，还有大量的应用问题都包含有 3 个及以上的变量，因此需要我们将以上方法推广到任意多个数组成的向量，即 n 维向量上来。三维以上向量在直观感知之外，但它们是可以用数学语言刻画的。

定义 4.4.1 设 $\boldsymbol{A}=(a_{ij})_{n\times n}$ 为 n 阶方阵，λ 是一个数，如果有 n 维非零列向量 $\boldsymbol{x}=(x_1,x_2,\cdots,x_n)^{\mathrm{T}}$，使得 $\boldsymbol{A}\boldsymbol{x}=\lambda\boldsymbol{x}$ 成立，则称数 λ 是 $\boldsymbol{A}$ 的**特征值**，$\boldsymbol{x}$ 为属于特征值 λ 的**特征向量**。

等式 $\boldsymbol{A}\boldsymbol{x}=\lambda\boldsymbol{x}$ 又可写成 $(\lambda\boldsymbol{E}-\boldsymbol{A})\boldsymbol{x}=\boldsymbol{0}$，因此特征向量 $\boldsymbol{x}$ 就是该方程组的非零解。如果该齐次线性方程组有非零解，则应满足 $|\lambda\boldsymbol{E}-\boldsymbol{A}|=0$。其中 $|\lambda\boldsymbol{E}-\boldsymbol{A}|$ 称为矩阵 $\boldsymbol{A}$ 的特征多项式，$|\lambda\boldsymbol{E}-\boldsymbol{A}|=0$ 称为矩阵 $\boldsymbol{A}$ 的特征方程，显然 $\boldsymbol{A}$ 的特征值 λ 就是特征方程的解。

因为 $\boldsymbol{A}\boldsymbol{x}=\lambda\boldsymbol{x}$，所以

$$\boldsymbol{A}(k\boldsymbol{x})=\lambda(k\boldsymbol{x})$$

其中 k 是不为 0 的常数。

所以 $k\boldsymbol{x}$ 也是 $\boldsymbol{A}$ 的特征向量，即一个特征值可对应无穷多个特征向量。

例 4.4.1 求矩阵

$$\boldsymbol{A}=\begin{pmatrix}-2&1&1\\0&2&0\\-4&1&3\end{pmatrix}$$

的特征值与特征向量。

解

$$|\lambda\boldsymbol{E}-\boldsymbol{A}|=\begin{vmatrix}\lambda+2&-1&-1\\0&\lambda-2&0\\4&-1&\lambda-3\end{vmatrix}=(\lambda-2)(\lambda^2-\lambda-2)$$
$$=(\lambda+1)(\lambda-2)^2$$

令 $|\lambda\boldsymbol{E}-\boldsymbol{A}|=0$，则矩阵 $\boldsymbol{A}$ 的特征值为

$$\lambda_1=-1,\quad \lambda_2=2$$

当 $\lambda_1=-1$ 时，由 $(-\boldsymbol{E}-\boldsymbol{A})\boldsymbol{x}=\boldsymbol{0}$ 可得

$$\begin{pmatrix}1&-1&-1\\0&-3&0\\4&-1&-4\end{pmatrix}\begin{pmatrix}x_1\\x_2\\x_3\end{pmatrix}=\begin{pmatrix}0\\0\\0\end{pmatrix}$$

将其系数矩阵作初等行变换，得

$$\begin{pmatrix}1&-1&-1\\0&-3&0\\4&-1&-4\end{pmatrix}\sim\begin{pmatrix}1&0&-1\\0&1&0\\0&0&0\end{pmatrix}$$

即同解方程组为$\begin{cases}x_1-x_3=0\\x_2=0\end{cases}$，取 $x_3=c$(c 为任意常数)，则 $x_1=c$，所以方程组的解为

$$\begin{cases}x_1=c\\x_2=0\\x_3=c\end{cases}\quad(c\text{ 为任意常数})$$

也可写成 $\boldsymbol{x}=c\begin{pmatrix}1\\0\\1\end{pmatrix}$，则特征值 $\lambda_1=-1$ 的特征向量为 $\boldsymbol{x}=c\begin{pmatrix}1\\0\\1\end{pmatrix}$($c$ 为任意常数)。

当 $\lambda_2=2$ 时，由 $(2\boldsymbol{E}-\boldsymbol{A})\boldsymbol{x}=\boldsymbol{0}$，得

$$\begin{pmatrix}4&-1&-1\\0&0&0\\4&-1&-1\end{pmatrix}\begin{pmatrix}x_1\\x_2\\x_3\end{pmatrix}=\begin{pmatrix}0\\0\\0\end{pmatrix}$$

将其系数矩阵作初等行变换，得

$$\begin{pmatrix}4&-1&-1\\0&0&0\\4&-1&-1\end{pmatrix}\sim\begin{pmatrix}4&-1&-1\\0&0&0\\0&0&0\end{pmatrix}$$

即同解方程为 $4x_1-x_2-x_3=0$，取 $x_2=4c_1$，$x_3=4c_2$，则 $x_1=c_1+c_2$，所以方程组的解为

$$\begin{cases}x_1=c_1+c_2\\x_2=4c_1\\x_3=4c_2\end{cases}\quad(c_1,c_2\text{ 为任意常数})$$

将其写成 $\boldsymbol{x}=c_1\begin{pmatrix}1\\4\\0\end{pmatrix}+c_2\begin{pmatrix}1\\0\\4\end{pmatrix}$，则特征值 $\lambda_2=2$ 的全部特征向量为 $\boldsymbol{x}=c_1\begin{pmatrix}1\\4\\0\end{pmatrix}+c_2\begin{pmatrix}1\\0\\4\end{pmatrix}$($c_1,c_2$ 为任意常数)。

习题四

1. 单项选择题

(1) 设 $\boldsymbol{A}$ 为 n 阶方阵，$\mathrm{R}(\boldsymbol{A})=r<n$，则在 $\boldsymbol{A}$ 的 n 个行向量中(　　)。

(A) 必有 r 个行向量线性无关

(B) 任意 r 个行向量线性无关

(C) 任意 r 个行向量都构成极大线性无关组

(D) 任意一个行向量都能被其他 r 个行向量线性表示

(2) n 维向量组 $\boldsymbol{\alpha}_1,\boldsymbol{\alpha}_2,\cdots,\boldsymbol{\alpha}_s(s\geqslant 2)$ 线性相关的充要条件是(　　)。

(A) $\boldsymbol{\alpha}_1,\boldsymbol{\alpha}_2,\cdots,\boldsymbol{\alpha}_s$ 中至少有一个零向量

(B) $\boldsymbol{\alpha}_1,\boldsymbol{\alpha}_2,\cdots,\boldsymbol{\alpha}_s$ 中至少有两个向量成比例

(C) $\boldsymbol{\alpha}_1,\boldsymbol{\alpha}_2,\cdots,\boldsymbol{\alpha}_s$ 中任意两个向量不成比例

(D) $\boldsymbol{\alpha}_1,\boldsymbol{\alpha}_2,\cdots,\boldsymbol{\alpha}_s$ 中至少有一向量可由其他向量线性表示

(3) n 维向量组 $\boldsymbol{\alpha}_1,\boldsymbol{\alpha}_2,\cdots,\boldsymbol{\alpha}_s(3\leqslant s\leqslant n)$ 线性无关的充要条件是(　　)。

(A) 存在一组不全为零的数 $k_1,k_2,\cdots,k_s$ 使得 $k_1\boldsymbol{\alpha}_1+k_2\boldsymbol{\alpha}_2+\cdots+k_s\boldsymbol{\alpha}_s\neq\mathbf{0}$

(B) $\boldsymbol{\alpha}_1,\boldsymbol{\alpha}_2,\cdots,\boldsymbol{\alpha}_s$ 中任意两个向量都线性无关

(C) $\boldsymbol{\alpha}_1,\boldsymbol{\alpha}_2,\cdots,\boldsymbol{\alpha}_s$ 中存在一个向量,它不能被其余向量线性表示

(D) $\boldsymbol{\alpha}_1,\boldsymbol{\alpha}_2,\cdots,\boldsymbol{\alpha}_s$ 中任一部分组线性无关

(4) 若向量 $\boldsymbol{\beta}$ 可被向量组 $\boldsymbol{\alpha}_1,\boldsymbol{\alpha}_2,\cdots,\boldsymbol{\alpha}_s$ 线性表示,则(　　)。

(A) 存在一组不全为零的数 $k_1,k_2,\cdots,k_s$ 使得 $\boldsymbol{\beta}=k_1\boldsymbol{\alpha}_1+k_2\boldsymbol{\alpha}_2+\cdots+k_s\boldsymbol{\alpha}_s$

(B) 存在一组全为零的数 $k_1,k_2,\cdots,k_s$ 使得 $\boldsymbol{\beta}=k_1\boldsymbol{\alpha}_1+k_2\boldsymbol{\alpha}_2+\cdots+k_s\boldsymbol{\alpha}_s$

(C) 存在一组数 $k_1,k_2,\cdots,k_s$ 使得 $\boldsymbol{\beta}=k_1\boldsymbol{\alpha}_1+k_2\boldsymbol{\alpha}_2+\cdots+k_s\boldsymbol{\alpha}_s$

(D) $\boldsymbol{\beta}$ 的表达式唯一

(5) 设 $\boldsymbol{\alpha}=(a_1,a_2,a_3)^{\mathrm{T}},\boldsymbol{\beta}=(b_1,b_2,b_3)^{\mathrm{T}},\boldsymbol{\alpha}_1=(a_1,a_2)^{\mathrm{T}},\boldsymbol{\beta}_1=(b_1,b_2)^{\mathrm{T}}$,下列说法正确的是(　　)。

(A) 若 $\boldsymbol{\alpha},\boldsymbol{\beta}$ 线性相关,则 $\boldsymbol{\alpha}_1,\boldsymbol{\beta}_1$ 也线性相关

(B) 若 $\boldsymbol{\alpha}_1,\boldsymbol{\beta}_1$ 线性无关,则 $\boldsymbol{\alpha},\boldsymbol{\beta}$ 也线性无关

(C) 若 $\boldsymbol{\alpha}_1,\boldsymbol{\beta}_1$ 线性相关,则 $\boldsymbol{\alpha},\boldsymbol{\beta}$ 也线性相关

(D) 以上都不对

(6) 已知 $\boldsymbol{\beta}_1,\boldsymbol{\beta}_2$ 是非齐次线性方程组 $\boldsymbol{Ax}=\boldsymbol{b}$ 的两个不同的解,$\boldsymbol{\alpha}_1,\boldsymbol{\alpha}_2$ 是 $\boldsymbol{Ax}=\mathbf{0}$ 的基本解系,k_1,k_2 为任意常数,则 $\boldsymbol{Ax}=\boldsymbol{b}$ 的通解是(　　)。

(A) $k_1\boldsymbol{\alpha}_1+k_2(\boldsymbol{\alpha}_1+\boldsymbol{\alpha}_2)+\dfrac{\boldsymbol{\beta}_1-\boldsymbol{\beta}_2}{2}$　　(B) $k_1\boldsymbol{\alpha}_1+k_2(\boldsymbol{\alpha}_1-\boldsymbol{\alpha}_2)+\dfrac{\boldsymbol{\beta}_1+\boldsymbol{\beta}_2}{2}$

(C) $k_1\boldsymbol{\alpha}_1+k_2(\boldsymbol{\beta}_1+\boldsymbol{\beta}_2)+\dfrac{\boldsymbol{\beta}_1-\boldsymbol{\beta}_2}{2}$　　(D) $k_1\boldsymbol{\alpha}_1+k_2(\boldsymbol{\beta}_1-\boldsymbol{\beta}_2)+\dfrac{\boldsymbol{\beta}_1+\boldsymbol{\beta}_2}{2}$

(7) 设 $\boldsymbol{A}$ 为 $m\times n$ 矩阵,齐次线性方程组 $\boldsymbol{Ax}=\mathbf{0}$ 仅有零解的充要条件为(　　)。

(A) $\boldsymbol{A}$ 的列向量线性无关　　(B) $\boldsymbol{A}$ 的列向量线性相关

(C) $\boldsymbol{A}$ 的行向量线性无关　　(D) $\boldsymbol{A}$ 的行向量线性相关

(8) 设 $\boldsymbol{A}$ 为 n 阶可逆矩阵,λ 是 $\boldsymbol{A}$ 的特征值,则 $\boldsymbol{A}^*$ 的特征根之一是(　　)。

(A) $\lambda^{-1}|\boldsymbol{A}|^n$　　(B) $\lambda^{-1}|\boldsymbol{A}|$

(C) $\lambda|\boldsymbol{A}|$　　(D) $\lambda|\boldsymbol{A}|^n$

(9) 设 2 是非奇异阵 $\boldsymbol{A}$ 的一个特征值,则 $\left(\dfrac{1}{3}\boldsymbol{A}^2\right)^{-1}$ 至少有一个特征值等于(　　)。

(A) $\frac{4}{3}$　(B) $\frac{3}{4}$　(C) $\frac{1}{2}$　(D) $\frac{1}{4}$

(10) 下列说法不妥的是(　　)。

(A) 因为特征向量是非零向量,所以它所对应的特征值非零

(B) 属于一个特征值的特征向量也许只有一个

(C) 一个特征向量只能属于一个特征值

(D) 特征值为零的矩阵未必是零矩阵

2. 填空题

(1) 若 $\boldsymbol{\alpha}_1=(1,1,1)^{\mathrm{T}},\boldsymbol{\alpha}_2=(1,2,3)^{\mathrm{T}},\boldsymbol{\alpha}_3=(2,3,t)^{\mathrm{T}}$ 线性相关,则 $t=$________;

(2) 向量 $\boldsymbol{\alpha}$ 线性无关的充要条件是________;

(3) 若 $\boldsymbol{\alpha}_1,\boldsymbol{\alpha}_2,\boldsymbol{\alpha}_3$ 线性相关,则 $\boldsymbol{\alpha}_1,\boldsymbol{\alpha}_2,\cdots,\boldsymbol{\alpha}_s(s>3)$ 线性________关;

(4) 设 n 阶方阵 $\boldsymbol{A}=(\boldsymbol{\alpha}_1,\boldsymbol{\alpha}_2,\cdots,\boldsymbol{\alpha}_n)$,$\boldsymbol{\alpha}_1=\boldsymbol{\alpha}_2+\boldsymbol{\alpha}_3$,则 $|\boldsymbol{A}|=$________;

(5) 设 $\boldsymbol{x}_1,\boldsymbol{x}_2,\cdots,\boldsymbol{x}_s$ 和 $c_1\boldsymbol{x}_1+c_2\boldsymbol{x}_2+\cdots+c_s\boldsymbol{x}_s$ 均为非齐次线性方程组 $\boldsymbol{Ax}=\boldsymbol{b}$ 的解($c_1,c_2,\cdots,c_s$ 为常数),则 $c_1+c_2+\cdots+c_s=$________;

(6) 若 n 元齐次线性方程组 $\boldsymbol{Ax}=\boldsymbol{0}$ 有 n 个线性无关的解向量,则 $\boldsymbol{A}=$________;

(7) 设 5×4 矩阵 $\boldsymbol{A}$ 的秩为 3,$\boldsymbol{\alpha}_1,\boldsymbol{\alpha}_2,\boldsymbol{\alpha}_3$ 是非齐次线性方程组 $\boldsymbol{Ax}=\boldsymbol{b}$ 的三个不同的解向量,若 $\boldsymbol{\alpha}_1+\boldsymbol{\alpha}_2+2\boldsymbol{\alpha}_3=(2,0,0,0)^{\mathrm{T}}$,$3\boldsymbol{\alpha}_1+\boldsymbol{\alpha}_2=(2,4,6,8)^{\mathrm{T}}$,则 $\boldsymbol{Ax}=\boldsymbol{b}$ 的通解为________;

(8) 设 $\boldsymbol{A}$ 为 n 阶方阵,且 $\boldsymbol{A}^2=\boldsymbol{E}$,则 $\boldsymbol{A}$ 的全部特征值为________;

(9) 设 $\boldsymbol{A}$ 为 n 阶方阵,且 $\boldsymbol{A}^m=\boldsymbol{O}$($m$ 是自然数),则 $\boldsymbol{A}$ 的特征值为________;

(10) 若 $\boldsymbol{A}^2=\boldsymbol{A}$,则 $\boldsymbol{A}$ 的全部特征值为________;

(11) 若 n 阶矩阵 $\boldsymbol{A}$ 有 n 个相应于特征值 λ 的线性无关的特征向量,则 $\boldsymbol{A}=$________;

(12) 设三阶矩阵 $\boldsymbol{A}$ 的特征值分别为 $-1,0,2$,则行列式 $|\boldsymbol{A}^2+\boldsymbol{A}+\boldsymbol{E}|=$________;

(13) 设二阶矩阵 $\boldsymbol{A}$ 满足 $\boldsymbol{A}^2-3\boldsymbol{A}+2\boldsymbol{E}=\boldsymbol{O}$,则 $\boldsymbol{A}$ 的特征值为________。

3. 设 $\boldsymbol{\alpha}_1=(1+\lambda,1,1)^{\mathrm{T}},\boldsymbol{\alpha}_2=(1,1+\lambda,1)^{\mathrm{T}},\boldsymbol{\alpha}_3=(1,1,1+\lambda)^{\mathrm{T}},\boldsymbol{\beta}=(0,\lambda,\lambda^2)^{\mathrm{T}}$,问:

(1) λ 为何值时,$\boldsymbol{\beta}$ 能由 $\boldsymbol{\alpha}_1,\boldsymbol{\alpha}_2,\boldsymbol{\alpha}_3$ 唯一地线性表示?

(2) λ 为何值时,$\boldsymbol{\beta}$ 能由 $\boldsymbol{\alpha}_1,\boldsymbol{\alpha}_2,\boldsymbol{\alpha}_3$ 线性表示,但表达式不唯一?

(3) λ 为何值时,$\boldsymbol{\beta}$ 不能由 $\boldsymbol{\alpha}_1,\boldsymbol{\alpha}_2,\boldsymbol{\alpha}_3$ 线性表示?

4. 设 $\boldsymbol{\alpha}_1=(1,0,2,3)^{\mathrm{T}},\boldsymbol{\alpha}_2=(1,1,3,5)^{\mathrm{T}},\boldsymbol{\alpha}_3=(1,1,a+2,1)^{\mathrm{T}},\boldsymbol{\alpha}_4=(1,2,4,a+8)^{\mathrm{T}}$,$\boldsymbol{\beta}=(1,1,b+3,5)^{\mathrm{T}}$,问:

(1) a,b 为何值时,$\boldsymbol{\beta}$ 不能表示为 $\boldsymbol{\alpha}_1,\boldsymbol{\alpha}_2,\boldsymbol{\alpha}_3,\boldsymbol{\alpha}_4$ 的线性组合?

(2) a,b 为何值时,$\boldsymbol{\beta}$ 能唯一地表示为 $\boldsymbol{\alpha}_1,\boldsymbol{\alpha}_2,\boldsymbol{\alpha}_3,\boldsymbol{\alpha}_4$ 的线性组合?

5. 求向量组 $\boldsymbol{\alpha}_1=(1,-1,0,4)^{\mathrm{T}},\boldsymbol{\alpha}_2=(2,1,5,6)^{\mathrm{T}},\boldsymbol{\alpha}_3=(1,2,5,2)^{\mathrm{T}},\boldsymbol{\alpha}_4=$

$(1,-1,-2,0)^{\mathrm{T}}$，$\boldsymbol{\alpha}_5=(3,0,7,14)^{\mathrm{T}}$ 的一个极大线性无关组，并将其余向量用该极大无关组线性表示。

6. 设矩阵

$$\boldsymbol{A}=\begin{pmatrix}2 & -1 & -1 & 1 & 2\\ 1 & 1 & -2 & 1 & 4\\ 4 & -6 & 2 & -2 & 4\\ 3 & 6 & -9 & 7 & 9\end{pmatrix}$$

求矩阵 $\boldsymbol{A}$ 的列向量组的一个最大无关组，并把不属于最大无关组的列向量用最大无关组线性表示。

7. 设 $\boldsymbol{\alpha}_1=(1,1,1)^{\mathrm{T}}$，$\boldsymbol{\alpha}_2=(1,2,3)^{\mathrm{T}}$，$\boldsymbol{\alpha}_3=(1,3,t)^{\mathrm{T}}$，问：$t$ 为何值时 $\boldsymbol{\alpha}_1,\boldsymbol{\alpha}_2,\boldsymbol{\alpha}_3$ 线性相关，t 为何值时 $\boldsymbol{\alpha}_1,\boldsymbol{\alpha}_2,\boldsymbol{\alpha}_3$ 线性无关？

8. 已知 $\boldsymbol{\alpha}_1,\boldsymbol{\alpha}_2,\boldsymbol{\alpha}_3$ 是齐次线性方程组 $\boldsymbol{Ax}=\boldsymbol{0}$ 的一个基础解系，问 $\boldsymbol{\alpha}_1+\boldsymbol{\alpha}_2,\boldsymbol{\alpha}_2+\boldsymbol{\alpha}_3,\boldsymbol{\alpha}_3+\boldsymbol{\alpha}_1$ 是否是该方程组的一个基础解系？为什么？

9. 设 $\boldsymbol{A}=\begin{pmatrix}5 & 4 & 3 & 3 & -1\\ 0 & 1 & 2 & 2 & 6\\ 3 & 2 & 1 & 1 & -3\\ 1 & 1 & 1 & 1 & 1\end{pmatrix}$，$\boldsymbol{B}=\begin{pmatrix}-1 & -2 & 0 & 1 & 0\\ 5 & -6 & 0 & 0 & 1\\ 1 & -2 & 1 & 0 & 0\\ 1 & -2 & 3 & -2 & 0\end{pmatrix}$，已知 $\boldsymbol{B}$ 的行向量都是线性方程组 $\boldsymbol{Ax}=\boldsymbol{0}$ 的解，试问 $\boldsymbol{B}$ 的 4 个行向量能否构成该方程组的基础解系？为什么？

10. 设四元齐次线性方程组为(Ⅰ)$\begin{cases}x_1+x_2=0\\ x_2-x_4=0\end{cases}$。

(1) 求(Ⅰ)的一个基础解系；

(2) 如果 $k_1(0,1,1,0)^{\mathrm{T}}+k_2(-1,2,2,1)^{\mathrm{T}}$ 是某齐次线性方程组(Ⅱ)的通解，问方程组(Ⅰ)和方程组(Ⅱ)是否有非零的公共解？若有，求出其全部非零公共解；若无，说明理由。

11. 问 a,b 为何值时，下列方程组无解？有唯一解？有无穷解？在有解时求出全部解(用基础解系表示全部解)。

(1) $\begin{cases}x_1+ax_2+x_3=a\\ ax_1+x_2+x_3=1\\ x_1+x_2+ax_3=a^2\end{cases}$；　(2) $\begin{cases}x_1+x_2+bx_3=4\\ -x_1+bx_2+x_3=b^2\\ x_1-x_2+2x_3=-4\end{cases}$。

12. 求一个非齐次线性方程组，使它的全部解为

$$\begin{pmatrix}x_1\\ x_2\\ x_3\end{pmatrix}=\begin{pmatrix}1\\ -1\\ 3\end{pmatrix}+c_1\begin{pmatrix}-1\\ 3\\ 2\end{pmatrix}+c_2\begin{pmatrix}2\\ -3\\ 1\end{pmatrix}\quad(c_1,c_2\text{ 为任意实数})$$

13. 设$A=\begin{pmatrix}2 & -2 & 1 & 3\\ 9 & -5 & 2 & 8\end{pmatrix}$，求一个 4×2 矩阵 B，使得 $AB=O$，且 $R(B)=2$。

14. 若 n 阶方阵 A 的每一行元素之和都等于 a，试求 A 的一个特征值及该特征值对应的一个特征向量。

15. 已知三阶方阵 A 的 3 个特征值为 1,1,2，其相应的特征向量依次为 $(0,0,1)^T$，$(-1,1,0)^T$，$(-2,1,1)^T$，求矩阵 A。

16. 求矩阵 $A=\begin{pmatrix}-1 & 1 & 0\\ -4 & 3 & 0\\ 1 & 0 & 2\end{pmatrix}$ 的特征值和特征向量。

17. 设 $A=\begin{pmatrix}3 & 3 & -1\\ t & -2 & 2\\ 3 & s & -1\end{pmatrix}$，有一个特征向量 $\alpha=\begin{pmatrix}1\\ -2\\ 3\end{pmatrix}$，求 s,t 的值。

18. 设 $A=\begin{pmatrix}0 & 0 & 1\\ x & 1 & y\\ 1 & 0 & 0\end{pmatrix}$ 有 3 个线性无关的特征向量，求 x,y 满足的条件。

19. 证明题

(1) 设 $\beta_1=\alpha_1+\alpha_2$，$\beta_2=3\alpha_2-\alpha_1$，$\beta_3=2\alpha_1-\alpha_2$，试证 β_1,β_2,β_3 线性相关。

(2) 设 $\alpha_1,\alpha_2,\cdots,\alpha_n$ 线性无关，证明 $\alpha_1+\alpha_2,\alpha_2+\alpha_3,\cdots,\alpha_n+\alpha_1$ 在 n 为奇数时线性无关；在 n 为偶数时线性相关。

(3) 设 $\alpha_1,\alpha_2,\cdots,\alpha_s,\beta$ 线性相关，而 $\alpha_1,\alpha_2,\cdots,\alpha_s$ 线性无关，证明 β 能由 α_1，$\alpha_2,\cdots,\alpha_s$ 线性表示且表示式唯一。

(4) 设 $\alpha_1,\alpha_2,\alpha_3$ 线性相关，$\alpha_2,\alpha_3,\alpha_4$ 线性无关，求证 α_4 不能由 $\alpha_1,\alpha_2,\alpha_3$ 线性表示。

(5) 证明：向量组 $\alpha_1,\alpha_2,\cdots,\alpha_s(s\geqslant 2)$ 线性相关的充要条件是其中至少有一个向量是其余向量的线性组合。

(6) 设向量组 $\alpha_1,\alpha_2,\cdots,\alpha_s$ 中 $\alpha_1\neq\mathbf{0}$，并且每一个 α_i 都不能由前 $i-1$ 个向量线性表示$(i=2,3,\cdots,s)$，求证 $\alpha_1,\alpha_2,\cdots,\alpha_s$ 线性无关。

(7) 证明：如果向量组中有一个部分组线性相关，则整个向量组线性相关。

(8) 设 $\alpha_0,\alpha_1,\alpha_2,\cdots,\alpha_s$ 是线性无关向量组，证明向量组 $\alpha_0,\alpha_0+\alpha_1,\alpha_0+\alpha_2,\cdots$，$\alpha_0+\alpha_s$ 也线性无关。

(9) 设 A 是非奇异阵，λ 是 A 的任一特征值，求证 $\frac{1}{\lambda}$ 是 A^{-1} 的一个特征根，并且 A 关于 λ 的特征向量也是 A^{-1} 关于 $\frac{1}{\lambda}$ 的特征向量。

(10) 设 $\boldsymbol{A}^2=\boldsymbol{E}$,求证 $\boldsymbol{A}$ 的特征值只能是 ± 1。

(11) 设 n 阶矩阵 $\boldsymbol{A}\neq\boldsymbol{E}$,如果 $\mathrm{R}(\boldsymbol{A}+\boldsymbol{E})+\mathrm{R}(\boldsymbol{A}-\boldsymbol{E})=n$,证明:$-1$ 是 $\boldsymbol{A}$ 的特征值。

(12) 设 $\boldsymbol{\alpha}_1,\boldsymbol{\alpha}_2$ 是 n 阶矩阵 $\boldsymbol{A}$ 分别属于 λ_1,λ_2 的特征向量,且 $\lambda_1\neq\lambda_2$,证明 $\boldsymbol{\alpha}_1+\boldsymbol{\alpha}_2$ 不是 $\boldsymbol{A}$ 的特征向量。

第 5 章 随机事件与概率

5.1 样本空间与随机事件

在人类社会的生产和科学实验中，人们观察到的现象大体上可分为两种类型。一类是事前可以预知结果的，即在某些确定的条件满足时，某一确定的现象必然会发生，或根据它过去的状态预知其将来的发展状态，我们称这一类型的现象为必然现象。例如，冬天过去春天就会到来，同种电荷一定互相排斥，异种电荷一定互相吸引，重物在高处总是垂直落到地面，等等。早期的数学研究力求揭示这一类现象的规律性，所使用的工具有数学分析、几何、代数、微分方程等。另一类现象是事前不可预测的，即在相同条件下重复进行试验，每次的结果未必相同，这一类现象称为偶然现象或随机现象。例如，抛掷一枚质地均匀的硬币，其结果可能是正面，也可能是反面；向一个目标进行射击，可能命中目标，也可能未命中目标；从一批产品中随机抽检一件产品，结果可能是合格品，也可能是次品，等等。但是，在偶然的现象下蕴含着必然的内在规律，概率论就是研究这种偶然现象的内在规律性的一门学科。

5.1.1 基本概念

定义 5.1.1 将满足如下条件的试验称为**随机试验**(用 E 表示)：

(1) 在相同的条件下可以重复进行；

(2) 每次试验的可能结果有很多个，并且事先知道所有可能发生的结果；

(3) 每次试验的具体结果不能事先确定。

今后随机试验都简称为**试验**。例如，掷一颗骰子，观察所掷的点数是多少；观察某城市几个月内交通事故发生的次数；对某只灯泡做实验，观察其使用寿命。

定义 5.1.2 进行一次试验，总有一个观测目的，试验中可能观测到多种不同的可能结果，在一次试验中可能出现也可能不出现的结果或事件叫**随机事件**，简称**事件**，用字母 $A,B,C,\cdots$ 表示；把试验的每一个可能结果称为**样本点**或**基本事件**，用字母 ω 表示；样本点的全体称为**样本空间**，用 Ω 表示；每次试验必定有 Ω 中的一个样本点出现，即 Ω 必然发生，称 Ω 为**必然事件**；每次试验不可能发生的事件称为**不可能事**

件，用$\varnothing$表示。不可能事件不含有任何样本点。

例 5.1.1 掷一颗骰子，$A=\{2,4,6\}$，$B=\{1,3,5\}$，$C=\{1,2,3,4,5\}$，$D=\{1,2,3,4,5,6\}$表示事件；$\Omega=\{1,2,3,4,5,6\}$表示样本空间；$A_1=\{1\}$，$A_2=\{2\}$，$A_3=\{3\}$，$A_4=\{4\}$，$A_5=\{5\}$，$A_6=\{6\}$表示样本点；$A=\{1,2,3,4,5,6\}$表示必然事件；$\varnothing$表示不可能事件。

例 5.1.2 观察某城市单位时间（例如一个月）内交通事故发生的次数，若以$A_i=\{i\}(i=0,1,2,\cdots)$表示该城市单位时间内发生$i$次交通事故，则样本空间$\Omega=\{0,1,2,\cdots\}$，$A_i=\{i\}(i=0,1,2,\cdots)$是基本事件，若随机事件$B$表示至少发生一次交通事故，则$B=\{1,2,\cdots\}$。若随机事件$C$表示交通事故不超过5次，则$C=\{0,1,2,3,4,5\}$，等等。

5.1.2 事件的关系与运算

进行一次试验，会有这样或那样的事件发生，它们各有不同的特点，彼此之间有一定的联系。下面引入一些事件之间的关系和运算，来描述这些事件之间的联系，其关键的一步是将较复杂的事件分解成较简单的事件的“组合”。

1. 事件的关系

(1) 包含关系

如果事件A发生必然导致事件B发生，则事件A包含于事件B，或称事件B包含事件A，或称事件A是事件B的子事件，记作$A\subset B$或$B\supset A$。

显然，对任意事件A，有$\varnothing\subset A$，$A\subset\Omega$。

(2) 互斥（互不相容）关系

如果两个事件A，B不可能同时发生，则称事件A和事件B互斥或互不相容。必然事件和不可能事件互斥。

设$A_1,A_2,\cdots,A_n$为同一样本空间Ω中的随机事件，若它们之间任意两个事件是互斥的，则称$A_1,A_2,\cdots,A_n$是两两互斥的。

2. 事件的运算

(1)事件的并（或和）

若事件C表示“事件A和事件B至少有一个发生”，则称C为事件A和事件B的并（或和），记为$C=A\cup B$，当事件A与事件B互斥时，将并事件记为$C=A+B$，且称C为事件A和事件B的直和。

显然有$A\cup A=A$，$A\cup\Omega=\Omega$。

(2) 事件的交（或积）

若事件D表示“事件A和事件B同时发生”，则称D为事件A和事件B的交（或积），记为$D=A\cap B$，也可简记为$D=AB$。

显然有 $A\cap A=A$，$A\cap\varnothing=\varnothing$，$A\cap\Omega=A$；事件 A 与 B 互斥等价于 $AB=\varnothing$。

(3) 事件的差

若事件 F 表示"事件 A 发生而事件 B 不发生"，则称 F 为事件 A 和事件 B 的差事件，记为 $F=A-B$。

显然有 $A-A=\varnothing$，$A-\varnothing=A$。

(4) 事件的逆(对立事件)

称"事件 A 不发生"为事件 A 的逆事件，记为$\overline{A}$，同时称 A 与$\overline{A}$为对立事件。

显然有 $A\cup\overline{A}=\Omega$，$A\overline{A}=\varnothing$，$A-B=A\overline{B}=A-AB$。

注 1　互斥事件与对立事件的区别与联系是：

(1)事件 A 与事件 B 互斥，当且仅当 $A\cap B=\varnothing$；

(2)事件 A 与事件 B 对立，当且仅当 $A\cap B=\varnothing$，$A\cup B=\Omega$。

在这里，我们用平面上的一个矩形表示样本空间 Ω，矩形内的每个点表示一个样本点，用两个小圆分别表示事件 A 和 B，则事件的关系和运算用图 5.1.1 来表示，其中 $A\cup B$(图 5.1.1(a))，$A\cap B$(图 5.1.1(b))，$A-B$(图 5.1.1(c))分别为图中阴影部分，这种更加直观的表示事件关系的方法称为 Venn 图。

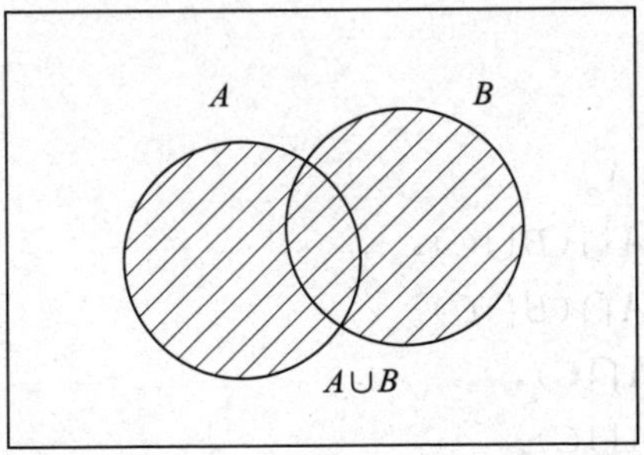

(a) $A\cup B$

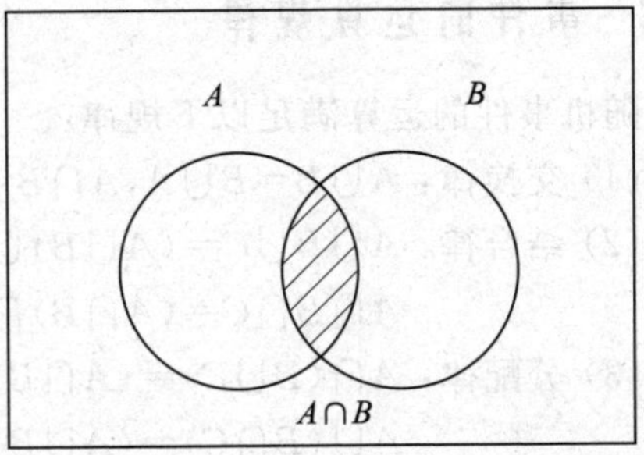

(b) $A\cap B$

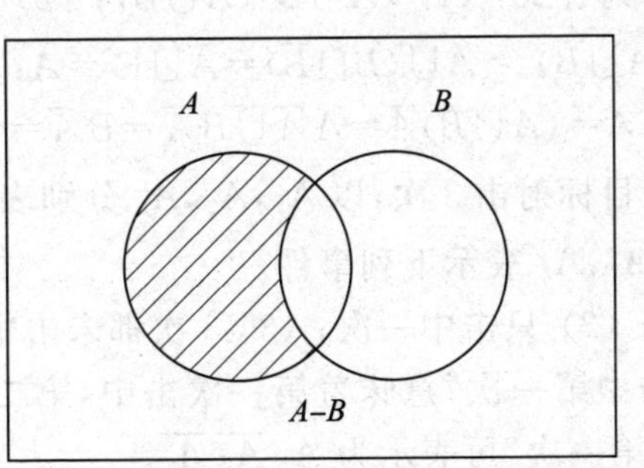

(c) $A-B$

图 5.1.1

例 5.1.3 例 5.1.1 中 $A\subset\Omega$，$B\subset\Omega$；A_1 与 A_2,A_3,A_4,A_5,A_6 均互斥；$A\cup B=\Omega$；$A\cap B=\varnothing$，$A\cap C=\{2,4\}$，$B\cap C=B$；$C-A=\{1,3,5\}$，$C-B=\{2,4\}$；事件 A 与事件 B 是对立事件。

注 2 事件的并和事件的交可以推广到有限个或无穷多个事件的情形：

(1)"有限个事件 $A_1,A_2,\cdots,A_n$ 中至少有一个发生"，这一事件称为有限个事件 $A_1,A_2,\cdots,A_n$ 的并，记为 $\bigcup_{i=1}^{n}A_i$；

(2)"有限个事件 $A_1,A_2,\cdots,A_n$ 同时发生"，这一事件称为有限个事件 $A_1,A_2,\cdots,A_n$ 的交，记为 $\bigcap_{i=1}^{n}A_i$；

(3)"无穷多个事件 $A_1,A_2,\cdots,A_n,\cdots$ 中至少有一个发生"，这一事件称为无穷多个事件 $A_1,A_2,\cdots,A_n,\cdots$ 的并，记为 $\bigcup_{i=1}^{\infty}A_i$；

(4)"无穷多个事件 $A_1,A_2,\cdots,A_n,\cdots$ 同时发生"，这一事件称为无穷多个事件 $A_1,A_2,\cdots,A_n,\cdots$ 的交，记为 $\bigcap_{i=1}^{\infty}A_i$。

5.1.3 事件的运算规律

随机事件的运算满足以下规律：

(1) 交换律：$A\cup B=B\cup A$，$A\cap B=B\cap A$。

(2) 结合律：$A\cup B\cup C=(A\cup B)\cup C=A\cup(B\cup C)$，
$A\cap B\cap C=(A\cap B)\cap C=A\cap(B\cap C)$。

(3) 分配律：$A\cap(B\cup C)=(A\cap B)\cup(A\cap C)$，
$A\cup(B\cap C)=(A\cup B)\cap(A\cup C)$。

(4) 对偶律：$\overline{A\cup B}=\overline{A}\cap\overline{B}$，$\overline{A\cap B}=\overline{A}\cup\overline{B}$。

例 5.1.4 化简下列各式：(1) $(A\cup B)(A\cup\overline{B})$；(2) $(A\cup B)-A$。

解 (1) $(A\cup B)(A\cup\overline{B})=A\cup(B\cap\overline{B})=A\cup\varnothing=A$；

(2) $(A\cup B)-A=(A\cup B)\overline{A}=A\overline{A}\cup B\overline{A}=B\overline{A}=B-A$。

例 5.1.5 向指定目标射击 3 次，以 A_1,A_2,A_3 分别表示事件"第一、第二、第三次击中目标"，试用 A_1,A_2,A_3 表示下列事件。

(1) 只击中第一次；(2) 只击中一次；(3) 3 次都未击中；(4) 至少击中一次。

解 (1) 事件"只击中第一次"意味着第一次击中，第二次第三次都未击中同时发生，所以事件"只击中第一次"可表示为 $A_1\overline{A_2}\,\overline{A_3}$。

(2) 事件"只击中一次"并不指定哪一次，3 个事件"只击中第一次""只击中第二次""只击中第三次"中任意一个发生，都意味着"只击中一次"发生，而且上述 3 个事件是两两互斥的，所以事件"只击中一次"，可表示为 $A_1\overline{A_2}\,\overline{A_3}+\overline{A_1}A_2\overline{A_3}+\overline{A_1}\,\overline{A_2}A_3$。

(3) 事件“3 次都未击中”意味着“第一次、第二次、第三次都未击中”同时发生，所以它可以表示为$\overline{A_1}\,\overline{A_2}\,\overline{A_3}$。

(4) 事件“至少击中一次”意味着 3 个事件“第一次击中”“第二次击中”“第三次击中”中至少有一个发生，所以它可以表示为 $A_1 \cup A_2 \cup A_3$。

5.2 事件的概率

对于一个事件，除必然事件和不可能事件之外，它在一次试验中可能发生，也可能不发生。我们常常需要知道某些事件在一次试验中发生的可能性大小，揭示出这些事件的内在统计规律，以便更好地认识客观事物。例如，知道了某食品在每段时间内变质的可能性大小，就可以合理地制定该食品的保质期；知道了河流在造坝地段最大洪峰达到某一高度的可能性大小，就可以合理地确定造坝的高度等。为了合理地刻画事件在一次试验中发生的可能性大小，我们先引入频率的概念，进而引出事件在一次试验中发生的可能性大小的数字度量——概率。

5.2.1 事件的频率

定义 5.2.1 设 A 是一个事件，在相同条件下，进行 n 次试验，在这 n 次试验中，若事件 A 发生了 m 次，则称 m 为事件 A 在 n 次试验中发生的次数，称$\frac{m}{n}$为事件 A 在 n 次试验中发生的频率，记为 $f_n(A)$。

由定义，不难发现频率具有如下性质：

(1) $0 \leqslant f_n(A) \leqslant 1$；

(2) $f_n(\Omega)=1, f_n(\varnothing)=0$；

(3) 如果事件 $A_1, A_2, \cdots, A_k$ 两两互斥，则

$$f_n\left(\bigcup_{i=1}^{k} A_i\right) = \sum_{i=1}^{k} f_n(A_i)$$

历史上，曾有许多学者做过大量的试验。例如，蒲丰、皮尔逊等人先后做过掷一枚硬币的试验，观察“正面朝上”这一事件(记为 A)在 n 次试验中出现的次数，前者投掷 $n=4040$ 次，A 出现了 2048 次；后者投掷 $n=24000$ 次，A 出现了 12012 次，因此 A 出现的频率分别为 0.5069 和 0.5005。而且他们发现，随着试验次数的增加，事件 A 出现的频率总是围绕 0.5 上下波动，且越来越接近 0.5。

5.2.2 事件的概率的定义

定义 5.2.2(概率的统计定义) 设 A 是一个事件，在相同条件下，进行 n 次试验，当 n 越来越大时，事件 A 发生的频率在某一个常数附近摆动，并且随着 n 的增

大，这种摆动越来越小，称这个常数为事件 A 发生的概率，记为 $P(A)$。

概率的统计定义虽然很直观，但在理论上和应用上不利于推广，我们希望能给出概率的一般性的定义。下面通过概率的统计定义及频率的性质给出概率的公理化定义。

定义 5.2.3（概率的公理化定义） 设 E 是一个随机试验，Ω 是样本空间，对于任意事件 $A\subset\Omega$，有且只有一个实数 $P(A)$ 与之对应，它满足下面三条公理：

(1) 非负性 $0\leqslant P(A)\leqslant 1$，

(2) 规范性 $P(\Omega)=1$，

(3) 完全可加性：对任意一列两两互斥事件 $A_1, A_2, \cdots$，有

$$P\left(\bigcup_{n=1}^{\infty} A_n\right)=\sum_{n=1}^{\infty} P(A_n)$$

则称 $P(A)$ 为事件 A 的概率。

由概率的公理化定义可以得到如下的性质：

性质 1 $P(\varnothing)=0$。

性质 2 $P(\overline{A})=1-P(A)$。

性质 3（有限可加性） 对任意一列两两互斥事件 $A_1, A_2, \cdots, A_n$，有

$$P\left(\bigcup_{k=1}^{n} A_k\right)=\sum_{k=1}^{n} P(A_k)$$

性质 4 $P(A\cup B)=P(A)+P(B)-P(AB)$。

证 因 $A\cup B=A+(B-AB)$，故有

$$P(A\cup B)=P(A)+P(B-AB)=P(A)+P(B)-P(AB)$$

推广 $P(A\cup B\cup C)=P(A)+P(B)+P(C)-P(AB)-P(BC)-P(AC)+P(ABC)$。

性质 5 若 $A\subset B$，则 $P(B-A)=P(B)-P(A)$。

证 因 $B=A\cup(B-A)$ 且 $A(B-A)=\varnothing$，故有

$$P(B)=P(A+(B-A))=P(A)+P(B-A)$$

从而有

$$P(B-A)=P(B)-P(A)$$

例 5.2.1 已知 $P(A)=0.9$，$P(B)=0.8$，试证 $P(AB)\geqslant 0.7$。

证 由性质 4 知 $P(AB)=P(A)+P(B)-P(A\cup B)\geqslant 0.9+0.8-1=0.7$。

例 5.2.2 某厂有两台机床，机床甲发生故障的概率为 0.1，机床乙发生故障的概率为 0.2，两台机床同时发生故障的概率为 0.05，试求：

(1) 机床甲和机床乙至少有一台发生故障的概率；

(2) 机床甲和机床乙都不发生故障的概率；

(1) 机床甲和机床乙不都发生故障的概率。

证 令 A 表示“机床甲发生故障”，B 表示“机床乙发生故障”，则

$$P(A)=0.1,\quad P(B)=0.2,\quad P(AB)=0.05$$

(1) $A\cup B$ 表示“机床甲和机床乙至少有一台发生故障”，故

$$P(A\cup B)=P(A)+P(B)-P(AB)=0.1+0.2-0.05=0.25$$

(2) $\overline{A}\,\overline{B}$表示“机床甲和机床乙都不发生故障”，故

$$P(\overline{A}\,\overline{B})=P(\overline{A\cup B})=1-P(A\cup B)=1-0.25=0.75$$

(3) $\overline{AB}$表示“机床甲和机床乙不都发生故障”，故

$$P(\overline{AB})=1-P(AB)=1-0.05=0.95$$

5.3 古典概型与几何概型

本节开始介绍在概率发展早期受到关注的两类试验模型，其一是古典概型，其二是几何概型，先来介绍古典概型。

5.3.1 古典概型

定义 5.3.1 称满足下列条件的概率问题为**古典概型**。

(1) 试验所有可能结果只有有限个，即样本空间只含有有限个样本点；

(2) 每个样本点发生的可能性是相同的，即等可能发生。

由有限性，不妨设试验一共有 n 个可能结果，也就是说样本点总数为 n，而所考察的事件 A 含有其中的 k 个(也称为有利于 A 的样本点数)，则 A 的概率为

$$P(A)=\frac{k}{n}=\frac{A\text{ 中的样本点数}}{\text{样本点总数}}$$

此公式只适用于古典概型，因此在使用此公式前要正确判断所建立的样本空间是否属于古典概型，即样本空间所含样本点个数是否有限，每个样本点是否等可能出现。例如，掷骰子试验，由于骰子是质地均匀的正六面体，所以点数为 1,2,3,4,5,6 的 6 个面是等可能出现的，若骰子不是正六面体而是长方体，则这些面出现就不是等可能的。对于同一个试验，可以建立不同的样本空间，它可能属于古典概型，也可能不是古典概型。例如，袋中装有大小相同的 4 个白球和 2 个黑球，分别标有号码 1,2,3,4,5,6，从中任取一球，若根据取到球的号码建立样本空间 $\Omega_1=\{1,2,3,4,5,6\}$，显然它属于古典概型；若根据取到球的颜色建立样本空间 $\Omega_2=\{$黑,白$\}$，则它不是古典概型，这是因为样本点不是等可能出现的。

例 5.3.1 (摸球问题)设有批量为 100 的同型号产品，其中次品数有 20 件，按下列两种方式随机抽取 2 件产品：(a)有放回抽取，即先任意抽取一件，观察后放回，再从中任取一件；(b)不放回抽取，即先任抽取一件，抽后不放回，从剩下的产品中再抽取一件。试分别按这两种抽样方式计算：

(1) 两件都是次品的概率;

(2) 第一件是次品,第二件是正品的概率。

解 由已知条件易知本题的试验为古典概型,且记 $A=\{$两件都是次品$\}$,$B=\{$第一件是次品,第二件是正品$\}$。

(1) 有放回的情形

在两次抽取中每次抽取都有 100 种可能结果,因此样本点总数 $n=100^2=10000$。事件 A 发生,指每次是从 20 件次品中抽取的,即每次抽取有 20 种可能结果,因此 A 中的样本点数 $k_1=20^2=400$,于是

$$P(A)=\frac{20^2}{100^2}=0.04$$

同理,事件 B 发生,必须第一次取自 20 件次品,第二件取自 80 件正品,因此有利于事件 B 的样本点数为 $k_2=20\times80=1600$,所以

$$P(B)=\frac{20\times80}{100^2}=0.16$$

(2) 不放回的情形

此时第一次抽取仍然有 100 种可能结果,但第二次抽取结果只有 99 种可能结果,因此样本点总数 $n=100\times99=9900$,因此 A 中的样本点数 $k_1=20\times19=380$,B 中的样本点数 $k_2=20\times80=1600$,因此

$$P(A)=\frac{20\times19}{100\times99}\approx0.038$$

$$P(B)=\frac{20\times80}{100\times99}\approx0.16$$

例 5.3.2 (分配房间问题)设有 4 个人都以相同的概率进入 6 间房子的每一间,每间房可以容纳的人数不限,求下列事件的概率。

(1) 某指定 4 间房子中各有一人;

(2) 恰有 4 间房子各有一人;

(3) 某指定房间恰有 k 人。

解 由于每个人都可以进入 6 个不同的房间,且每个房间可容纳人数不限,故 4 个人进入 6 个房间总共有 6^4 种方法,即样本空间所含样本点的个数为 6^4。设 A 表示“某指定 4 间房中各有一人”,B 表示“恰有 4 间房子各有一人”,C 表示“某指定房间恰有 k 人”。

(1) 因为指定的 4 间房子只能各进 1 人,因而第 1 人可以有 4 种选择,第 2 人只能选择剩下的 3 个房间,第 3 个人有 2 种选择,第 4 个人只有 1 种选择,故 A 包含的基本事件数为 $4!$,所以

$$P(A)=\frac{4!}{6^4}$$

(2) 与(1)不同的是 4 间房子没有指定,可以从 6 间房子任意选出 4 间,有 C_6^4 种方法,所以事件 B 包含有 $C_6^4 4!$ 个样本点,所以

$$P(B)=\frac{C_6^4 4!}{6^4}$$

(3) 要使指定房间恰有 k 人,只需要从 4 个人中先选 k 个人进入此房间,共有 C_4^k 种方法,其余 $4-k$ 个人任意进入其他 5 间房子,有 5^{4-k} 种进入法,故事件 C 包含的样本点数为 $C_4^k 5^{4-k}$,所以

$$P(C)=\frac{C_4^k 5^{4-k}}{6^4}$$

例 5.3.3 (超几何概率问题)十个号码 1,2,…,10 装于一个袋中,从中任取 3 个,问大小在中间的号码恰为 5 的概率。

解 从十个号码中任取 3 个,共有 C_{10}^3 种取法,而 3 个数中,要想大小在中间的号码恰为 5,必须一个小于 5,一个等于 5,一个大于 5,这样的取法有 $C_4^1 C_1^1 C_5^1$ 种,所以所求的概率为 $\frac{C_4^1 C_1^1 C_5^1}{C_{10}^3}=\frac{1}{6}$。

5.3.2 几何概型

古典概型是在试验结果等可能出现的情况下研究事件发生的概率,但是它要求试验的结果必须是有限个,对于试验结果是无穷多个的情形,古典概型就无能为力了。为了克服这个局限性,我们仍然以基本事件的等可能出现为基础,把研究范围推广到试验结果有无穷多个的情形,这就是所谓的几何概型。

定义 5.3.2 称满足下列条件的概率问题为**几何概型**。

(1) 试验的所有可能结果有无限个,即样本空间含有无限个样本点;

(2) 每个样本点发生的可能性是相同的,即等可能发生。

设某一随机试验的样本空间为 Ω(Ω 可以是一维空间的一段线段,二维空间的一块平面区域,三维空间的某一立体区域,甚至是 n 维空间的一个区域),基本事件就是区域 Ω 的一个点,且在区域 Ω 内等可能出现。设 A 是 Ω 中的任意区域,基本事件落在区域 A 的概率为

$$P(A)=\frac{\mu(A)}{\mu(\Omega)}$$

其中 $\mu(\cdot)$ 表示度量(一维空间中是长度,二维空间中是面积,三维空间中是体积,等等)。

例 5.3.4 (约会问题)甲、乙两人约在下午 6~7 时之间在某处会面,并约定先到的人应等候另一个人 20min,过时即可离去,求两个人能会面的概率。

解 以 x 和 y 分别表示甲、乙两人到达约会地点的时间(单位：min)。

在平面上建立直角坐标系(如图 5.3.1 所示)，由题意知(x,y)的所有可能取值构成的集合 Ω 对应图中边长为 60 的正方形，其面积为

$$S_\Omega=60^2$$

而事件 A="两人能会面"相当于$|x-y|\leqslant 20$，即图中阴影部分，其面积为

$$S_A=60^2-40^2$$

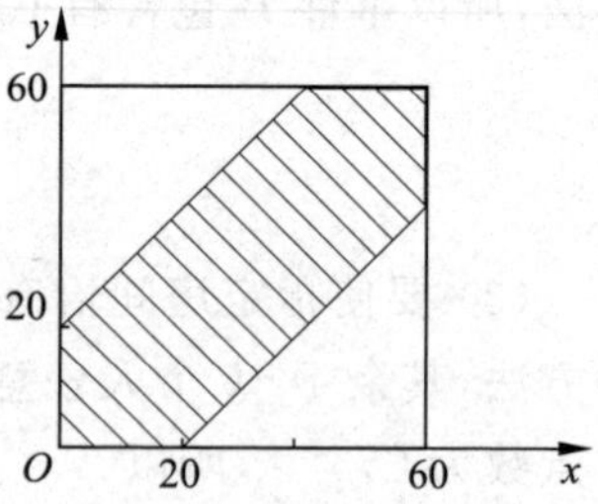

图 5.3.1

由几何概型的定义知

$$P(A)=\frac{S_A}{S_\Omega}=\frac{60^2-40^2}{60^2}=\frac{5}{9}$$

5.4 条件概率

5.4.1 条件概率的定义

在许多实际问题中，除了要求事件 B 发生的概率外，还要求在已知事件 A 已经发生的条件下，事件 B 发生的概率，我们称这种概率为 A 发生的条件下 B 发生的条件概率，记为 $P(B|A)$。

例 5.4.1 设 100 件产品中有 5 件不合格品，而 5 件不合格品中又有 3 件是次品，2 件是废品，现从 100 件产品中任意抽取一件，假定每件产品被抽到的可能性都相同，求：

(1) 抽到产品是次品的概率；

(2) 在抽到的产品是不合格品的条件下，产品是次品的概率。

解 设 A 表示"抽到的产品是不合格品"，B 表示"抽到的产品是次品"。

(1) 由于 100 件产品中有 3 件是次品，按照古典概型计算，得

$$P(B)=\frac{3}{100}$$

(2) 由于 5 件不合格品中有 3 件是次品，故可得

$$P(B|A)=\frac{3}{5}$$

可见，$P(B)\neq P(B|A)$。

虽然这两个概率不同，但是二者之间有一定的联系，我们从例 5.4.1 分析两者的关系，进而给出条件概率的一般定义。

先来计算 $P(B)$和 $P(AB)$。

因为100件产品中有5件是不合格品，所以$P(A)=\frac{5}{100}$，而$P(AB)$表示事件"抽到的产品是不合格品，且是次品"的概率，再由100件产品中只有3件既是不合格品又是次品，得$P(AB)=\frac{3}{100}$，通过简单计算，得

$$P(B|A)=\frac{3}{5}=\frac{3}{100}\Big/\frac{5}{100}=\frac{P(AB)}{P(A)}$$

受此式的启发，我们对条件概率$P(B|A)$定义如下：

定义 5.4.1 设A和B是两个事件，且$P(A)>0$，称

$$P(B|A)=\frac{P(AB)}{P(A)}$$

为事件A发生的条件下事件B发生的**条件概率**。

条件概率$P(\cdot|A)$也是概率，满足概率的定义和性质如下：

(1) 对于每个事件B，均有$P(B|A)\geqslant 0$；

(2) $P(\Omega|A)=1$；

(3) 若$B_1, B_2, \cdots$是两两互斥事件，则有

$$P(B_1\cup B_2\cup\cdots|A)=P(B_1|A)+P(B_2|A)+\cdots$$

(4) 对任意事件B_1和B_2，有

$$P((B_1\cup B_2)|A)=P(B_1|A)+P(B_2|A)-P(B_1B_2|A)$$

(5) $P(\overline{B}|A)=1-P(B|A)$。

例 5.4.2 甲乙两市位于长江下游，根据以往记录知道甲市一年中雨天的比例为20%，乙市为18%，两市同时下雨的比例为12%，求：

(1) 已知某天甲市下雨的条件下，乙市也下雨的概率；

(2) 已知某天乙市下雨的条件下，甲市也下雨的概率；

(3) 甲乙两市至少有一市下雨的概率。

解 设A和B分别表示甲市、乙市某天下雨，则

$$P(A)=0.2,\quad P(B)=0.18,\quad P(AB)=0.12$$

于是

(1) $P(B|A)=\frac{P(AB)}{P(A)}=\frac{0.12}{0.2}=0.6$；

(2) $P(A|B)=\frac{P(AB)}{P(B)}=\frac{0.12}{0.18}\approx 0.667$；

(3) $P(A\cup B)=P(A)+P(B)-P(AB)=0.2+0.18-0.12=0.26$。

由条件概率的定义可得

$$P(AB)=P(A)P(B|A),\qquad P(A)>0$$

$$P(AB)=P(B)P(A|B),\qquad P(B)>0$$

上面两个式子统称为乘法公式。但是要注意的是，它们必须在 $P(A)>0$，$P(B)>0$ 的条件下成立，若 $P(A)>0$ 不成立，即 $P(A)=0$，则 $P(B|A)$ 无意义。

上述乘法公式可以推广到多个事件的情形：

$$P(A_1A_2\cdots A_n)=P(A_1)P(A_2|A_1)\cdots P(A_n|A_1A_2\cdots A_{n-1})$$

例 5.4.3 设 100 件产品中有 5 件是不合格品，用下列两种方法抽取 2 件，求 2 件都是合格品的概率。

(1) 不放回抽取；(2) 有放回抽取。

解 令 A 表示"第一次抽到合格品"，B 表示"第二次抽到合格品"。

(1) 不放回抽取时，$P(A)=\frac{95}{100}$，$P(B|A)=\frac{94}{99}$，所以

$$P(AB)=P(A)P(B|A)=\frac{95}{100}\times\frac{94}{99}\approx 0.9$$

(2)有放回抽取时，$P(A)=\frac{95}{100}$，$P(B|A)=\frac{95}{100}$，所以

$$P(AB)=P(A)P(B|A)=\frac{95}{100}\times\frac{95}{100}=0.9025$$

5.4.2 全概率公式

在现实生活中，往往会遇到一些比较复杂的问题，解决起来很不容易，但可以将其分解成一些比较容易解决的小问题，这些小问题解决了，则原来复杂的问题随之也解决了，这就是本节要研究的全概率问题。

定义 5.4.2 设 Ω 为试验 E 的样本空间，$A_1,A_2,\cdots,A_n$ 为一组事件，若 $A_1,A_2,\cdots,A_n$ 两两互斥，且 $A_1\cup A_2\cup\cdots\cup A_n=\Omega$，则称 $A_1,A_2,\cdots,A_n$ 为样本空间 Ω 的**有限部分(或完备事件组)**。

注 一个样本空间可以有很多完备事件组，每个 A_i 可能是基本事件，也可能不是基本事件。在一次试验中，完备事件组中有且只有一个基本事件发生。

定理 5.4.1(全概率公式) 设 $A_1,A_2,\cdots,A_n$ 是样本空间 Ω 的有限部分，$P(A_i)>0$，$i=1,2,\cdots,n$，对任意事件 B，有

$$P(B)=\sum_{i=1}^{n}P(A_i)P(B\mid A_i)$$

例 5.4.4 一批同型号的螺钉由编号为一、二、三的 3 台机器共同生产，各台机器生产的螺钉占这批螺钉的比例分别为 35%，40%，25%，各台机器生产的螺钉的次品率分别为 3%，2%，1%。求这批螺钉的次品率。

解 设 B 表示"螺钉是次品"，A_1 表示"螺钉由一号机器生产"，A_2 表示"螺钉由二号机器生产"，A_3 表示"螺钉由三号机器生产"，则

$$P(A_1)=0.35,\quad P(A_2)=0.4,\quad P(A_3)=0.25$$
$$P(B|A_1)=0.03,\quad P(B|A_2)=0.02,\quad P(B|A_3)=0.01$$

由全概率公式，得

$$\begin{aligned}P(B)&=P(A_1)P(B|A_1)+P(A_2)P(B|A_2)+P(A_3)P(B|A_3)\\&=0.35\times0.03+0.4\times0.02+0.25\times0.01\\&=0.021\end{aligned}$$

所以，这批螺钉的次品率为0.021。

5.4.3 贝叶斯公式

定理5.4.2(贝叶斯公式) 设$A_1,A_2,\cdots,A_n$是样本空间Ω的有限部分，$P(A_i)>0$，$i=1,2,\cdots,n$，对任意事件B，有

$$P(A_i\mid B)=\frac{P(A_i)P(B\mid A_i)}{P(B)}=\frac{P(A_i)P(B\mid A_i)}{\sum\limits_{i=1}^{n}P(A_i)P(B\mid A_i)},\quad i=1,2,\cdots,n$$

例5.4.5 某保险公司根据统计学认为，客户可以分为两类，一类是容易出事故的人，其在一年内出事故的概率为0.4，另一类是比较谨慎的人，其在一年内出事故的概率为0.2。假定第一类客户占30%，问：

(1) 一个新客户在他购买保险后一年内出事故的概率是多少？

(2) 如果一个新客户在他购买保险后一年内出了事故，则他是容易出事故的人的概率是多少？

解 设B表示"客户在购买保险后一年内出事故"，A表示"容易出事故的人"，$\overline{A}$表示"比较谨慎的人"，显然，A和$\overline{A}$构成了样本空间的一个分划。

(1) $P(B)=P(A)P(B|A)+P(\overline{A})P(B|\overline{A})=0.3\times0.4+0.7\times0.2=0.26$；

(2) $P(A|B)=\dfrac{P(A)P(B|A)}{P(A)P(B|A)+P(\overline{A})P(B|\overline{A})}=\dfrac{0.3\times0.4}{0.3\times0.4+0.7\times0.2}=\dfrac{6}{13}$。

例5.4.6 在数字通信中，信号是由数字0和1的长序列组成的。由于随机干扰，发送信号0或者1可能被错误地接收为1或者0。现假设发送0或者1的概率为0.5，又已知发送0时，接收为0和1的概率分别为0.8和0.2；发送1时，接收为1和0的概率分别为0.9和0.1。求：

(1) 接收信号为0的概率；

(2) 已知收到信号0时发送的信号为0的概率。

解 令A_0表示"发送的信号为0"，A_1表示"发送的信号为1"，B表示"收到的信号为0"，显然有

$$P(A_0)=P(A_1)=0.5,\quad P(B|A_0)=0.8,\quad P(B|A_1)=0.1$$

(1) 由全概率公式知

$$P(B)=P(A_0)P(B|A_0)+P(A_1)P(B|A_1)$$
$$=0.5\times0.8+0.5\times0.1=0.45$$

(2) 由贝叶斯公式知

$$P(A_0|B)=\frac{P(A_0)P(B|A_0)}{P(B)}=\frac{0.5\times0.8}{0.45}=\frac{8}{9}$$

5.5 事件的独立性

一般来说,条件概率 $P(B|A)\neq P(B)$,即 A 发生与否对 B 发生的概率是有影响的,但是也有很多例外情形,下面举一个例子。

例 5.5.1 一袋中装有 4 个白球、2 个黑球,从中有放回取两次,每次取一个,事件 $A=\{$第一次取到白球$\}$,$B=\{$第二次取到白球$\}$,则有

$$P(A)=\frac{2}{3},\quad P(B)=\frac{6\times4}{6^2}=\frac{2}{3},\quad P(AB)=\frac{4^2}{6^2}=\frac{4}{9}$$

于是

$$P(B|A)=\frac{P(AB)}{P(A)}=\frac{2}{3}$$

因此 $P(B|A)=P(B)$。事实上还可以算出 $P(B|\overline{A})=\frac{2}{3}$,因而有

$$P(B|A)=P(B|\overline{A})=P(B)$$

这表明不论 A 发生还是不发生,都对 B 发生的概率没有影响。此时,直观上可以认为事件 B 与事件 A 没有"关系",或者说 B 与 A 独立。其实该题从实际意义也容易看出,由于是有放回抽取,因此第二次抽到白球的概率与第一次是否抽到白球没有关系。如果没有影响,就应当有 $P(B)=P(B|A)$,因此我们有 $P(B)P(A)=P(AB)$,所以有如下定义。

定义 5.5.1 设事件 A 和事件 B 是同一样本空间中的任意两个随机事件,若它们满足

$$P(AB)=P(A)P(B)$$

则称事件 A 和事件 B **相互独立**,简称**独立**。

性质 若 $P(A)>0$,则事件 A 和事件 B 相互独立$\Leftrightarrow P(B|A)=P(B)$;

若 $P(B)>0$,则事件 A 和事件 B 相互独立$\Leftrightarrow P(A|B)=P(A)$。

定理 5.5.1 在 A 和 B,A 和 $\overline{B}$,$\overline{A}$ 和 B,$\overline{A}$ 和 $\overline{B}$ 这 4 对事件中,有一对相互独立,则其余 3 对也相互独立。

证 不妨设 A 和 B 相互独立,我们只证 A 和 $\overline{B}$ 也相互独立。

事实上,有

$$P(A\overline{B})=P(A-AB)=P(A)-P(A)P(B)=P(A)[1-P(B)]=P(A)P(\overline{B})$$

从而 A 和$\overline{B}$也相互独立。

注 1 两个事件相互独立和两个事件互斥的区别：事件 A 和事件 B 相互独立是指事件 A 的发生与否同事件 B 的发生与否没有任何关系；事件 A 和事件 B 互斥表明事件 A 出现则事件 B 必不出现，事件 B 出现则事件 A 必不出现，说明它们之间有密切关系而不是没有关系。实际上，若 $P(A)>0,P(B)>0$，A 与 B 独立，则 $P(AB)=P(A)P(B)>0$，所以它们必不互斥，反之亦然。

定义 5.5.2 三个事件 A,B,C 相互独立，当且仅当它们满足下面 4 条：

(1) $P(AB)=P(A)P(B)$；

(2) $P(AC)=P(A)P(C)$；

(3) $P(BC)=P(B)P(C)$；

(4) $P(ABC)=P(A)P(B)P(C)$。

注 2 由上面的定义可以看出，三个事件独立，除了要求三个事件之间两两相互独立(简称两两独立)以外，它们还须满足 $P(ABC)=P(A)P(B)P(C)$，多个事件相互独立的问题可以同理得到。

例 5.5.2 设有 4 张卡片，其中 3 张分别涂上红色、白色、黄色，而余下一张同时涂有红、白、黄三色。从中随机抽取一张，记事件 $A=\{$抽出的卡片有红色$\}$，$B=\{$抽出的卡片有白色$\}$，$C=\{$抽出的卡片有黄色$\}$，问事件 A,B,C 是否相互独立？

解 由题意知

$$P(A)=P(B)=P(C)=\frac{2}{4}=\frac{1}{2}$$

$$P(AB)=P(AC)=P(BC)=\frac{1}{4}$$

$$P(ABC)=\frac{1}{4}$$

因此

$$P(AB)=P(A)P(B),\quad P(AC)=P(A)P(C),\quad P(BC)=P(B)P(C)$$

但是

$$P(ABC)=\frac{1}{4}\neq\frac{1}{2}\times\frac{1}{2}\times\frac{1}{2}=P(A)P(B)P(C)$$

因而 A,B,C 两两独立，但是不相互独立。

例 5.5.3 某零件用两种工艺加工，第一种工艺有三道工序，各道工序出现不合格品的概率分别为 0.3，0.2，0.1；第二种工艺有两道工序，各道工序出现不合格品的概率分别为 0.3，0.2。试问：

(1) 用哪种工艺加工得到合格品的概率较大些？

(2) 第二种工艺两道工序出现不合格品的概率都是 0.3 时，情况又如何？

解 以事件 A_i 表示“用第 i 种工艺加工得到合格品”，$i=1,2$。

(1) 由于各道工序可看作是独立工作的，所以

$$P(A_1)=0.7\times0.8\times0.9=0.504$$

$$P(A_2)=0.7\times0.8=0.56$$

即第二种工艺得到合格品的概率较大些，这个结果也是可以理解的。因为第二种工艺两道工序出现不合格品的概率与第一种工艺前两道工序相同，但少了一道工序，所以减少了出现不合格品的机会。

(2) 当第二种工艺的两道工序出现不合格品的概率都是 0.3 时，则

$$P(A_2)=0.7\times0.7=0.49$$

即第一种工艺得到合格品的概率较大些。

5.6 伯努利试验与二项概率

考虑一个简单的随机试验，它只可能出现两个结果，如抽样检查的合格品或不合格品；投篮中或不中；试验成功或失败；发报机发出的信号是 0 或 1，等等。有些随机试验的可能结果有很多，例如测试手机的各项技术指标，测试结果不止两个，但是我们关心的是手机是否符合规定标准要求，这样我们就可以把测试结果分为符合规定的合格品和不符合规定的不合格品两种。

5.6.1 伯努利试验

定义 5.6.1 一般地，任何一个随机试验的结果都可以分为我们所关心的事件 A 发生或不发生(记为$\overline{A}$)两类，这种试验称为**伯努利(Bernoulli)试验**。

定义 5.6.2 把符合下列条件的 n 次试验称为 **n 重伯努利试验**：

(1) 每次试验的条件都一样，且可能的试验结果只有两个，即 A 和 $\overline{A}$，$P(A)=p$；

(2) 每次试验的结果互不影响，或者说相互独立。

5.6.2 二项概率

定理 5.6.1 在 n 重伯努利试验中，事件 A 发生 k 次的概率为

$$P_n(k)=\mathrm{C}_n^k p^k(1-p)^{n-k},k=0,1,2,\cdots,n$$

同时，我们称该公式为**二项概率**。

证 由随机事件的独立性知，某指定第 k 次 A 发生的概率为 $p^k(1-p)^{n-k}$，而它可以有 C_n^k 种选择，故 A 发生 k 次的概率为 $\mathrm{C}_n^k p^k(1-p)^{n-k}$。

例 5.6.1 从次品率为 $p=0.2$ 的一批产品中，有放回抽取 5 次，每次取一件，分别求：

(1) 抽到的 5 件中恰好有 3 件次品的概率；

(2) 至多有 3 件次品的概率。

解 令 $A_k=\{$恰好有 k 件次品$\}(k=0,1,2,\cdots,5)$，$A=\{$恰有 3 件次品$\}$，$B=\{$至多有 3 件次品$\}$，则

$$A=A_3,\quad B=A_1\cup A_2\cup A_3$$

$$P(A)=P(A_3)=C_5^3(0.2)^3(0.8)^2=0.0512$$

$$P(B)=1-P(\overline{B})=1-P(A_4)-P(A_5)=1-C_5^4(0.2)^4(0.8)-(0.2)^5=0.9933$$

例 5.6.2 在某一车间有 12 台车床，每台车床由于工艺上的原因，时常需要停车，设各台车床的停车(或开车)是相互独立的。若每台车床在任一时刻处于停车状态的概率均为$\frac{1}{3}$。计算在任一时刻有两台车床处于停车状态的概率。

解 把任一指定时刻对一台车床的观察看作一次试验，由于各车床停车或开车是相互独立的，故由二项概率公式得

$$P_{12}(2)=C_{12}^2\left(\frac{1}{3}\right)^2\left(1-\frac{1}{3}\right)^{10}\approx 0.1272$$

例 5.6.3 已知一大批产品的次品率为 10%，从中随机地抽取 5 件。求：

(1) 抽取的 5 件中恰有两件是次品的概率；

(2) 抽取的 5 件中至少有两件是次品的概率。

解 题中的抽样方法是不放回抽样，但由于这批产品总数很大，而抽取数量相对于总数来说又很小，因此可以作为有放回抽样来处理。这样做虽然有误差，但影响不会太大，因此试验可看成是 $n=5,p=0.1$ 的伯努利试验。

(1) 根据二项概率公式，抽取的 5 件中恰有两件是次品的概率为

$$P_5(2)=C_5^2(0.1)^2(0.9)^3=0.0729$$

(2) 设 A 表示"抽取的 5 件中至少有两件是次品"，则

$$\begin{aligned}P(A)&=1-P_5(0)-P_5(1)=1-(0.9)^5-C_5^1(0.1)(0.9)^4\\&=0.08146\end{aligned}$$

例 5.6.4 某人在一次试验中遇到危险的概率是 0.01，如果他一年里每天都要重复独立地做一次这样的试验，那么他在一年中至少遇到一次危险的概率是多少？

解 此试验可看成 365 重伯努利试验，设 A 表示"在一年中至少遇到一次危险"，则所求概率为

$$\begin{aligned}P(A)&=1-P_{365}(0)=1-(1-0.01)^{365}\\&=1-0.99^{365}=0.9745\end{aligned}$$

此结果表明，即使在一次试验中很难遇到危险，当试验经常重复时，至少遇到一次危险的概率仍然可以达到很大。

另外，可以看到 $1-0.99^{365}$ 的计算是很麻烦的，下面介绍一个当 n 很大、p 很小时的近似计算公式。

定理 5.6.2(泊松定理) 在 n 重伯努利试验中，设事件 A 在每次试验中发生的

概率为 p，如果 $n\to\infty$，$p\to 0$，使得 $np=\lambda$ 保持为正常数，则当 $n\to\infty$ 时，有

$$C_n^k p^k(1-p)^{n-k}\to\frac{\lambda^k}{k!}e^{-\lambda}\quad(k=0,1,\cdots,n)$$

由定理的条件 $np=\lambda$（常数）知，当 n 很大时，p 必然很小。因此有下面的近似公式

$$P_n(k)=C_n^k p^k(1-p)^{n-k}\approx\frac{\lambda^k}{k!}e^{-\lambda}\quad(k=0,1,\cdots,n)\tag{5.6.1}$$

其中 $\lambda=np$。

在实际计算中，当 $n\geqslant 10$，$p\leqslant 0.1$ 时就可以应用公式(5.6.1)。

例 5.6.5 （寿命保险问题）某保险公司里有 2500 个同龄和同社会阶层的人参加了人寿保险。每个参加保险的人，一年交付保险费 12 元，一年内死亡时，家属可到公司领取 2000 元丧葬费。设一年内每人死亡的概率为 0.002，求：

(1) 保险公司亏本的事件 A 的概率；

(2) 保险公司获利不少于 10000 元的事件 B 的概率。

解 (1) 保险公司一年内的总收入是 $2500\times 12=30000$ 元（不计利息）。若一年内死亡 x 人，则保险公司一年内应付 $2000x$，故事件 A 发生，等价于 $2000x>30000$（即 $x>15$）成立。参加保险的 2500 人在一年内是否死亡，可看成是 2500 重的伯努利试验，成功（死亡）的概率为 $p=0.002$。于是

$$P(A)=\sum_{k=16}^{2500}P_{2500}(k)=\sum_{k=16}^{2500}C_{2500}^k 0.002^k 0.998^{2500-k}$$

由于 n 很大，p 很小，$\lambda=np=2500\times 0.002=5$，故由式(5.6.1)得

$$P(A)\approx\sum_{k=16}^{2500}\frac{5^k e^{-5}}{k!}\approx\sum_{k=16}^{\infty}\frac{5^k e^{-5}}{k!}=0.00007$$

由此可见，保险公司在一年内亏本的概率是非常小的。

(2) 保险公司获利不少于 10000 元的事件 B 等价于 $30000-2000x\geqslant 10000$（即 $x\leqslant 10$）成立，x 为一年内死亡的人数，则

$$\begin{aligned}P(B)&=\sum_{k=0}^{10}P_{2500}(k)=\sum_{k=0}^{10}C_{2500}^k\ 0.002^k\ 0.998^{2500-k}\\&\approx\sum_{k=0}^{10}\frac{5^k e^{-5}}{k!}=1-\sum_{k=11}^{\infty}\frac{5^k e^{-5}}{k!}\\&=1-0.01370=0.98630\end{aligned}$$

由此可见，保险公司获利不少于 10000 元的概率在 98%以上。

习题五

1. 写出下列随机试验的样本空间和下列事件的基本事件：

(1) 掷一枚骰子，出现奇数点；

(2) 将一枚质地均匀的硬币抛两次，$A=\{$第一次出现正面$\}$，$B=\{$同时出现同一面$\}$，$C=\{$至少有一次出现正面$\}$；

(3) 一个口袋装有 5 只外形完全相同的球，编号分别为 1,2,3,4,5，从中同时取 3 只，球的最小号码为 1；

(4) 在 1,2,3,4 四个数中可重复地取两个数，一个数是另一个的 2 倍；

(5) 将两个球随机放入三个盒子中，第一个盒子中至少有一个球。

2. 设 A,B,C 为三个事件，用 A,B,C 的运算关系表示下列各事件：

(1) A 与 B 都发生，但 C 不发生；

(2) A 发生，且 B 与 C 至少有一个发生；

(3) A,B,C 至少有一个发生；

(4) A,B,C 恰有一个发生；

(5) A,B,C 至少有两个发生；

(6) A,B,C 至多有一个发生；

(7) A,B,C 至多有两个发生；

(8) A,B,C 恰有两个发生。

3. 设 A,B,C 是三个事件，且 $P(A)=P(B)=P(C)=0.25$，$P(AB)=P(BC)=0$，$P(AC)=0.125$，求 A,B,C 至少有一个发生的概率。

4. 已知 $A\subset B$，$P(A)=0.4$，$P(B)=0.6$，求：

(1) $P(\overline{A})$，$P(\overline{B})$；(2) $P(A\cup B)$；(3) $P(AB)$；(4) $P(\overline{B}A)$，$P(\overline{A}\,\overline{B})$；(5) $P(\overline{A}B)$。

5. 设 A,B 是两个事件，且 $P(A)=0.5$，$P(B)=0.7$，$P(A\cup B)=0.8$，试求 $P(A-B)$ 与 $P(B-A)$。

6. 计算下列各题：

(1) 设 $P(A)=0.5$，$P(B)=0.3$，$P(A\cup B)=0.6$，求 $P(A\overline{B})$；

(2) 设 $P(A)=0.8$，$P(A-B)=0.4$，求 $P(\overline{AB})$；

(3) $P(AB)=P(\overline{A}\,\overline{B})$，$P(A)=0.3$，求 $P(B)$。

7. 在电话号码簿中任取一个电话号码，求后面 4 位数字完全不相同的概率。

8. 在一个盒子中装有 15 只乒乓球，其中 9 只新球，在第一次比赛时任意取出 3 只球，比赛后仍放回原盒中；在第二次比赛时同样地任意取出 3 只球，试求第二次取出的 3 只球均为新球的概率。

9. 电报发射台发出“·”和“—”的比例为 5∶3，由于干扰，传送“·”时失真率为 2/5，传送“—”时失真率为 1/3. 求接收台收到“·”时发出信号恰是“·”的概率。

10. 袋内有 1 只白球与 1 只黑球，先从袋内任取 1 球，若取出白球，则试验终止；若取出黑球，则把黑球放回的同时再加进 1 只黑球，然后再从中任取 1 只球，如此下去，直到取出白球为止。计算下列事件的概率：

(1) 取了 n 次均未取到白球；

(2) 试验在第 n 次取球后终止。

11. 已知100件产品中有10件绝对可靠的正品，每次使用这些正品时肯定不会发生故障，而在每次使用非正品时，均有0.1的可能性发生故障，现从100件产品中随机抽取1件，若使用了 n 次均未发生故障。试问 n 为多大时，才能有70%的把握认为所抽取的产品为正品。

12. 某年级有甲、乙、丙三个班级，各班人数分别占年级总人数的 $\frac{1}{4}$，$\frac{1}{3}$，$\frac{5}{12}$，已知甲、乙、丙三个班级中集邮人数分别占该班总人数的 $\frac{1}{2}$，$\frac{1}{4}$，$\frac{1}{5}$。试求：

(1) 从该年级中随机地选取1个人，此人为集邮者的概率；

(2) 从该年级中随机地选取1个人，发现此人为集邮者，此人属于乙班的概率。

13. 玻璃杯成箱出售，每箱20只，假设各箱含0，1，2只残次品的概率分别为0.8，0.1和0.1。一顾客欲购一箱玻璃杯，在购买时，售货员随意取一箱，顾客开箱随机地查看4只，若无残次品，则买下该箱玻璃杯，否则退回。试求：

(1) 顾客买下该箱玻璃杯的概率 α；

(2) 在顾客买下的一箱玻璃杯中，确实没有残次品的概率 β。

14. 设有来自三个地区的各10名、15名和25名考生的报名表，其中女生的报名表分别为3份、7份和5份，随机地取一个地区的报名表，从中先后抽出两份。

(1) 求先抽到的一份是女生报名表的概率 p；

(2) 已知先抽到的一份是男生报名表，求他是来自第二个地区的概率 θ；

(3) 已知后抽到的一份是男生报名表，求先抽到的一份是女生报名表的概率 q。

15. 设事件 A 与 B 相互独立，且 $P(A)=0.3$，$P(B)=0.5$。求 $P(\overline{A}B)$，$P(A\overline{B})$ 及 $P(\overline{A}|\overline{B})$。

16. 设事件 A 与 B 相互独立，两个事件中只有 A 发生的概率与只有 B 发生的概率都是1/4，求 $P(A)$ 与 $P(B)$。

17. 电路由电池A和两个并联的电池B和电池C串联而成，设电池A，B，C损坏的概率分别是0.3，0.2，0.2。求电路发生断电的概率。

18. 设电灯泡使用寿命在1000h以上的概率为0.2，求3个灯泡在使用1000h后，最多只有1个坏了的概率。

19. 设情报员能破译一份密码的概率为0.6，假定各情报员能否破译这份密码是相互独立的。试问：至少要使用多少名情报员，才能使破译这份密码的概率大于95%？

20. 1名射手对同一目标独立进行4次射击，若至少命中1次的概率为80/81，求该射手的命中率。

21. 甲、乙、丙3人独立地去破译1个密码，他们能译出的概率分别为 $\frac{1}{3}$，$\frac{1}{4}$，$\frac{1}{5}$，

能将此密码译出的概率是多少？

22. 5名篮球运动员独立地投篮，每个运动员投篮的命中率都是80%，他们各投1次。试求：

(1) 恰有4次命中的概率；

(2) 至少有4次命中的概率；

(3) 至多有4次命中的概率。

23. 某人向一目标射击，直到射中目标为止，他每次命中目标的概率为0.7，且各次射击之间都是独立的，试求至少需要射击3次才能命中目标的概率。

24. 甲、乙两名乒乓球运动员进行单打比赛，如果每赛一局甲胜的概率为0.6，乙胜的概率为0.4，比赛既可采用三局两胜制，也可采用五局三胜制，问：采用哪种赛制对甲更有利？

25. 一份试卷上有6道题，某位学生在解答时由于粗心随机地犯了4处不同的错误，试求：

(1) 这4处错误发生在最后1道题上的概率；

(2) 这4处错误发生在不同题上的概率；

(3) 至少有3道题全对的概率。

26. 某炮台上有3门炮，假定第1门炮的命中率为0.4，第2门炮的命中率为0.3，第3门炮的命中率为0.5，今3门炮向同一靶标各射1发炮弹，结果有两弹中靶，求第1门炮中靶的概率。

27. 设一厂家生产的每台仪器，以概率0.7可以直接出厂，以概率0.3需进一步调试，经调试后以概率0.8可以出厂，以概率0.2定为不合格品，不能出厂。现该厂生产了$n(n\geqslant 2)$台仪器（假定各台仪器的生产过程相互独立）。试求：

(1) 全不能出厂的概率α；

(2) 其中恰有两台不能出厂的概率β；

(3) 其中至少有两台不能出厂的概率θ。

28. 某仪器有3个灯泡，在某时间T内每个灯泡被烧坏的概率为0.2，且各灯泡能否被烧坏是相互独立的。当1个灯泡也不烧坏时，仪器不发生故障；当烧坏1个灯泡时，仪器发生故障的概率为0.3；当烧坏2个灯泡时，仪器发生故障的概率为0.6；当3个灯泡全烧坏时，仪器必然发生故障。求仪器在时间T内发生故障的概率。

29. 设$P(A)>0$，$P(B)>0$，证明：A,B相互独立与A,B互不相容不能同时成立。

30. 证明：若三个事件A,B,C相互独立，则$A\cup B$及$A-B$都与C独立。

第 6 章　随机变量

6.1　随机变量及其分布函数

为了方便研究随机试验的各种结果及结果发生的概率，我们常把随机试验的结果与实数对应起来，即把随机试验的结果进行数量化。因此，我们引入随机变量的概念，并对其进行研究。本章介绍随机变量的相关概念，例如分布函数、分布律和密度函数，并讨论其相关性质。

6.1.1　随机变量

我们注意到，随机试验的结果往往确定一个随机取值的量。例如，观察一段时间内某路口的车流量，这个量可以取任一非负整数；测试一批灯泡的使用寿命，这个量可能在$[0,+\infty)$中取值；掷一颗骰子，观察出现的点数，这个量是在 1,2,3,4,5,6 中取值。另外一些随机试验的结果虽然表面上与数值无关，如掷一枚硬币，观察正面或反面，但可以通过某种方法将这个随机试验的结果与数值对应起来，如出现正面用 1 表示，出现反面用 0 表示。

上述例子表明，随机试验的结果可以用一个实数来表示，这个数随着试验结果的不同而不同，因而，它是样本点的函数，这个函数就是下面要引入的随机变量。

定义 6.1.1　设 E 是随机试验，Ω 是其样本空间。如果对每个 $\omega\in\Omega$，总有一个实数 X 与之对应，即 $X=X(\omega)$，则称 $X(\omega)$为 E 的一个随机变量。

本书中用大写字母 X,Y,Z 等表示随机变量，它们的取值用相应的小写字母 x，y,z 等表示。

例 6.1.1　抛一枚均匀硬币，观察币面是否朝上，若记 $\omega_1=\{$币面朝上$\}$，$\omega_2=\{$币面朝下$\}$，则样本空间 $\Omega=\{\omega_1,\omega_2\}$。于是试验有两个可能结果：$\omega_1,\omega_2$。引入随机变量

$$X(\omega)=\begin{cases}1, & \omega=\omega_1\\ 0, & \omega=\omega_2\end{cases}$$

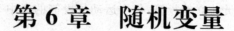

对样本空间中不同的元素 ω_1,ω_2 随机变量 $X(\omega)$ 取不同的值 1 和 0，由于试验结果的出现是随机的，所以随机变量 $X(\omega)$ 的取值也是随机的。

例 6.1.2 在装有 m 个红球、n 个白球的袋子中，随机取一球，观察球的颜色。若记 $\omega_1=\{取到红球\}$，$\omega_2=\{取到白球\}$，则试验有两个可能结果：ω_1,ω_2。引入随机变量

$$X(\omega)=\begin{cases}1, & \omega=\omega_1\\ 0, & \omega=\omega_2\end{cases}$$

通过第 5 章的学习，我们可以得到取到红球和取到白球的概率分别为

$$P\{X=1\}=P\{取到红球\}=\frac{m}{m+n}$$

$$P\{X=0\}=P\{取到白球\}=\frac{n}{m+n}$$

注 1 随机变量不同于普通意义下的变量，它是由随机试验的结果所决定的量，实验前无法预知如何取值，但其取值的可能性大小有确定的统计规律性。

注 2 $\{X\leqslant x\}=\{X(\omega)\leqslant x\}$ 表示使得随机变量 X 的取值小于或等于 x 的那些基本事件 ω 所组成的随机事件，从而有相应的概率。

6.1.2 随机变量的分布函数

随机变量 X 的所有可能取值不一定能一一列举出来，如用随机变量 X 表示灯泡的寿命，则 X 的取值为 $[0,+\infty)$ 上全体正实数。因此，为了研究随机变量取值的概率规律，需要研究随机变量 X 的取值落在某个区间 $(x_1,x_2]$ 中的概率，即求 $P\{x_1<X\leqslant x_2\}$，因此下面引入随机变量 X 的分布函数的概念。

定义 6.1.2 设 X 是一个随机变量，对任意的 $x\in\mathbb{R}$，称函数

$$F(x)=P\{X\leqslant x\}\quad(-\infty<x<+\infty)$$

为随机变量 X 的分布函数。

分布函数是一个普通的函数，它的定义域是整个数轴，如将 X 看成是数轴上随机点的坐标，那么 $F(x)$ 在点 x 处的函数值就表示随机点 X 落在区间 $(-\infty,x]$ 的概率。

例 6.1.3 设一口袋中有依次标有 $-1,2,2,2,3,3$ 数字的 6 个球。从中任取一球，记随机变量 X 为取得的球上标有的数字，求 X 的分布函数。

解 X 的可能取值为 $-1,2,3$，由古典概型的计算公式，可知 X 取这些值的概率依次为 $\frac{1}{6},\frac{1}{2},\frac{1}{3}$。

当 $x<-1$ 时，$\{X\leqslant x\}$ 是不可能事件，因此 $F(x)=0$；

当 $-1\leqslant x<2$ 时，$\{X\leqslant x\}$ 等同于 $\{X=-1\}$，因此 $F(x)=\frac{1}{6}$；

当 $2\leqslant x<3$ 时，$\{X\leqslant x\}$ 等同于 $\{X=-1$ 或 $X=2\}$，因此 $F(x)=\frac{1}{6}+\frac{1}{2}=\frac{2}{3}$；

当 $x\geqslant 3$ 时，$\{X\leqslant x\}$ 是必然事件，因此 $F(x)=1$。

综合起来，X 的分布函数 $F(x)$ 的表达式为

$$F(x)=\begin{cases}0, & x<-1\\ \frac{1}{6}, & -1\leqslant x<2\\ \frac{2}{3}, & 2\leqslant x<3\\ 1, & x\geqslant 3\end{cases}$$

它的图形如图 6.1.1 所示。

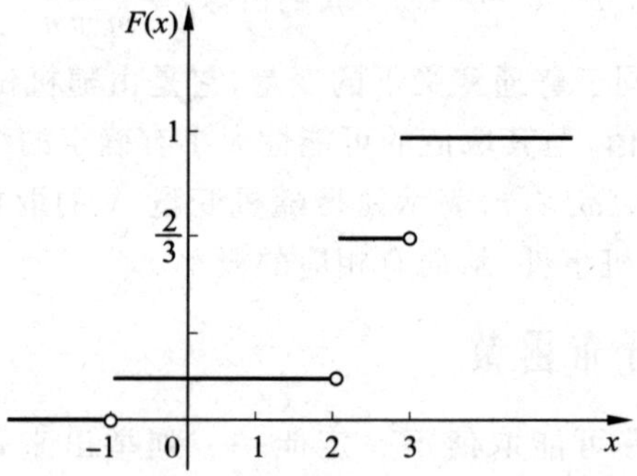

图 6.1.1

按分布函数的定义，对于任意实数 $x_1,x_2(x_1<x_2)$，都有

$$P\{x_1<X\leqslant x_2\}=P\{X\leqslant x_2\}-P\{X\leqslant x_1\}=F(x_2)-F(x_1)$$

因此，若已知随机变量 X 的分布函数，就知道 X 落在区间 $(x_1,x_2]$ 上的概率，这样，分布函数就能完整地描述随机变量的统计规律。

分布函数的性质：

(1) $0\leqslant F(x)\leqslant 1(-\infty<x<+\infty)$；

(2) $F(x)$ 是 x 的不减函数，即若 $x_1<x_2$，则 $F(x_1)\leqslant F(x_2)$；

(3) $F(+\infty)=\lim\limits_{x\to+\infty}F(x)=1$，$F(-\infty)=\lim\limits_{x\to-\infty}F(x)=0$；

(4) $F(x)$ 关于 x 是右连续的，即 $\lim\limits_{x\to x_0^+}F(x)=F(x_0)(-\infty<x_0<+\infty)$。

例 6.1.4 设随机变量 X 的分布函数为

$$F(x)=\begin{cases}A+\frac{B}{2}\mathrm{e}^{-3x}, & x>0\\ 0, & x\leqslant 0\end{cases}$$

求：(1) 常数 A,B；(2) $P\{2<x\leqslant 3\}$。

解 (1) 由题意可知

$$\begin{cases}F(+\infty)=\lim\limits_{x\to+\infty}\left(A+\dfrac{B}{2}e^{-3x}\right)=1\\F(0^{+})=\lim\limits_{x\to0^{+}}\left(A+\dfrac{B}{2}e^{-3x}\right)=F(0)\end{cases}$$

即

$$\begin{cases}A=1\\A+\dfrac{B}{2}=0\end{cases}$$

解得

$$\begin{cases}A=1\\B=-2\end{cases}$$

故

$$F(x)=\begin{cases}1-3e^{-3x}, & x>0\\0, & x\leqslant0\end{cases}$$

(2) $P\{2<x\leqslant3\}=F(3)-F(2)=(1-e^{-9})-(1-e^{-6})=e^{-6}-e^{-9}$。

6.2 离散型随机变量

有一类随机变量，可能的取值是有限个或无限可数个数值，这样的随机变量称为离散型随机变量，它的分布称为离散型分布。

6.2.1 离散型随机变量的概率分布

不妨设离散型随机变量 X 所有可能的取值为 $x_1,x_2,\cdots$，为了全面地了解随机变量 X，仅仅知道它的可能取值是不够的，若已知事件的概率为 $p_k(k=1,2,\cdots)$，那么可以用表 6.2.1 来表示 X 取值的规律。

表 6.2.1

X	x_1	x_2	…	x_k	…
P	p_2	p_2	…	p_k	…

表 6.2.1 所表示的函数称为离散型随机变量 X 的**分布律**。

由概率的定义，$p_k(k=1,2,\cdots)$必须满足下列两个条件：

(1) $p_k\geqslant0,k=1,2,\cdots$；

(2) $\sum\limits_{k=1}^{\infty}p_k=1$。

反之,满足条件(1)和(2)的 $p_k(k=1,2,\cdots)$ 均可作为某个离散型随机变量的分布律。

例 6.2.1 袋中有 5 个球,分别编号 1,2,3,4,5,从中同时取出 3 个球,以 X 表示取出的球的最大号码,求 X 的分布律与分布函数。

解 由于 X 表示取出的 3 个球中的最大号码,因此 X 的所有可能取值为 3,4,5,$\{X=3\}$表示 3 个球中的最大号码为 3,另外两个球只能是 1 号球和 2 号球,这样的取法只有一种;$\{X=4\}$表示 3 个球中的最大号码为 4,另外两个球可在 1,2,3 号球中任取 2 个,这样的取法有 C_3^2 种;$\{X=5\}$表示 3 个球中的最大号码为 5,另外两个球可在 1,2,3,4 号球中任取 2 个,这样的取法有 C_4^2 种。由古典概型的定义得

$$P\{X=3\}=\frac{1}{C_5^3}=\frac{1}{10},\quad P\{X=4\}=\frac{C_3^2}{C_5^3}=\frac{3}{10},\quad P\{X=5\}=\frac{C_4^2}{C_5^3}=\frac{3}{5}$$

因此,所求的分布律为

X	3	4	5
P	$\frac{1}{10}$	$\frac{3}{10}$	$\frac{3}{5}$

下面求 X 的分布函数 $F(x)$:

(1) 当 $x<3$ 时,$\{X\leqslant x\}$为不可能事件,因此 $F(x)=0$;

(2) 当 $3\leqslant x<4$ 时,$\{X\leqslant x\}=\{X=3\}$,因此 $F(x)=P\{X=3\}=0.1$;

(3) 当 $4\leqslant x<5$ 时,$\{X\leqslant x\}=\{X=3 \text{ 或 } X=4\}$,因此

$$F(x)=P\{X=3\}+P\{X=4\}=0.1+0.3=0.4$$

(4) 当 $x\geqslant 5$ 时,$\{X\leqslant x\}$为必然事件,因此 $F(x)=1$。

综合起来有

$$F(x)=\begin{cases}0, & x<3\\ 0.1, & 3\leqslant x<4\\ 0.4, & 4\leqslant x<5\\ 1, & x\geqslant 5\end{cases}$$

由例 6.2.1 可以知道,分布律和分布函数对于描述离散型随机变量的取值规律是等价的,但对于离散型随机变量而言,使用分布律来刻画其直观规律比使用分布函数更方便、直观。

6.2.2 常见的离散型随机变量的概率分布

在理论和应用上,所遇到的离散型随机变量的分布很多,但其中最重要的是两点分布、二项分布和泊松分布,在本节中我们将对这三种离散型分布进行详细讨论。

1. 两点分布或0-1分布

在一次随机试验中，若随机变量只可能取0或1两个值，且它们的分布律为

X	0	1
P	$1-p$	p

则称随机变量X服从两点分布或0-1分布。

两点分布可以作为描述试验只有两个基本事件的数学模型，例如，在打靶中的"命中"与"不中"；产品抽查中的"正品"与"次品"；投篮中的"中"与"不中"；机器的"正常工作"与"发生故障"；一批种子的"发芽"与"不发芽"，等等。总之，一个随机试验中如果我们只关心某事件A发生或其对立事件$\overline{A}$发生的情况，那么可以用一个服从两点分布的随机变量来描述。

2. 二项分布

在n重伯努利试验中，如果随机变量X表示n次试验中事件发生的次数，则X的取值为$0,1,2,\cdots,n$，且由二项概率得到X取k值的概率为

$$P\{X=k\}=C_n^k p^k(1-p)^{n-k}\quad(k=0,1,2,\cdots,n)$$

因此，X的分布律为

X	0	1	…	n
P	$C_n^0 p^0(1-p)^n$	$C_n^1 p(1-p)^{n-1}$	…	$C_n^n p^n(1-p)^0$

且称随机变量X服从参数为n,p的二项分布，记作$X\sim B(n,p)$，这里$0<p<1$，$p=P(A)$。

注 当$n=1$时，二项分布就是0-1分布，因而0-1分布就是二项分布的特殊情形。

二项分布是一类非常重要的分布，它用于描述n重伯努利试验中A恰好发生k次的概率这种数学模型。例如，n次投篮试验中投中的次数，n次射击中击中目标的次数等都服从二项分布。

例 6.2.2 已知一批产品的次品率为0.01，今从产品中任取10件，问其中至少有两件次品的概率。

解 令X表示取出的10件产品中的次品数，根据题意知$X\sim B(10,0.01)$且事件"取得的产品中至少有两件次品"可表示为$\{X\geqslant 2\}$，故

$$\begin{aligned}P\{X\geqslant 2\}&=1-P\{X=0\}-P\{X=1\}\\&=1-C_{10}^0 0.01^0 0.99^{10}-C_{10}^1 0.01^1 0.99^9\approx 0.07\end{aligned}$$

例 6.2.3 从学校乘汽车到火车站的途中有 3 个交通岗，假设在各个交通岗遇到红灯的事件是相互独立的，并且概率都为$\frac{1}{3}$，设 X 为途中遇到红灯的次数，求随机变量 X 的分布律及至多遇到一次红灯的概率。

解 从学校到火车站的途中有 3 个交通岗且每次遇到红灯的概率为$\frac{1}{3}$，可认为做 3 次重复独立的试验，每次试验中事件 A 发生的概率为$\frac{1}{3}$，因此途中遇到红灯的次数 X 服从参数为 $3,\frac{1}{3}$的二项分布 $X\sim B\left(3,\frac{1}{3}\right)$，其分布律为

$$P\{X=k\}=C_3^k\left(\frac{1}{3}\right)^k\left(\frac{2}{3}\right)^{3-k}\quad(k=0,1,2,3)$$

即为

$$P\{X=0\}=C_3^0\left(\frac{1}{3}\right)^0\left(\frac{2}{3}\right)^3=\frac{8}{27},\quad P\{X=1\}=C_3^1\left(\frac{1}{3}\right)\left(\frac{2}{3}\right)^2=\frac{4}{9}$$

$$P\{X=2\}=C_3^2\left(\frac{1}{3}\right)^2\left(\frac{2}{3}\right)=\frac{2}{9},\quad P\{X=3\}=C_3^3\left(\frac{1}{3}\right)^3\left(\frac{2}{3}\right)^0=\frac{1}{27}$$

X	0	1	2	3
P	$\frac{8}{27}$	$\frac{4}{9}$	$\frac{2}{9}$	$\frac{1}{27}$

至多遇到一次红灯的概率为

$$P\{X\leqslant 1\}=P\{X=0\}+P\{X=1\}=\frac{8}{27}+\frac{4}{9}=\frac{20}{27}$$

3. 泊松分布

如果随机变量 X 的概率分布为

$$P\{X=k\}\approx\frac{\lambda^k}{k!}e^{-\lambda}\quad(k=0,1,2,\cdots)$$

则称随机变量 X 服从参数为 λ 的**泊松分布**，其中 $\lambda>0$，并记泊松分布为 $X\sim P(\lambda)$。

例 6.2.4 某城市每天发生火灾的次数 X 服从参数 $\lambda=0.8$ 的泊松分布，求该城市一天内发生 3 次或 3 次以上火灾的概率。

解 由概率的性质即泊松分布的定义可知

$$\begin{aligned}P\{X\geqslant 3\}&=1-P\{X<3\}\\&=1-P\{X=0\}-P\{X=1\}-P\{X=2\}\end{aligned}$$

$$=1-e^{-0.8}\left(\frac{0.8^0}{0!}+\frac{0.8^1}{1!}+\frac{0.8^2}{2!}\right)$$
$$\approx 0.0474$$

例 6.2.5 设每 1min 通过交叉路口的汽车流量 X 服从泊松分布，且已知在 1min 内无车辆通过与恰有一辆车通过的概率相同，求在 1min 内至少有两辆车通过的概率。

解 设 X 服从参数为 λ 的泊松分布，由题意知

$$P\{X=0\}=P\{X=1\}$$

即

$$\frac{\lambda^0}{0!}e^{-\lambda}=\frac{\lambda^1}{1!}e^{-\lambda}$$

可解得

$$\lambda=1$$

因此，至少有两辆车通过的概率为

$$P\{X\geqslant 2\}=1-P\{X<2\}=1-P\{X=0\}-P\{X=1\}$$
$$=1-\frac{1^0}{0!}e^{-1}-\frac{1^1}{1!}e^{-1}$$
$$=1-2e^{-1}$$

通过定理 5.6.2 可以知道，当 n 很大，p 很小，且 λ 适中时，二项分布 $B(n,p)$ 可以用泊松分布近似计算。

例 6.2.6 设某保险公司的某人寿保险险种有 1000 人投保，每个人在一年内死亡的概率为 0.005，且每个人在一年内是否死亡是相互独立的，试求在未来一年中这 1000 个投保人中死亡人数不超过 10 人的概率。

解 设 X 为 1000 个投保人中在未来一年内死亡的人数，对每个人而言，在未来一年内是否死亡相当于做一次伯努利试验，1000 人就是做 1000 重伯努利试验，因此 $X\sim B(1000,0.005)$，而这 1000 个投保人中死亡人数不超过 10 人的概率为

$$P\{X\leqslant 10\}=\sum_{k=0}^{10}C_{1000}^{k}0.005^k\cdot 0.995^{1000-k}$$

在上面式子中，要直接计算 $C_{1000}^{k}0.005^k\cdot 0.995^{1000-k}(k=0,1,\cdots,10)$ 是相当麻烦的。下面介绍一种简便的近似算法，即二项分布的逼近。

设 $X\sim B(n,p)$，当 n 很大，p 很小，且 $\lambda=np$ 适中时，有

$$P\{X=k\}\approx\frac{\lambda^k}{k!}e^{-\lambda}\quad(k=0,1,2,\cdots)$$

回到例 6.2.6，有 $\lambda=1000\times 0.005=5$，因此

$$P\{X\leqslant 10\}\approx\sum_{k=0}^{10}\frac{5^k}{k!}e^{-5}\approx 0.986$$

6.3 连续型随机变量

离散型随机变量并不能描述所有的随机试验，如加工零件的长度与规定的长度的偏差可以取值于包含原点的某一区间，对于这类可在某一区间内任意取值的随机变量，由于它的值不是集中在有限个或可数个点上，因此只有知道其取值区间上的概率，才能掌握它取值的概率分布情况。对于这种非离散型的随机变量，其中有一类很重要的常见类型，就是所谓的连续型随机变量，它的分布称为连续型分布。

6.3.1 连续型随机变量的概率分布

定义 6.3.1 设随机变量 X 的分布函数为 $F(x)$，若存在非负函数 $f(x)$，使得对于任意实数 x 有

$$F(x)=P\{X\leqslant x\}=\int_{-\infty}^{x}f(t)\mathrm{d}t$$

则称 X 为**连续型随机变量**或具有**连续型分布**，称 $f(x)$ 为 X 的**分布密度**或**密度函数**或**概率密度**。易知连续型随机变量的分布函数是连续函数。

显然，密度函数具有如下性质：

(1) $f(x)\geqslant 0$（非负性）。

(2) $\int_{-\infty}^{+\infty}f(x)\mathrm{d}x=1$。

(3) $P\{a<X\leqslant b\}=F(b)-F(a)=\int_{a}^{b}f(x)\mathrm{d}x$。

注 1 直观上，以 x 轴上的区间 $(a,b]$ 为底、曲线 $y=f(x)$ 为顶的曲边梯形的面积就是 $P\{a<X\leqslant b\}$ 的值（见图 6.3.1）。

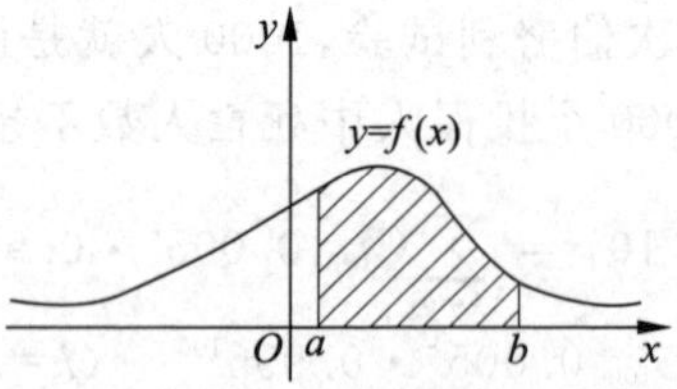

图 6.3.1

(4) 若 $f(x)$ 在点 x 处连续，则 $F'(x)=f(x)$。

(5) 对于任意实数 a，有 $P\{X=a\}=0$。

注 2 性质(5)表明对连续型随机变量 X 而言，取任意一个常数值的概率为 0，这正是连续型随机变量与离散型随机变量的最大区别。

(6) 对于任意实数 a,b，$-\infty<a<b<+\infty$，有

$$P\{a < X < b\} = P\{a \leqslant X < b\} = P\{a < X \leqslant b\}$$
$$= P\{a \leqslant X \leqslant b\} = \int_a^b f(x)\mathrm{d}x$$

例 6.3.1 假设 X 是连续型随机变量,其密度函数为

$$f(x)=\begin{cases} cx^2, & 0<x<2 \\ 0, & \text{其他} \end{cases}$$

求:(1) c 的值;(2) $P\{-1<X<1\}$。

解 (1) 因为 $f(x)$是密度函数,所以必须满足 $\int_{-\infty}^{+\infty} f(x)\mathrm{d}x = 1$,于是有

$$c\int_0^2 x^2\mathrm{d}x = 1$$

解得

$$c=\frac{3}{8}$$

(2) $P\{-1 < X < 1\} = \int_{-1}^1 f(x)\mathrm{d}x = \int_{-1}^0 0\mathrm{d}x + \int_0^1 f(x)\mathrm{d}x = \int_0^1 \frac{3}{8}x^2\mathrm{d}x = \frac{1}{8}$。

例 6.3.2 假设 X 是连续型随机变量,其密度函数为

$$f(x)=\begin{cases} k\mathrm{e}^{-3x}, & x>0 \\ 0, & x\leqslant 0 \end{cases}$$

求:(1) 常数 k;(2) 分布函数 $F(x)$;(3) $P\{X>1\}$。

解 (1) 因为 $f(x)$是密度函数,所以必须满足 $\int_{-\infty}^{+\infty} f(x)\mathrm{d}x = 1$,于是有

$$\int_0^{+\infty} k\mathrm{e}^{-3x}\mathrm{d}x = 1$$

解得

$$k=3$$

从而

$$f(x)=\begin{cases} 3\mathrm{e}^{-3x}, & x>0 \\ 0, & x\leqslant 0 \end{cases}$$

(2) 当 $x\leqslant 0$ 时,$F(x) = P\{X \leqslant x\} = \int_{-\infty}^x f(x)\mathrm{d}x = \int_{-\infty}^x 0\mathrm{d}x = 0$;

当 $x>0$ 时,$F(x) = P\{X \leqslant x\} = \int_{-\infty}^x f(x)\mathrm{d}x = \int_{-\infty}^0 0\mathrm{d}x + \int_0^x 3\mathrm{e}^{-3x}\mathrm{d}x = 1-\mathrm{e}^{-3x}$。从而分布函数为

$$F(x)=\begin{cases} 1-\mathrm{e}^{-3x}, & x>0 \\ 0, & x\leqslant 0 \end{cases}$$

(3) $P\{X>1\}=1-P\{X\leqslant 1\}=1-F(1)=1-(1-\mathrm{e}^{-3})=\mathrm{e}^{-3}$。

6.3.2 常见的连续型随机变量的概率分布

在理论和应用上，所遇到的连续型随机变量的分布很多，但其中最重要的是均匀分布、指数分布和正态分布，在本节中将对这3种连续型分布进行详细讨论。

1. 均匀分布

设连续型随机变量 X 在有限区间 (a,b) 内均匀取值，且其密度函数为

$$f(x)=\begin{cases}\dfrac{1}{b-a}, & a<x<b\\ 0, & \text{其他}\end{cases}$$

则称 X 在 (a,b) 上服从**均匀分布**，记为 $X\sim U(a,b)$。容易求得其分布函数为

$$F(x)=\begin{cases}0, & x\leqslant a\\ \dfrac{x-a}{b-a}, & a<x<b\\ 1, & x\geqslant b\end{cases}$$

例 6.3.3 某公共汽车站从上午7时起，每15min来一辆车，即7:00，7:15，7:30，7:45等时刻有汽车到站，如果某乘客到达此站的时间是7:00～7:30之间的服从均匀分布的随机变量，试求他等候时间少于5min就能乘车的概率。（设汽车到达后，乘客必须上车）

解 设乘客于7时 Xmin到达此站，由题意知，X 在 $(0,30)$ 上服从均匀分布，其密度函数为

$$f(x)=\begin{cases}\dfrac{1}{30}, & 0<x<30\\ 0, & \text{其他}\end{cases}$$

为使等候时间少于5min，此乘客必须且只需在7:10～7:15之间或在7:25～7:30之间到达此站，因此，所求概率为

$$P\{10<X<15\}+P\{25<X<30\}=\int_{10}^{15}\frac{1}{30}\mathrm{d}x+\int_{25}^{30}\frac{1}{30}\mathrm{d}x=\frac{1}{3}$$

2. 指数分布

设连续型随机变量 X 的密度函数为

$$f(x)=\begin{cases}\lambda \mathrm{e}^{-\lambda x}, & x\geqslant 0\\ 0, & x<0\end{cases}\quad (\lambda>0 \text{ 为参数})$$

则称 X 服从参数为 λ 的指数分布，记为 $X\sim E(\lambda)$。容易求得其分布函数为

$$F(x)=\begin{cases}1-\mathrm{e}^{-\lambda x}, & x\geqslant 0\\ 0, & x<0\end{cases}$$

指数分布有着重要的应用，如在可靠性问题中，电子元件的寿命常常服从指数分布；

随机服务系统中的服务时间也可以认为服从指数分布。

例 6.3.4 已知连续型随机变量 X 的密度函数为

$$f(x)=\begin{cases}0.015\mathrm{e}^{-0.015x}, & x\geqslant 0\\ 0, & x<0\end{cases}$$

求：(1) $P\{X>100\}$；(2) x 取何值时，才能使 $P\{X>x\}<0.1$。

解 (1) $P\{X>100\}=\int_{100}^{+\infty}f(x)\mathrm{d}x=\int_{100}^{+\infty}0.015\mathrm{e}^{-0.015x}\mathrm{d}x$

$$=-\mathrm{e}^{-0.015x}\Big|_{100}^{+\infty}=\mathrm{e}^{-1.5}$$

(2) 要使

$$P\{X>x\}=\int_{x}^{+\infty}0.015\mathrm{e}^{-0.015x}\mathrm{d}x=\mathrm{e}^{-0.015x}<0.1$$

只需

$$-0.015x<\ln 0.1$$

即

$$x>\frac{-\ln 0.1}{0.015}\approx 153.5$$

例 6.3.5 设打一次电话所用的时间(单位：min)服从参数为 0.2 的指数分布，如果有人刚好在你前面走进公用电话间并开始打电话(假定公用电话间只有一部电话机可供通话)，试求你将等待(1) 超过 5min 的概率；(2) 5～10min 之间的概率。

解 令 X 表示电话间中那个人打电话所占用的时间，由题意知，X 服从参数为 0.2 的指数分布，因此 X 的密度函数为

$$f(x)=\begin{cases}0.2\mathrm{e}^{-0.2x}, & x>0\\ 0, & \text{其他}\end{cases}$$

所求概率分别为

$$P\{X>5\}=\int_{5}^{+\infty}0.2\mathrm{e}^{-0.2x}\mathrm{d}x=-\mathrm{e}^{-0.2x}\Big|_{5}^{+\infty}=\mathrm{e}^{-1}$$

$$P\{5<X<10\}=\int_{5}^{10}0.2\mathrm{e}^{-0.2x}\mathrm{d}x=-\mathrm{e}^{-0.2x}\Big|_{5}^{10}=\mathrm{e}^{-1}-\mathrm{e}^{-2}$$

3. 正态分布

在实际问题中常常有这样的随机变量，它是由许多相互独立的因素叠加而成的，而每个因素所起的作用是微小的，这种随机变量都具有“中间大，两头小”的特点。例如人的身高，特别高的人很少，特别矮的人也很少，不高不矮的人很多。类似还有农作物的亩产，海洋波浪的高度，测试中的误差，学生的成绩，等等。一般地，我们用所谓的正态分布来近似地描述这种随机变量。

定义 6.3.2 如果连续型随机变量 X 的密度函数为

$$f(x)=\frac{1}{\sqrt{2\pi}\sigma}e^{-\frac{(x-\mu)^2}{2\sigma^2}} \quad -\infty<x<+\infty$$

其中 μ,σ 均为常数且 $\sigma>0$，则称 X 服从参数为 μ,σ 的正态分布，记为 $X\sim N(\mu,\sigma^2)$。

正态分布的密度函数 $f(x)$ 的性质：

(1) $f(x)$ 的图形关于直线 $x=\mu$ 是对称的，即 $f(\mu+x)=f(\mu-x)$。

(2) $f(x)$ 在 $(-\infty,\mu)$ 内单调递增，在 $(\mu,+\infty)$ 内单调减少，在 $x=\mu$ 处取得最大值 $\frac{1}{\sqrt{2\pi}\sigma}$。且当 $x\to\pm\infty$ 时，$f(x)\to 0$，这表明对于同样长度的区间，当区间离 μ 越远时，X 落在该区间上的概率越小（如图 6.3.2 所示）。

(3) $f(x)$ 在 $x=\mu\pm\sigma$ 处有拐点，以 X 轴为渐近线。

(4) X 的分布函数为

$$F(x)=\frac{1}{\sqrt{2\pi}\sigma}\int_{-\infty}^{x}e^{-\frac{(t-\mu)^2}{2\sigma^2}}\,dt$$

它的图像如图 6.3.3 所示。

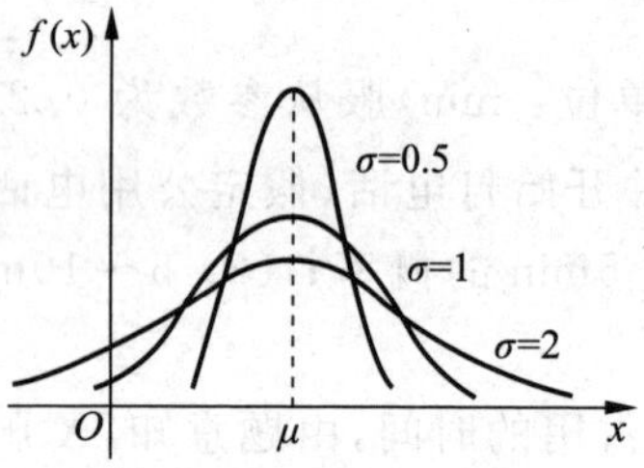

图 6.3.2

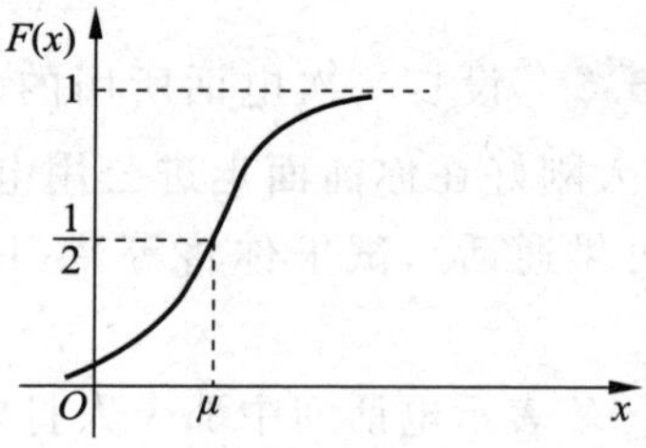

图 6.3.3

若在正态分布 $N(\mu,\sigma^2)$ 中，取 $\mu=0,\sigma=1$，则得到标准正态分布 $N(0,1)$。由 $N(\mu,\sigma^2)$ 的密度函数和分布函数立即得到标准正态分布的密度函数为

$$\varphi(x)=\frac{1}{\sqrt{2\pi}}e^{-\frac{x^2}{2}},\quad x\in(-\infty,+\infty) \tag{6.3.1}$$

分布函数为

$$\Phi(x)=\frac{1}{\sqrt{2\pi}}\int_{-\infty}^{x}e^{-\frac{t^2}{2}}\,dt \tag{6.3.2}$$

由式(6.3.1)可知 $\varphi(x)$ 是偶函数，由此即得

$$\varphi(-x)=\varphi(x) \tag{6.3.3}$$

$$\Phi(-x)=1-\Phi(x) \tag{6.3.4}$$

式(6.3.4)成立是因为

$$\Phi(-x)=\int_{-\infty}^{-x}\varphi(t)\mathrm{d}t \xlongequal{\text{令}t=-u} \int_{x}^{+\infty}\varphi(u)\mathrm{d}u$$
$$=\int_{-\infty}^{+\infty}\varphi(u)\mathrm{d}u-\int_{-\infty}^{x}\varphi(u)\mathrm{d}u$$
$$=1-\Phi(x)$$

故对 $\varphi(x)$ 及 $\Phi(x)$ 来说，当自变量取负值时所对应的函数值，可用自变量取相应的正值时所对应的函数值来表示。其中 $\Phi(x)$ 的值可查附录 B 标准正态分布表。

正态分布在理论上与实际应用中都是一个极其重要的分布，Gauss 在研究误差理论时曾用它来刻画误差的分布。经验表明，当一个变量受到大量微小的、独立的随机因素的影响时，这个变量一般服从或者近似服从正态分布。例如，某地区成年男性的身高、自动机床生产的产品尺寸、材料的断裂强度等。

例 6.3.6 设 $X\sim N(0,1)$，求 $P\{X\leqslant 1.2\}$，$P\{X\leqslant -1.2\}$，$P\{1.2\leqslant X\leqslant 3\}$，$P\{|X|<2\}$。

解 $P\{X\leqslant 1.2\}=\Phi(1.2)=0.8849$，

$P\{X\leqslant -1.2\}=\Phi(-1.2)=1-\Phi(1.2)=0.1151$

$P\{1.2\leqslant X\leqslant 3\}=\Phi(3)-\Phi(1.2)=0.9987-0.8849=0.1138$

$P\{|X|<2\}=P\{-2<X<2\}=\Phi(2)-\Phi(-2)$

$=\Phi(2)-[1-\Phi(2)]=2\Phi(2)-1$

$=2\times 0.9772-1=0.9544$

当 $X\sim N(\mu,\sigma^2)$ 时，由于 X 的分布函数

$$F(x)=\frac{1}{\sqrt{2\pi}\sigma}\int_{-\infty}^{x}\mathrm{e}^{-\frac{(t-\mu)^2}{2\sigma^2}}\mathrm{d}t$$

令 $u=\frac{t-\mu}{\sigma}$，则

$$F(x)=\frac{1}{\sqrt{2\pi}}\int_{-\infty}^{\frac{x-\mu}{\sigma}}\mathrm{e}^{-\frac{u^2}{2}}\mathrm{d}u=\Phi\left(\frac{x-\mu}{\sigma}\right)$$

因此

$$P\{a<X\leqslant b\}=F(b)-F(a)=\Phi\left(\frac{b-\mu}{\sigma}\right)-\Phi\left(\frac{a-\mu}{\sigma}\right)$$

例 6.3.7 设 $X\sim N(1,4)$，求 $P\{1.2\leqslant X\leqslant 4\}$，$P\{X\leqslant 0\}$，$P\{X\geqslant 4\}$。

解 $P\{1.2\leqslant X\leqslant 4\}=F(4)-F(12)=\Phi\left(\frac{4-1}{2}\right)-\Phi\left(\frac{1.2-1}{2}\right)$

$$=\Phi(1.5)-\Phi(0.1)=0.9332-0.5398=0.3934$$

$$P\{X\leqslant 0\}=P\{-\infty<X\leqslant 0\}=F(0)=\Phi\left(\frac{0-1}{2}\right)-0$$
$$=\Phi(-0.5)=1-\Phi(0.5)=1-0.6915=0.3085$$
$$P\{X\geqslant 4\}=P\{4\leqslant X<+\infty\}=1-F(4)=1-\Phi\left(\frac{4-1}{2}\right)$$
$$=1-\Phi(1.5)=1-0.9332=0.0688$$

注 这里用到了 $\Phi(-\infty)=0,\Phi(+\infty)=1$。

例 6.3.8 某人上班所需的时间(单位: min) $X\sim N(50,100)$。已知上班时间为早晨 8 时,他每天 7:00 出门。试求:

(1) 某天迟到的概率;

(2) 某周(以 5 天计)最多迟到 1 天的概率。

解 (1) 所求概率为

$$P\{X>60\}=1-\Phi\left(\frac{60-50}{10}\right)=1-\Phi(1)=1-0.8413=0.1587\approx 0.16$$

(2) 设一周内迟到的天数为 Y,则离散型随机变量 $Y\sim B(5,0.16)$。所求概率为

$$P\{Y\leqslant 1\}=P_5(0)+P_5(1)=0.84^5+C_5^1\times 0.16\times 0.84^4=0.82$$

为了数理统计的需要,下面引入标准正态分布的上侧 α 分位数的概念。

定义 6.3.3 设随机变量 X 服从标准正态分布,对给定的实数 $\alpha(0<\alpha<1)$,若实数 u_α 满足

$$P\{X>u_\alpha\}=\alpha$$

则称 u_α 为随机变量 X 的上侧 α 分位数(如图 6.3.4 所示)。

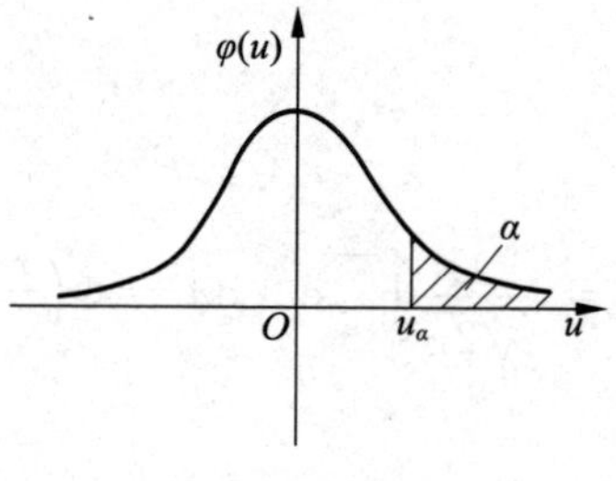

图 6.3.4

例 6.3.9 设 $\alpha=0.025$,求标准正态分布的上侧 α 分位数 $u_{0.025}$。

解 由于 $\Phi(u_{0.025})=1-0.025=0.975$,则通过查标准正态分布函数值表可得

$$u_{0.025}=1.96$$

6.4 随机变量函数的分布

在分析及解决实际问题时，经常要用到一些由随机变量经过运算或变换而得到的某些新变量，即随机变量函数，它们也是随机变量。例如某商店某种商品的销售量是一个随机变量 X，销售该商品的利润 Y 也是随机变量，它是 X 的函数 $g(X)$，即 $Y=g(X)$。再例如，若分子运动的速率为 X，则分子运动的动能 $Y=\frac{1}{2}mX^2$（m 为分子的质量）也是随机变量。本节主要说明如何从一些随机变量的分布来导出这些随机变量的函数的分布。

设 $g(x)$ 是定义在随机变量 X 的一切可能取值 x 的集合上的函数。若随机变量 Y 随着 X 的取值 x 而取值为 $y=g(x)$，则称随机变量 Y 为随机变量 X 的函数，记为 $Y=g(X)$。

6.4.1 离散型随机变量函数的分布

例 6.4.1 当 X 为离散型随机变量时，$Y=g(X)$ 的分布可由 X 的分布决定。

X	-1	0	1	2
P	$\frac{1}{10}$	$\frac{2}{10}$	$\frac{3}{10}$	$\frac{4}{10}$

求 $Y_1=2X+1$ 及 $Y_2=X^2$ 的分布律。

解 由于

X	-1	0	1	2
Y_1	-1	1	3	5
Y_2	1	0	1	4
P	$\frac{1}{10}$	$\frac{2}{10}$	$\frac{3}{10}$	$\frac{4}{10}$

故 $Y_1=2X+1$ 的分布律为

Y_1	-1	1	3	5
P	$\frac{1}{10}$	$\frac{2}{10}$	$\frac{3}{10}$	$\frac{4}{10}$

$Y_2=X^2$ 的分布律为

Y_2	0	1	4
P	$\frac{2}{10}$	$\frac{4}{10}$	$\frac{4}{10}$

注 在求 Y_2 的分布律时，所取的值是有重复的，此时应当把相同的值所对应的概率按概率的加法公式相加。

6.4.2 连续型随机变量函数的分布

若 X 是连续型随机变量，$y=g(x)$ 是连续函数，当 $Y=g(X)$ 是连续型随机变量时，Y 的密度函数可由 X 的密度函数求出。基本思想是，首先由已知的 X 的密度函数 $f_X(x)$ 求出 Y 的分布函数 $F_Y(y)$，然后用微分法求出 Y 的密度函数 $f_Y(y)$。

由分布函数的定义得 Y 的分布函数为

$$F_Y(y)=P\{Y\leqslant y\}=P\{g(X)\leqslant y\}=P\{X\in I_g\}=\int_{I_g}f_X(x)\mathrm{d}x$$

其中 $I_g=\{x\mid g(x)\leqslant y\}$ 是实数轴上的某集合。

随机变量 Y 的密度函数 $f_Y(y)$ 可由下式得到：

$$f_Y(y)=F_Y{}'(y)$$

例 6.4.2 设 X 服从区间 $(0,1)$ 上的均匀分布。求 X^2 的密度函数。

解 由已知条件知

$$f_X(x)=\begin{cases}1, & 0<x<1\\0, & \text{其他}\end{cases}$$

(1) 当 $y\leqslant 0$ 时，$P\{X^2\leqslant y\}=0$；

(2) 当 $0<y<1$ 时，$P\{X^2\leqslant y\}=P\{-\sqrt{y}\leqslant X\leqslant\sqrt{y}\}$

$$=\int_{-\sqrt{y}}^{0}f_X(x)\mathrm{d}x+\int_0^{\sqrt{y}}f_X(x)\mathrm{d}x=\int_0^{\sqrt{y}}1\mathrm{d}x=\sqrt{y}$$

(3) 当 $y\geqslant 1$ 时，$P\{X^2\leqslant y\}=P\{-\sqrt{y}\leqslant X\leqslant\sqrt{y}\}=\int_{-\sqrt{y}}^{\sqrt{y}}f_X(x)\mathrm{d}x$

$$=\int_{-\sqrt{y}}^{0}f_X(x)\mathrm{d}x+\int_0^1 f_X(x)\mathrm{d}x+\int_1^{\sqrt{y}}f_X(x)\mathrm{d}x$$

$$=\int_0^1 1\mathrm{d}x=1$$

因此

$$P\{X^2\leqslant y\}=\begin{cases}0, & y\leqslant 0\\\sqrt{y}, & 0<y<1\\1, & y\geqslant 1\end{cases}$$

即 X^2 的分布函数为

$$F_Y(y)=\begin{cases}0, & y\leqslant 0\\ \sqrt{y}, & 0<y<1\\ 1, & y\geqslant 1\end{cases}$$

所以 X^2 的密度函数为

$$f_Y(y)=F'_Y(y)=\begin{cases}\dfrac{1}{2\sqrt{y}}, & 0<y<1\\ 0, & \text{其他}\end{cases}$$

例 6.4.3 设随机变量 X 服从正态分布 $N(0,1)$，求随机变量的函数 $Y=|X|$ 的密度函数 $f_Y(y)$。

解 X 的密度函数为 $f_X(x)=\dfrac{1}{\sqrt{2\pi}}\mathrm{e}^{-\frac{x^2}{2}}(-\infty<x<+\infty)$，于是 Y 的分布函数为

$$F_Y(y)=P\{Y\leqslant y\}=P\{|X|\leqslant y\}=\begin{cases}P\{-y\leqslant X\leqslant y\}, & y>0\\ 0, & y\leqslant 0\end{cases}$$

$$\begin{aligned}P\{-y\leqslant X\leqslant y\}&=\int_{-y}^{y}f_X(x)\mathrm{d}x=\int_{-y}^{y}\frac{1}{\sqrt{2\pi}}\mathrm{e}^{-\frac{x^2}{2}}\mathrm{d}x\\&=\frac{1}{\sqrt{2\pi}}\mathrm{e}^{-\frac{y^2}{2}}-\left(-\frac{1}{\sqrt{2\pi}}\mathrm{e}^{-\frac{y^2}{2}}\right)\\&=\sqrt{\frac{2}{\pi}}\mathrm{e}^{-\frac{y^2}{2}}\end{aligned}$$

因此

$$f_Y(y)=F'_Y(y)=\begin{cases}-\sqrt{\dfrac{2}{\pi}}y\mathrm{e}^{-\frac{y^2}{2}}, & y>0\\ 0, & \text{其他}\end{cases}$$

注 如果 $y=g(x)$ 是一个单调且有一阶连续导数的函数，则随机变量的函数的密度函数 $Y=g(X)$ 具有如下性质：

设连续型随机变量 X 的密度函数为 $f_X(x)$，$y=g(x)$ 是一个单调函数，且具有一阶连续导数，$x=h(y)$ 是 $y=g(x)$ 的反函数，则 $Y=g(X)$ 的密度函数为

$$f_Y(y)=f_X(h(y))|h'(y)| \tag{6.4.1}$$

上述性质的证明只要用求 Y 的密度函数 $f_Y(y)$ 的基本方法即可得到。

注 利用公式(6.4.1)，我们还可得到一条关于服从正态分布的随机变量 X 的线性函数的分布性质，具体结果如下：

设随机变量 $X\sim N(\mu,\sigma^2)$，$Y=kX+b,k\neq 0$，则 $Y\sim N(k\mu+b,k^2\sigma^2)$，特别当 $k=\dfrac{1}{\sigma},b=-\dfrac{\mu}{\sigma}$ 时，$Y=kX+b\sim N(0,1)$，即 $\dfrac{X-\mu}{\sigma}\sim N(0,1)$。

证 由于 $y=kx+b$ 为一个单调函数，具有一阶连续导数，$x=h(y)=\frac{y-b}{k}$，因此 $h'(y)=\frac{1}{k}$。由式(6.4.1)得

$$f_Y(y)=f_X(h(y))|h'(y)|=\frac{1}{\sqrt{2\pi}\sigma}\mathrm{e}^{-\frac{\left(\frac{y-b}{k}-\mu\right)^2}{2\sigma^2}}\left|\frac{1}{k}\right|$$

$$=\frac{1}{\sqrt{2\pi}|k|\sigma}\mathrm{e}^{-\frac{(y-k\mu-b)^2}{2k^2\sigma^2}}\quad(-\infty<y<+\infty)$$

因此 $Y\sim N(k\mu+b,k^2\sigma^2)$。

特别地，当 $k=\frac{1}{\sigma}$，$b=-\frac{\mu}{\sigma}$ 时，$Y\sim N(0,1)$。

例 6.4.4 设随机变量 X 服从参数 $\lambda=1$ 的指数分布，求随机变量 $Y=\mathrm{e}^X$ 的密度函数 $f_Y(y)$。

解 由于 X 服从参数为 $\lambda=1$ 的指数分布，因此其密度函数为

$$f_X(x)=\begin{cases}\mathrm{e}^{-x}, & x>0\\ 0, & \text{其他}\end{cases}$$

函数 $y=\mathrm{e}^x$ 为一个单调增加且具有一阶连续导数的函数，其反函数为 $h(y)=\ln y$，$h'(y)=\frac{1}{y}$，于是 Y 的密度函数为

$$f_Y(y)=f_X(h(y))|h'(y)|=\begin{cases}\frac{1}{y^2}, & y>1\\ 0, & y\leqslant 1\end{cases}$$

习题六

1. 掷一枚非均匀的硬币，出现正面的概率为 $p(0<p<1)$。若以 X 表示直至掷到正、反面都出现时为止所需的投掷次数，求 X 的分布律。

2. 掷两颗骰子，求点数之和的分布律。

3. 盒中有 4 个白球，3 个黑球，从中任取 1 个，取后不放回，若取得黑球则停止，否则继续。求取得黑球前已取出白球数 X 的分布律。

4. 一实习生用一台机器接连独立地制造了 3 个同种零件，第 i 个零件不合格的概率为 $p_i=\frac{1}{i+1}(i=1,2,3)$，以 X 表示 3 个零件中合格品的个数，求 X 的分布律。

5. 两人轮流投篮，直到某人投中为止，如果第 1 人投中的概率为 0.4，第 2 人投中的概率为 0.6，求每人投篮次数的分布律。

6. 一汽车沿一街道行驶，需通过 3 个设有红绿信号灯的路口，每个信号灯为红

或绿与其他信号灯为红或绿相互独立，且每一信号灯红绿两种信号出现的概率均为1/2，以 X 表示该汽车首次遇到红灯前已通过的路口的个数，求 X 的概率分布。

7. 将一枚硬币连掷 n 次，以 X 表示这 n 次中出现正面的次数，求 X 的分布律。

8. 设随机变量 $X \sim B(6,p)$，已知 $P\{X=1\}=P\{X=5\}$，求 p 和 $P\{X=2\}$。

9. 一电话交换台每 1min 接到的呼叫次数服从参数为 4 的泊松分布。求：(1) 每 1min 恰有 8 次呼叫的概率；(2) 每 1min 的呼叫次数大于 10 的概率。

10. 设某商店每月销售某种商品的数量服从参数为 5 的泊松分布，问在月初要至少库存多少此种商品才能保证当月不脱销的概率为 0.99977 以上。

11. 某试验成功的概率为 0.75，失败的概率为 0.25，若以 X 表示试验者获得首次成功所进行的试验次数，写出 X 的分布律。

12. 有一汽车站有大量汽车通过，每辆汽车在一天的某段时间出事故的概率为 0.0001，在某天该段时间内有 1000 辆车通过，求事故次数不少于 2 的概率。

13. 已知离散型随机变量 X 的分布律为 $P\{X=1\}=0.2$，$P\{X=2\}=0.3$，$P\{X=3\}=0.5$，试写出 X 的分布函数。

14. 设随机变量 X 的密度函数为

$$f(x)=\begin{cases} C\sin x, & 0<x<\pi \\ 0, & \text{其他} \end{cases}$$

求：(1) 常数 C；(2) 使 $P\{X>a\}=P\{X<a\}$ 成立的 a。

15. 设随机变量 X 的密度函数为

$$f(x)=\begin{cases} x, & 0\leqslant x<1 \\ 2-x, & 1\leqslant x<2 \\ 0, & \text{其他} \end{cases}$$

求 X 的分布函数。

16. 设电子管寿命 X(单位：h)的密度函数为

$$f(x)=\begin{cases} \dfrac{100}{x^2}, & x>100 \\ 0, & \text{其他} \end{cases}$$

若一架收音机上装有 3 个这种电子管，求：

(1) 使用的最初 150h 内至少有两个电子管被烧坏的概率；

(2) 在使用的最初 150h 内烧坏的电子管数 Y 的分布律；

(3) Y 的分布函数。

17. 设随机变量 X 的密度函数为

$$f(x)=\begin{cases} 2x, & 0<x<1 \\ 0, & \text{其他} \end{cases}$$

现对 X 进行 n 次独立重复观测，以 V_n 表示观测值不大于 0.1 的次数，试求随机变量

V_n 的概率分布。

18. 设随机变量 $X \sim U[2,5]$。现对 X 进行 3 次独立观测，试求至少有两次观测值大于 3 的概率。

19. 设有一大型设备在任何长为 t 的时间内（单位：h）发生故障的次数 $N(t)$ 服从参数为 λt 的泊松分布。

(1) 求相继两次故障之间时间间隔 T 的分布函数；

(2) 求在设备已经无故障工作了 8h 的情形下，再无故障运行 8h 的概率。

20. 设随机变量 $X \sim N(2,\sigma^2)$，且 $P\{2<X<4\}=0.3$，求 $P\{X<0\}$。

21. 假设随机变量 X 的绝对值不大于 1；$P\{X=-1\}=\frac{1}{8}$，$P\{x=1\}=\frac{1}{4}$；在事件$\{-1<x<1\}$出现的条件下，X 在$(-1,1)$内任一子区间上取值的条件概率与该子区间长度成正比。

22. 已知离散型随机变量 X 的分布律为

X	-2	-1	0	1	3
P	$\frac{1}{5}$	$\frac{1}{6}$	$\frac{1}{5}$	$\frac{1}{15}$	$\frac{11}{30}$

求 $Y=X^2$ 的分布律。

23. 设随机变量 X 的概率密度为

$$f(x)=\begin{cases}\dfrac{1}{3\sqrt[3]{x^2}}, & 1\leqslant x\leqslant 8\\ 0, & \text{其他}\end{cases}$$

$F(x)$是 X 的分布函数，求随机变量 $Y=F(X)$的分布函数。

第7章　随机变量的数字特征与极限定理

前面讨论了随机变量的概率分布(分布函数、分布律和密度函数),我们知道,随机变量的概率分布是能够完整地描述随机变量的统计规律的,但在许多实际问题中,人们并不需要去全面考察随机变量的变化情况,而只要知道它的某些数字特征即可。本章将要介绍的数字特征有数学期望和方差。

7.1　数学期望

7.1.1　离散型随机变量的数学期望

在随机试验的重复进行过程中,随机变量可以取不同的值,即随机变量是带有随机波动性质的。但是人们发现,在大量的重复试验中,随机变量取值的算数平均值也具有稳定性,即它围绕着某一常数作微小的摆动,一般来说,试验次数越多,摆动幅度越小。因此,可以认为该常数是随机变量取值的"平均值"。

定义 7.1.1　设离散型随机变量 X 的分布律为

$$P\{X=x_i\}=p_i,\quad i=1,2,\cdots$$

即

X	x_1	x_2	…	x_i	…
P	p_1	p_2	…	p_i	…

若记

$$E(X)=\sum_{i=1}^{n}x_i p_i$$

则称 $E(X)$ 为随机变量 X 的数学期望,简称期望或均值。其中当求和为无限项时,要求

$$\sum_{i=1}^{\infty}|x_i|p_i<+\infty$$

这只是数学上要求,保证 $E(X)$ 的值不因求和次序改变而改变。

例 7.1.1 (**0-1 分布**)设随机变量 X 的分布律为

X	0	1
P	$1-p$	p

求 $E(X)$。

解 $E(X)=0\cdot(1-p)+1\cdot p=p$。

例 7.1.2 (**二项分布**)设随机变量 X 的分布律为

$$P\{X=k\}=C_n^k p^k q^{n-k} \quad (k=0,1,2,\cdots,n)$$

其中 $q=1-p$,求 $E(X)$。

解
$$\begin{aligned}E(X) &= \sum_{k=0}^{n} k C_n^k p^k q^{n-k} \\ &= \sum_{k=0}^{n} k \frac{n(n-1)(n-2)\cdots[n-(k-1)]}{k!} p^k q^{n-k} \\ &= np\sum_{k=0}^{n} \frac{n(n-1)(n-2)\cdots[n-1-(k-2)]}{k!} p^{k-1} q^{n-1-(k-1)} \\ &= np\sum_{k-1=0}^{n-1} C_{n-1}^{k-1} p^{k-1} q^{n-1-(k-1)} \\ &= np(p+q)^{n-1} \\ &= np\end{aligned}$$

例 7.1.3 (**泊松分布**)设随机变量 X 的分布律为

$$P\{X=k\}=\frac{\lambda^k}{k!}e^{-\lambda} \quad (k=0,1,2,\cdots)$$

求 $E(X)$。

解 $E(X)=\sum_{k=0}^{\infty} k\frac{\lambda^k}{k!}e^{-\lambda}=\lambda e^{-\lambda}\sum_{k=1}^{\infty}\frac{\lambda^{k-1}}{(k-1)!}=\lambda e^{-\lambda}e^{\lambda}=\lambda$。

由此可见,泊松分布的参数 λ 就是相应随机变量 X 的数学期望。

注 离散型随机变量的数学期望可以推广到一般情形:设 X 有分布律 $p_i=P\{X=x_i\}(i=1,2,\cdots)$,对任意实值函数 $g(\cdot)$,$Y=g(X)$的数学期望为

$$E(g(X))=\sum_{i=1}^{n} g(x)p_i$$

当上式的求和号项数为无限时,在数学上要求

$$\sum_{i=1}^{\infty} |g(x)| p_i<+\infty$$

例 7.1.4 设随机变量 X 的分布律为

X	-1	0	3
P	0.1	0.6	0.3

求 $E(X)$，$E(X^2)$，$E(3X-1)$。

解 首先列表如下：

X	-1	0	3
X^2	1	0	9
$3X-1$	-4	-1	8
P	0.1	0.6	0.3

于是

$$E(X)=-1\times 0.1+0\times 0.6+3\times 0.3=0.8$$
$$E(X^2)=1\times 0.1+0\times 0.6+9\times 0.3=2.8$$
$$E(3X-1)=(-4)\times 0.1+(-1)\times 0.6+8\times 0.3=1.4$$

7.1.2 连续型随机变量的数学期望

对以 $f(x)$ 为密度函数的连续型随机变量 X 而言，值 x 和 $f(x)\mathrm{d}x$ 分别相当于离散型随机变量情况下的"x_i"和"p_i"，于是可以得到连续型随机变量的数学期望的定义。

定义 7.1.2 设 X 为连续型随机变量，$f(x)$ 为 X 的密度函数，若记

$$E(X)=\int_{-\infty}^{+\infty} xf(x)\mathrm{d}x$$

则称 $E(X)$ 为随机变量 X 的**数学期望**，简称**期望**或**均值**。数学上要求

$$\int_{-\infty}^{+\infty} |x| f(x)\mathrm{d}x<+\infty$$

注 连续型随机变量的数学期望也可以推广到一般情形：对任意实值函数 $g(x)$，$f(x)$ 为 X 的密度函数，则 $Y=g(X)$ 的数学期望为

$$E(g(X))=\int_{-\infty}^{+\infty} g(x)f(x)\mathrm{d}x$$

其中 $f(x)$ 为 X 的密度函数，且数学上要求

$$\int_{-\infty}^{+\infty} |g(x)| f(x)\mathrm{d}x<+\infty$$

例 7.1.5 （**均匀分布**）设随机变量 X 的密度函数为

$$f(x)=\begin{cases}\dfrac{1}{b-a}, & a<x<b\\ 0, & \text{其他}\end{cases}$$

求 $E(X)$。

解

$$E(X)=\int_{-\infty}^{+\infty}xf(x)\mathrm{d}x=\int_a^b\frac{x}{b-a}\mathrm{d}x=\frac{a+b}{2}$$

这个结果是可以预料的，因为 X 在 (a,b) 上均匀分布，它取值的平均值当然应该是 (a,b) 的中点。

例 7.1.6 （**指数分布**）设随机变量 X 的密度函数为

$$f(x)=\begin{cases}\lambda\mathrm{e}^{-\lambda x}, & x\geqslant 0\\ 0, & x<0\end{cases}$$

其中 $\lambda>0$，求 $E(X)$。

解

$$E(X)=\int_{-\infty}^{+\infty}xf(x)\mathrm{d}x=\int_0^{+\infty}x\lambda\mathrm{e}^{-\lambda x}\mathrm{d}x=-\int_0^{+\infty}x\mathrm{d}(\mathrm{e}^{-\lambda x})=\int_0^{+\infty}\mathrm{e}^{-\lambda x}\mathrm{d}x=\frac{1}{\lambda}$$

例 7.1.7 （**正态分布**）设 $X\sim N(\mu,\sigma^2)$，求 $E(X)$。

解

$$E(X)=\int_{-\infty}^{+\infty}xf(x)\mathrm{d}x=\int_{-\infty}^{+\infty}x\frac{1}{\sigma\sqrt{2\pi}}\mathrm{e}^{-\frac{(x-\mu)^2}{2\sigma^2}}\mathrm{d}x$$

令

$$t=\frac{x-\mu}{\sigma}$$

于是有

$$E(X)=\int_{-\infty}^{+\infty}\frac{\mu+\sigma t}{\sqrt{2\pi}}\mathrm{e}^{-\frac{t^2}{2}}\mathrm{d}t=\frac{\mu}{\sqrt{2\pi}}\int_{-\infty}^{+\infty}\mathrm{e}^{-\frac{t^2}{2}}\mathrm{d}t+\frac{\sigma}{\sqrt{2\pi}}\int_{-\infty}^{+\infty}t\mathrm{e}^{-\frac{t^2}{2}}\mathrm{d}t=\mu$$

故正态分布中的参数 μ 表示相应随机变量 X 的数学期望。

例 7.1.8 设随机变量 X 的密度函数为

$$f(x)=\begin{cases}\dfrac{2x}{\pi^2}, & 0<x<\pi\\ 0, & \text{其他}\end{cases}$$

求 $E(\sin X)$。

解

$$E(\sin X) = \int_{-\infty}^{+\infty} \sin x f(x) \mathrm{d}x = \int_0^{\pi} \sin x \frac{2x}{\pi^2} \mathrm{d}x$$

$$= \frac{2}{\pi^2}\int_0^{\pi} x\sin x \mathrm{d}x = -\frac{2}{\pi^2}\int_0^{\pi} x\mathrm{d}(\cos x)$$

$$= -\frac{2}{\pi^2}\left(x\cos x\Big|_0^{\pi} - \int_0^{\pi}\cos x\mathrm{d}x\right)$$

$$= -\frac{2}{\pi^2}(x\cos x - \sin x)\Big|_0^{\pi}$$

$$= \frac{2}{\pi}$$

7.1.3 数学期望的性质

性质 1 若 C 是常数，则 $E(C)=C$。

性质 2 若 C 是常数，X 为随机变量，则 $E(CX)=CE(X)$。

性质 3 X,Y 为随机变量，则 $E(X+Y)=E(X)+E(Y)$。

性质 4 若 X 与 Y 相互独立，则 $E(XY)=E(X)E(Y)$。

注 性质 4 可以推广到多个随机变量的情形，结论仍然成立。

这些性质都可以由定义直接给出证明，也都可以推广到任意有限个随机变量的情形。

例 7.1.9 设 $X\sim B(n,p)$，求 $E(X)$。

解 由于随机变量 X 相当于伯努利试验中成功的次数，而每次试验成功的概率为 p，若设 X_i 表示在第 $i(i=1,2,\cdots,n)$ 次伯努利试验中成功的次数，则 X_i 有分布律

X_i	0	1
P	$1-p$	p

且

$$X = \sum_{i=1}^{n} X_i$$

由于 X_i 的分布律 $E(X_i)=p(i=1,2,\cdots,n)$，又由于 $X_1,X_2,\cdots,X_n$ 相互独立，故由数学期望的性质 3 得

$$E(X) = E\left(\sum_{i=1}^{n} X_i\right) = \sum_{i=1}^{n} EX_i = np$$

例 7.1.10 一民航客车载有 20 位旅客自机场开出，旅客有 10 个车站可以下

车，如果到达一个车站没有旅客下车就不停车，以 X 表示停车的次数，设每位旅客在每个车站下车是等可能的，且每个旅客是否下车相互独立，求 $E(X)$。

解 设随机变量

$$X_i=\begin{cases}0, & \text{在第 } i \text{ 站没旅客下车}\\ 1, & \text{在第 } i \text{ 站有旅客下车}\end{cases}\quad (i=1,2,\cdots,10)$$

则

$$X=X_1+X_2+\cdots+X_{10}$$

由于每位旅客在任一站不下车的概率为 $\frac{9}{10}$，所以 20 位旅客都不在第 i 站下车的概率为 $\left(\frac{9}{10}\right)^{20}$，故

$$P\{X_i=0\}=\left(\frac{9}{10}\right)^{20}$$

$$P\{X_i=1\}=1-\left(\frac{9}{10}\right)^{20},\quad i=1,2,\cdots,10$$

于是

$$E(X_i)=1-\left(\frac{9}{10}\right)^{20},\quad i=1,2,\cdots,10$$

从而

$$\begin{aligned}E(X)&=E(X_1+X_2+\cdots+X_{10})=E(X_1)+E(X_2)+\cdots+E(X_{10})\\&=10\times\left[1-\left(\frac{9}{10}\right)^{20}\right]=8.784\end{aligned}$$

例 7.1.11 已知在一块试验田里种了 10 粒种子，种子发芽的概率为 0.9，用 X 表示发芽种子的粒数，求 $E(X^2)$。

解 显然 $X\sim B(10,0.9)$，故

$$E(X)=10\times0.9=9,\quad D(X)=10\times0.9\times0.1=0.9$$

$$E(X^2)=D(X)+[E(X)]^2=0.9+81=81.9$$

7.2 方差和标准差

随机变量的数学期望反映了随机变量的平均值，而随机变量取值的稳定性是判断随机现象性质的另一个重要指标。例如，甲、乙两人同时向目标靶射击 10 次，射击结果都是平均 7 环，所以仅用数学期望分不清甲、乙的技术差异。这时还可以观察甲、乙二人各次命中环数的偏离程度，偏离少，则说明技术发挥稳定。本节引入方差的概念，来反映随机变量对数学期望的偏离程度。

定义 7.2.1 设 X 为一个随机变量，若 $E[X-E(X)]^2$ 存在，则称 $E[X-$

$E(X)]^2$ 是 X 的方差，记作 $D(X)$，即

$$D(X)=E[X-E(X)]^2$$

同时称 $\sqrt{D(X)}$ 是 X 的**标准差或均方差**。

注 1 方差刻画了随机变量 X 的取值与数学期望的偏离程度，它的大小可以衡量随机变量取值的稳定性。

注 2 方差的一般计算公式为

$$D(X)=E(X^2)-[E(X)]^2$$

证

$$\begin{aligned} D(X) &= E[X-E(X)]^2 \\ &= E[X^2-2XE(X)+(EX)^2] \\ &= E(X^2)-2[E(X)]^2+[E(X)]^2 \\ &= E(X^2)-[E(X)]^2 \end{aligned}$$

7.2.1 离散型随机变量的方差

根据方差的定义可得离散型随机变量的计算公式。

若 X 是离散型随机变量，分布律 $P\{X=x_i\}=p_i(i=1,2,\cdots)$，则

$$D(X)=\sum_{i=1}^{\infty}[x_i-E(X)]^2p_i$$

例 7.2.1 设随机变量 X 的分布律为

X	0	1
P	$1-p$	p

求 $D(X)$。

解

$$E(X)=0\cdot(1-p)+1\cdot p=p$$

$$E(X^2)=0^2\cdot(1-p)+1^2\cdot p=p$$

故

$$D(X)=E(X^2)-[E(X)]^2=p-p^2=pq \quad (q=1-p)$$

例 7.2.2 设随机变量 X 的分布律为

$$P\{X=k\}=\frac{\lambda^k}{k!}e^{-\lambda} \quad (k=0,1,2,\cdots)$$

求 $D(X)$。

解 由例 7.1.3 可知

$$E(X)=\sum_{k=0}^{\infty}k\frac{\lambda^k}{k!}e^{-\lambda}=\lambda$$

而

$$E(X^2)=\sum_{k=0}^{\infty}k^2\frac{\lambda^k}{k!}e^{-\lambda}=\sum_{k=0}^{\infty}(k^2-k)\frac{\lambda^k}{k!}e^{-\lambda}+\sum_{k=0}^{\infty}k\frac{\lambda^k}{k!}e^{-\lambda}$$

$$=\sum_{k=0}^{\infty}k(k-1)\frac{\lambda^k}{k!}e^{-\lambda}+\lambda=\lambda^2e^{-\lambda}\sum_{k=2}^{\infty}\frac{\lambda^{k-2}}{(k-2)!}+\lambda$$

$$=\lambda^2e^{-\lambda}e^{\lambda}+\lambda=\lambda^2+\lambda$$

从而有

$$D(X)=E(X^2)-[E(X)]^2=\lambda^2+\lambda-\lambda^2=\lambda$$

可见,泊松分布中的参数 λ 既是相应随机变量 X 的数学期望,又是它的方差。

7.2.2 连续型随机变量的方差

若 X 是连续型随机变量,密度函数为 $f(x)$,则

$$D(X)=\int_{-\infty}^{+\infty}[x-E(X)]^2f(x)dx$$

例 7.2.3 设随机变量 X 的密度函数为

$$f(x)=\begin{cases}\dfrac{1}{b-a}, & a<x<b\\ 0, & 其他\end{cases}$$

求 $D(X)$。

解 由例 7.1.5 可知

$$E(X)=\frac{a+b}{2}$$

而

$$E(X^2)=\int_a^b x^2f(x)dx=\int_a^b\frac{x^2}{b-a}dx=\frac{a^2+ab+b^2}{3}$$

故

$$D(X)=E(X^2)-[E(X)]^2=\frac{a^2+ab+b^2}{3}-\left(\frac{a+b}{2}\right)^2=\frac{(b-a)^2}{12}$$

例 7.2.4 设随机变量 X 的密度函数为

$$f(x)=\begin{cases}\lambda e^{-\lambda x}, & x\geqslant 0\\ 0, & x<0\end{cases}$$

其中 $\lambda>0$,求 $D(X)$。

解 由例 7.1.6 可知

$$E(X)=\frac{1}{\lambda}$$

而

$$E(X^2)=\int_{-\infty}^{+\infty}x^2f(x)\mathrm{d}x=\int_0^{+\infty}x^2\lambda\mathrm{e}^{-\lambda x}\mathrm{d}x$$
$$=-\int_0^{+\infty}x^2\mathrm{d}(\mathrm{e}^{-\lambda x})=\int_0^{+\infty}2x\mathrm{e}^{-\lambda x}\mathrm{d}x=\frac{2}{\lambda^2}$$

故

$$D(X)=E(X^2)-[E(X)]^2=\frac{2}{\lambda^2}-\left(\frac{1}{\lambda}\right)^2=\frac{1}{\lambda^2}$$

例 7.2.5 设 $X\sim N(\mu,\sigma^2)$，求 $D(X)$。

解

$$D(X)=\int_{-\infty}^{+\infty}(x-\mu)^2f(x)\mathrm{d}x=\int_{-\infty}^{+\infty}(x-\mu)^2\frac{1}{\sigma\sqrt{2\pi}}\mathrm{e}^{-\frac{(x-\mu)^2}{2\sigma^2}}\mathrm{d}x$$

令

$$t=\frac{x-\mu}{\sigma}$$

于是有

$$D(X)=\frac{\sigma^2}{\sqrt{2\pi}}\int_{-\infty}^{+\infty}t^2\mathrm{e}^{-\frac{t^2}{2}}\mathrm{d}t$$
$$=\frac{\sigma^2}{\sqrt{2\pi}}\left(-t\mathrm{e}^{-\frac{t^2}{2}}\Big|_{-\infty}^{+\infty}+\int_{-\infty}^{+\infty}\mathrm{e}^{-\frac{t^2}{2}}\mathrm{d}t\right)$$
$$=\frac{\sigma^2}{\sqrt{2\pi}}\int_{-\infty}^{+\infty}\mathrm{e}^{-\frac{t^2}{2}}\mathrm{d}t$$
$$=\sigma^2$$

故正态分布中的参数 μ 和 σ^2 分别表示相应随机变量 X 的数学期望和方差。

7.2.3 方差的性质

性质 1 若 C 是常数，则 $D(C)=C$。

性质 2 若 C 是常数，则 $D(CX)=C^2D(X)$。

性质 3 若 X 与 Y 相互独立，则 $D(X\pm Y)=D(X)+D(Y)$。

注 性质 3 可以推广到多个随机变量的情形，结论仍然成立。

例 7.2.6（例 7.1.9 续） 设 $X\sim B(n,p)$，求 $D(X)$。

解 由于随机变量 X 相当于伯努利试验中成功的次数，而每次试验成功的概率为 p，若设 X_i 表示在第 $i(i=1,2,\cdots,n)$ 次伯努利试验中成功的次数，则 X_i 的分布律为

X_i	0	1
P	$1-p$	p

且

$$X=\sum_{i=1}^{n}X_i$$

由于

$$D(X)=E(X^2)-[E(X)]^2$$

可知

$$D(X_i)=p(1-p)(i=1,2,\cdots,n)$$

又由于 $X_1,X_2,\cdots,X_n$ 相互独立,故由方差的性质 3 得

$$D(X)=D(\sum_{i=1}^{n}X_i)=\sum_{i=1}^{n}D(X_i)=npq(q=1-p)$$

现将 6 种常用分布及它们的数学期望和方差列表,如表 7.2.1 所示。

表 7.2.1

分布	分布律或密度函数	数学期望	方差
0-1 分布	$P\{X=k\}=p^kq^{1-k},k=0,1$ $0<p<1,p+q=1$	p	pq
二项分布	$P\{X=k\}=C_n^kp^kq^{n-k},k=0,1,\cdots,n$ $0<p<1,p+q=1$	np	npq
泊松分布	$P\{X=k\}=\frac{\lambda^k}{k!}e^{-\lambda},k=0,1,2\cdots$ $\lambda>0$	λ	λ
均匀分布	$f(x)=\begin{cases}\frac{1}{b-a}, & a\leqslant x\leqslant b\\0, & 其他\end{cases}$	$\frac{a+b}{2}$	$\frac{(b-a)^2}{12}$
指数分布	$f(x)=\begin{cases}\lambda e^{-\lambda x}, & x>0\\0, & 其他\end{cases}$	$\frac{1}{\lambda}$	$\frac{1}{\lambda^2}$
正态分布	$f(x)=\frac{1}{\sigma\sqrt{2\pi}}e^{-\frac{(x-\mu)^2}{2\sigma^2}}$ $-\infty<\mu<+\infty,\sigma>0$	μ	σ^2

7.3 大数定律与中心极限定理

本节介绍的大数定律与中心极限定理是概率论中的基本定理，它们在概率统计的理论研究和实际应用中都十分重要。前者以严格的数学形式表述了随机变量的平均结果及频率的稳定性；后者则论证了在相当广泛的条件下，大量独立的随机变量的极限分布是正态分布。

7.3.1 切比雪夫不等式

为了证明大数定律，下面先介绍一个重要的不等式——切比雪夫不等式。

定理 7.3.1（切比雪夫不等式） 对随机变量 X，若它的数学期望 $E(X)=\mu$，方差 $D(X)=\sigma^2$ 都存在，则对任意 $\varepsilon>0$，有

$$P\{|X-\mu|\geqslant\varepsilon\}\leqslant\frac{\sigma^2}{\varepsilon^2} \tag{7.3.1}$$

或

$$P\{|X-\mu|<\varepsilon\}\geqslant 1-\frac{\sigma^2}{\varepsilon^2} \tag{7.3.2}$$

成立。

证 设 X 是连续型随机变量，概率密度为 $f(x)$，则

$$P\{|X-\mu|\geqslant\varepsilon\}=\int_{|x-\mu|\geqslant\varepsilon} f(x)\mathrm{d}x\leqslant\int_{|x-\mu|\geqslant\varepsilon}\frac{(x-\mu)^2}{\varepsilon^2}f(x)\mathrm{d}x$$

$$\leqslant\frac{1}{\varepsilon^2}\int_{-\infty}^{+\infty}(x-\mu)^2 f(x)\mathrm{d}x=\frac{\sigma^2}{\varepsilon^2}$$

当 X 是离散型随机变量时，只需在上述证明中把概率密度换成分布律，把积分号换成求和号即可。

由于

$$P\{|X-\mu|<\varepsilon\}=1-P\{|X-\mu|\geqslant\varepsilon\}$$

故式(7.3.1)与

$$P\{|X-\mu|<\varepsilon\}\geqslant 1-\frac{\sigma^2}{\varepsilon^2}$$

等价。式(7.3.1)和式(7.3.2)都称为**切比雪夫不等式**。

切比雪夫不等式是一个很重要的不等式，由切比雪夫不等式可以知道，随机变量 X 的方差 σ^2 越小，事件 $|X-\mu|\geqslant\varepsilon$ 发生的概率就越小，即事件 $|X-\mu|<\varepsilon$ 发生的概率就越大，随机变量 X 的取值就越集中在它的数学期望 μ 附近。另外，如果随机变量 X 的方差 σ^2 已知，无需知道随机变量 X 的分布，利用式(7.3.1)就能对 $|X-\mu|\geqslant\varepsilon$ 的概率进行估计。

例 7.3.1 若随机变量 X 服从正态分布 $N(\mu,\sigma^2)$，则由式(7.3.1)可知

$$P\{|X-\mu|\geqslant 3\sigma\}\leqslant\frac{\sigma^2}{(3\sigma)^2}=\frac{1}{9}\approx 0.1111$$

即

$$P\{|X-\mu|<3\sigma\}\geqslant 0.8889 \tag{7.3.3}$$

由于 $X\sim N(\mu,\sigma^2)$ 时

$$\begin{aligned}P\{|X-\mu|<3\sigma\}&=P\{\mu-3\sigma<X<\mu+3\sigma\}\\&=F(\mu+3\sigma)-F(\mu-3\sigma)\\&=\Phi\left(\frac{\mu+3\sigma-\mu}{\sigma}\right)-\Phi\left(\frac{\mu-3\sigma-\mu}{\sigma}\right)\\&=\Phi(3)-\Phi(-3)=2\Phi(3)-1\end{aligned}$$

查表可知 $\Phi(3)=0.99865$，所以

$$P\{|X-\mu|<3\sigma\}=0.9973 \tag{7.3.4}$$

比较式(7.3.3)与式(7.3.4)可知，切比雪夫不等式给出的估计精确度并不高。这是因为切比雪夫不等式只利用了数学期望与方差，并没有完整地利用随机变量分布的信息。

例 7.3.2 设电站供电网有 10000 盏电灯，夜晚每一盏灯开灯的概率都是 0.7，而假定灯的开、关时间彼此独立，估计夜晚同时开着的灯数在 6800～7200 之间的概率。

解 设 X 表示在夜晚同时开着的灯的数目，它服从参数为 $n=10000,p=0.7$ 的二项分布。若要准确计算，应用伯努利公式得

$$P\{6800<X<7200\}=\sum_{k=6801}^{7199}C_{10000}^{k}\times 0.7^{k}\times 0.3^{10000-k}$$

如果用切比雪夫不等式估计，则有

$$E(X)=np=10000\times 0.7=7000$$

$$D(X)=npq=10000\times 0.7\times 0.3=2100$$

$$P\{6800<X<7200\}=P\{|X-7200|<200\}\geqslant 1-\frac{2100}{200^2}\approx 0.95$$

可见，虽然有 10000 盏灯，但是只要有供应 7200 盏灯的电力就能够以相当大的概率保证够用。事实上，切比雪夫不等式的估计只说明概率大于 0.95，后面将具体求出这个概率约为 0.99999。切比雪夫不等式在理论上具有重大意义，但估计的精确度不高。

切比雪夫不等式作为一个理论工具，在大数定律证明中，可使证明过程非常简捷。

7.3.2 大数定律

定理 7.3.2(伯努利大数定律) 设在 n 重伯努利试验中,随机变量 $X_1,X_2,\cdots,X_n$ 服从参数为 n,p 的二项分布,其中事件 A 发生的次数为 $Y_n=\sum_{k=1}^{n}X_k$,事件 A 在每次试验中发生的概率为 $p(0<p<1)$,则对任意 $\varepsilon>0$,有

$$\lim_{n\to\infty}P\left\{\left|\frac{Y_n}{n}-p\right|\geqslant\varepsilon\right\}=0 \tag{7.3.5}$$

或

$$\lim_{n\to\infty}P\left\{\left|\frac{Y_n}{n}-p\right|<\varepsilon\right\}=1 \tag{7.3.6}$$

证 因为 $X_k\sim B(n,p)$,故 $E(X_k)=np,D(X_k)=npq$,其中 $q=1-p$。将

$$E\left(\frac{Y_n}{n}\right)=\frac{np}{n}=p$$

$$D\left(\frac{Y_n}{n}\right)=\frac{1}{n^2}D(Y_n)=\frac{npq}{n^2}=\frac{pq}{n}$$

代入式(7.3.1)得

$$P\left\{\left|\frac{Y_n}{n}-p\right|\geqslant\varepsilon\right\}\leqslant\frac{pq}{n\varepsilon^2}$$

故

$$\lim_{n\to\infty}P\left\{\left|\frac{Y_n}{n}-p\right|\geqslant\varepsilon\right\}=0$$

利用 $P\left\{\left|\frac{Y_n}{n}-p\right|<\varepsilon\right\}=1-P\left\{\left|\frac{Y_n}{n}-p\right|\geqslant\varepsilon\right\}$,显然可得式(7.3.5)的等价形式为

$$\lim_{n\to\infty}P\left\{\left|\frac{Y_n}{n}-p\right|<\varepsilon\right\}=1$$

频率的稳定性:在式(7.3.5)中,$\frac{Y_n}{n}$是在 n 重伯努利试验中事件 A 发生的频率,而 p 是事件 A 发生的概率。因此,由伯努利大数定律可知,当试验次数 n 足够大时,事件 A 发生的频率与发生的概率任意接近的可能性很大(概率趋近于 1),即随着试验次数的增加,事件发生的频率将逐渐稳定于一个确定的常数值附近。这为在实际应用中,当试验次数 n 很大时,可以用事件的频率来近似地代替事件的概率提供了理论依据。

定义 7.3.1 如果对任意 $n>1,X_1,X_2,\cdots,X_n$ 是相互独立的。若 $X_1,X_2,\cdots,X_n,\cdots$ 又具有相同的分布,则称为 $X_1,X_2,\cdots,X_n,\cdots$ 是**独立同分布的随机变量序列**。

一般地,设 $X_1,X_2,\cdots,X_n,\cdots$ 是一个随机变量序列,a 是一个常数。若对任

意 $\varepsilon>0$,有

$$\lim_{n\to\infty}P\{|X_n-a|<\varepsilon\}=1$$

则称序列 $X_1,X_2,\cdots,X_n,\cdots$**依概率收敛于** a,记为

$$\lim_{n\to\infty}X_n=a \quad 或 \quad X_n\xrightarrow{P}a(n\to\infty)$$

定理 7.3.3(切比雪夫大数定律) 设 $X_1,X_2,\cdots,X_n,\cdots$是相互独立的随机变量序列,其数学期望和方差都存在,且方差一致有界,即存在常数 $C>0$,使得

$$D(X_i)\leqslant C, \quad i=1,2,\cdots$$

则对任意 $\varepsilon>0$,有

$$\lim_{n\to\infty}P\left\{\left|\frac{1}{n}\sum_{i=1}^{n}X_i-\frac{1}{n}\sum_{i=1}^{n}E(X_i)\right|\geqslant\varepsilon\right\}=0 \tag{7.3.7}$$

或

$$\lim_{n\to\infty}P\left\{\left|\frac{1}{n}\sum_{i=1}^{n}X_i-\frac{1}{n}\sum_{i=1}^{n}E(X_i)\right|<\varepsilon\right\}=1 \tag{7.3.8}$$

证

$$E\left(\frac{1}{n}\sum_{i=1}^{n}X_i\right)=\frac{1}{n}\sum_{i=1}^{n}E(X_i)$$

$$D\left(\frac{1}{n}\sum_{i=1}^{n}X_i\right)=\frac{1}{n^2}\sum_{i=1}^{n}D(X_i)\leqslant\frac{1}{n^2}nC=\frac{C}{n}$$

由式(7.3.1)得

$$P\left\{\left|\frac{1}{n}\sum_{i=1}^{n}X_i-\frac{1}{n}\sum_{i=1}^{n}E(X_i)\right|\geqslant\varepsilon\right\}\leqslant\frac{C}{\varepsilon^2 n}$$

则

$$\lim_{n\to\infty}P\left\{\left|\frac{1}{n}\sum_{i=1}^{n}X_i-\frac{1}{n}\sum_{i=1}^{n}E(X_i)\right|\geqslant\varepsilon\right\}=0$$

因为

$$P\left\{\left|\frac{1}{n}\sum_{i=1}^{n}X_i-\frac{1}{n}\sum_{i=1}^{n}E(X_i)\right|<\varepsilon\right\}=1-P\left\{\left|\frac{1}{n}\sum_{i=1}^{n}X_i-\frac{1}{n}\sum_{i=1}^{n}E(X_i)\right|\geqslant\varepsilon\right\}$$

所以

$$\lim_{n\to\infty}P\left\{\left|\frac{1}{n}\sum_{i=1}^{n}X_i-\frac{1}{n}\sum_{i=1}^{n}E(X_i)\right|<\varepsilon\right\}=1$$

因为 $\frac{1}{n}\sum_{i=1}^{n}E(X_i)=\frac{1}{n}n\mu=\mu$,所以可以得到重要的推论如下:

推论 设 $X_1,X_2,\cdots,X_n,\cdots$是独立同分布的随机变量序列,且具有有限的数学期望和方差

$$E(X_i)=\mu, \quad D(X_i)=\sigma^2, \quad i=1,2,\cdots$$

则对任意 $\varepsilon>0$，有

$$\lim_{n\to\infty}P\left\{\left|\frac{1}{n}\sum_{i=1}^{n}X_i-\mu\right|\geqslant\varepsilon\right\}=0 \tag{7.3.9}$$

或

$$\lim_{n\to\infty}P\left\{\left|\frac{1}{n}\sum_{i=1}^{n}X_i-\mu\right|<\varepsilon\right\}=1 \tag{7.3.10}$$

算术平均值稳定性：该推论说明，在定理的条件下，当 n 充分大时，随机变量 $X_1,X_2,\cdots,X_n$ 的算术平均值 $\overline{X}=\frac{1}{n}\sum_{i=1}^{n}X_i$ 接近于数学期望 μ，即 $\overline{X}$ 依概率收敛于 μ，所以大量测量值的算术平均值也具有稳定性。它的直观含义是，在条件不变的情况下，进行足够多次的重复测量就可以减小测量的随机误差，即在测量中常用多次重复测得的值的算术平均值来作为测量值的近似值。

注 切比雪夫大数定律是大数定律中的一个相当普遍的定理，而伯努利大数定律可以看成它的推论。

事实上，在伯努利大数定律中，令

$$X_i=\begin{cases}0, & \text{在第 } i \text{ 次试验中事件 } A \text{ 不发生}\\ 1, & \text{在第 } i \text{ 次试验中事件 } A \text{ 发生}\end{cases}\quad (i=1,2,\cdots)$$

由于 X_i 只依赖于第 i 次试验，而各次试验是相互独立的。因此，$X_1,X_2,\cdots,X_n$ 是 n 个相互独立的随机变量，所以 $X_i\sim B(1,p)$，即 X_i 服从 0-1 分布。故有 $\sum_{i=1}^{n}X_i=Y_n$，且

$$E(X_i)=p,\quad E\left(\frac{1}{n}\sum_{i=1}^{n}X_i\right)=p$$

由式(7.3.10)可知

$$\lim_{n\to\infty}P\left\{\left|\frac{1}{n}\sum_{i=1}^{n}X_i-p\right|<\varepsilon\right\}=1$$

即

$$\lim_{n\to\infty}P\left\{\left|\frac{Y_n}{n}-\mu\right|<\varepsilon\right\}=1$$

通过上述过程可以看出，伯努利大数定律是切比雪夫大数定律的特例。需要指出的是，不同的大数定律应满足不同的条件。切比雪夫大数定律中虽然只要求 $X_1,X_2,\cdots,X_n$ 相互独立，而不要求具有相同的分布，但方差应一致有界；伯努利大数定律则要求 $X_1,X_2,\cdots,X_n$ 不仅独立同分布，而且服从同参数的 0-1 分布。各大数定律都要求 X_i 的数学期望和方差存在，但进一步研究表明，方差存在这个条件并不是必要的，现不加证明地介绍下面的定理。

定理 7.3.4(辛钦大数定律) 设 $X_1,X_2,\cdots,X_n,\cdots$ 是独立同分布的随机变量序

列，且具有有限的数学期望 $E(X_i)=\mu, i=1,2,\cdots$，则对任意 $\varepsilon>0$，有

$$\lim_{n\to\infty}P\left\{\left|\frac{1}{n}\sum_{i=1}^{n}X_i-\mu\right|\geqslant\varepsilon\right\}=0$$

或

$$\lim_{n\to\infty}P\left\{\left|\frac{1}{n}\sum_{i=1}^{n}X_i-\mu\right|<\varepsilon\right\}=1$$

成立。

辛钦大数定律在应用中具有很重要的地位，它是数量统计中矩估计的理论基础。

例 7.3.3 设总体 X 服从参数为 2 的指数分布，$X_1,X_2,\cdots,X_n$ 为来自总体 X 的简单随机样本，问当 $n\to\infty$ 时，$Y_n=\frac{1}{n}\sum_{i=1}^{n}X_i^2$ 依概率收敛于多少？

解 由题意知 $X_1,X_2,\cdots,X_n$ 为来总体 X 的简单随机样本，则 $X_1^2,X_2^2,\cdots,X_n^2$ 也为 n 个相互独立且同分布的随机变量。又 $X_i\sim E(2)$，所以

$$E(X_i)=\frac{1}{2},\quad D(X_i)=\frac{1}{2^2}$$

$$E(X_i^2)=D(X_i)+[E(X_i)]^2=\frac{1}{4}+\left(\frac{1}{2}\right)^2=\frac{1}{2}$$

因此

$$E(X_i^2)=\frac{1}{2}<+\infty\quad(i=1,2,\cdots,n)$$

利用辛钦大数定律可得

$$\frac{1}{n}\sum_{i=1}^{n}X_i^2\xrightarrow{P}E(X_i^2)=E(X^2)=\frac{1}{2}$$

7.4 中心极限定理

7.3 节告诉我们，当 $n\to\infty$ 时，独立同分布的随机变量序列的算术平均值 $\frac{1}{n}\sum_{i=1}^{n}X_i(n=1,2,\cdots)$ 依概率收敛于 X_i 的数学期望 μ，即对于固定的 $\varepsilon>0$，n 充分大时，$P\left\{\left|\frac{1}{n}\sum_{i=1}^{n}X_i-\mu\right|\geqslant\varepsilon\right\}\to 0$。但是事件 $\left\{\left|\frac{1}{n}\sum_{i=1}^{n}X_i-\mu\right|\geqslant\varepsilon\right\}$ 的概率究竟有多大，又是怎么分布的，大数定律并没有给出答案。本节的中心极限定理将给出更加“精准”的结论。

定理 7.4.1（林德伯格-莱维中心极限定理） 如果随机变量序列 $X_1,X_2,\cdots,X_n,\cdots$ 独立同分布，并且具有有限的数学期望 $E(X_i)=\mu$ 和方差 $D(X_i)=\sigma^2\neq 0$ $(i=1,2,\cdots)$，则随机变量

$$Y_n = \frac{\sum_{i=1}^{n} X_i - E\left(\sum_{i=1}^{n} X_i\right)}{\sqrt{D\left(\sum_{i=1}^{n} X_i\right)}} = \frac{\sum_{i=1}^{n} X_i - n\mu}{\sqrt{n}\sigma}$$

的分布函数 $F_n(x)$ 对于任意 x 都满足

$$\lim_{n\to\infty} F_n(x) = \lim_{n\to\infty} P\left\{\frac{1}{\sqrt{n}\sigma}\left(\sum_{i=1}^{n} X_i - n\mu\right) \leqslant x\right\} = \int_{-\infty}^{x} \frac{1}{\sqrt{2\pi}} \mathrm{e}^{-\frac{t^2}{2}} \mathrm{d}t = \Phi(x) \quad (7.4.1)$$

从定理 7.4.1 可以看出,不管 $X_i(i=1,2,\cdots)$ 服从什么分布,只要 $X_1, X_2, \cdots, X_n, \cdots$ 是独立同分布的随机变量序列,并且具有数学期望和方差(方差大于 0),则当 n 充分大时,近似地有随机变量

$$Y_n = \frac{\sum_{i=1}^{n} X_i - n\mu}{\sqrt{n}\sigma} \sim N(0,1)$$

或者当 n 充分大时,近似地有随机变量

$$\sum_{i=1}^{n} X_i \sim N(n\mu, n\sigma^2)$$

林德伯格-莱维中心极限定理又称独立同分布的中心极限定理。通过该定理,我们就可以利用正态分布对 $\sum_{i=1}^{n} X_i$ 进行理论分析或实际计算。

例 7.4.1 某射击运动员在一次射击中所得的环数 X 具有如下的分布概率:

X	10	9	8	7	6
P	0.5	0.3	0.1	0.05	0.05

求在 100 次独立射击中所得环数不超过 930 的概率。

解 设 X_i 表示第 $i(i=1,2,\cdots,100)$ 次射击的得分数,则 $X_1, X_2, \cdots, X_{100}$ 相互独立并且都与 X 的分布相同,计算可知

$$E(X_i)=9.15, \quad D(X_i)=1.2275 \quad (i=1,2,\cdots,100)$$

于是由独立同分布的中心极限定理,所求概率为

$$\begin{aligned} p &= P\left\{\sum_{i=1}^{100} X_i \leqslant 930\right\} \\ &= P\left\{\frac{\sum_{i=1}^{100} X_i - 100\times 9.15}{\sqrt{100\times 1.2275}} \leqslant \frac{930-100\times 9.15}{\sqrt{100\times 1.2275}}\right\} \\ &\approx \Phi(1.35) = 0.9115 \end{aligned}$$

例 7.4.2 某车间有150台同类型的机器,每台出现故障的概率都为0.02,假设各台机器的工作状态相互独立,求机器出现故障的台数不少于2的概率。

解 设 X 为机器出现故障的台数,依题意,$X\sim B(150,0.02)$,且

$$E(X)=3,\quad D(X)=2.94,\quad \sqrt{D(X)}=1.715$$

由独立同分布的中心极限定理,可知

$$\begin{aligned}P\{X\geqslant 2\}&=1-P\{X\leqslant 1\}\\&=1-P\left\{\frac{X-3}{1.715}\leqslant\frac{1-3}{1.715}\right\}\\&\approx 1-\Phi(-1.1662)\\&=0.879\end{aligned}$$

例 7.4.3 一生产线生产的产品成箱包装,每箱的重量是一个随机变量,平均每箱重50kg,标准差为5kg。若用最大载重量为5t的卡车承运,利用中心极限定理说明每辆车最多可装多少箱,才能保证不超载的概率大于0.977?

解 设每辆车最多可装 n 箱,记 $X_i(i=1,2,\cdots,n)$ 为装运的第 i 箱的重量(单位:kg),则 $X_1,X_2,\cdots,X_n$ 相互独立且分布相同,且

$$E(X_i)=50,\quad D(X_i)=25,\quad i=1,2,\cdots,n$$

于是 n 箱的总重量记为

$$T_n=X_1+X_2+\cdots+X_n$$

由独立同分布的中心极限定理,有

$$\begin{aligned}P\{T_n\leqslant 5000\}&=P\left\{\frac{\sum\limits_{i=1}^{n}X_i-50n}{\sqrt{25n}}\leqslant\frac{5000-50n}{\sqrt{25n}}\right\}\\&\approx\Phi\left(\frac{5000-50n}{\sqrt{25n}}\right)\end{aligned}$$

由题意,令

$$\Phi\left(\frac{5000-50n}{\sqrt{25n}}\right)>0.977=\Phi(2)$$

有 $\dfrac{5000-50n}{\sqrt{25n}}>2$,解得 $n<98.02$,即每辆车最多可装98箱,才能保证不超载的概率大于0.977。

例 7.4.4 一个复杂的系统由 n 个相互独立起作用的部件组成,每个部件的可靠性为0.9,必须有至少80%的部件正常工作才能使系统工作,问 n 至少为多少时,才能使系统的可靠性为0.95?

解 引入随机变量

$$X_i=\begin{cases}0, & \text{第 } i \text{ 个部件不正常工作} \\ 1, & \text{第 } i \text{ 个部件正常工作}\end{cases} \quad (i=1,2,\cdots,n)$$

则这些 X_i 相互独立，且服从相同的 0-1 分布，那么

$$E(X_i)=0.9,\quad D(X_i)=0.09\quad (i=1,2,\cdots,n)$$

现要使

$$P\left\{\sum_{i=1}^{n}X_i \geqslant 0.8n\right\}=0.95$$

即

$$P\left\{\frac{\sum\limits_{i=1}^{n}X_i-n\cdot 0.9}{0.3\sqrt{n}} \geqslant \frac{0.8n-0.9n}{\sqrt{n\times 0.09}}\right\}=P\left\{\frac{\sum\limits_{i=1}^{n}X_i-n\cdot 0.9}{0.3\sqrt{n}} \geqslant \frac{-0.1n}{0.3\sqrt{n}}\right\}=0.95$$

由独立同分布的中心极限定理，$\dfrac{\sum\limits_{i=1}^{n}X_i-n\cdot 0.9}{0.3\sqrt{n}}$ 近似地服从 $N(0,1)$，于是上式成为

$$1-\Phi\left(\frac{-0.1n}{0.3\sqrt{n}}\right)=0.95$$

查表得

$$\frac{\sqrt{n}}{3}=1.65$$

所以

$$\sqrt{n}=4.95,\quad n=24.5$$

于是当 n 至少为 25 时，才能使系统的可靠性为 0.95。

定理 7.4.2（棣莫弗-拉普拉斯定理） 设在 n 重伯努利试验中，随机变量 Y_n 服从参数为 n,p 的二项分布，事件 A 发生的次数为 Y_n，每次试验中 A 发生的概率为 p $(0<p<1)$，则对一切 x 有

$$\lim_{n\to\infty}P\left\{\frac{Y_n-np}{\sqrt{npq}}\leqslant x\right\}=\int_{-\infty}^{x}\frac{1}{\sqrt{2\pi}}\mathrm{e}^{-\frac{t^2}{2}}\mathrm{d}t=\Phi(x) \tag{7.4.2}$$

其中 $q=1-p$。

证 令

$$X_i=\begin{cases}0, & \text{在第 } i \text{ 次试验中事件 } A \text{ 不发生} \\ 1, & \text{在第 } i \text{ 次试验中事件 } A \text{ 发生}\end{cases} \quad (i=1,2,\cdots)$$

由于 X_i 只依赖于第 i 次试验，而各次试验是相互独立的，因此，$X_1,X_2,\cdots,X_n$ 是 n 个相互独立的随机变量，所以 $X_i\sim B(1,p)$，即 X_i 服从 0-1 分布，故有

$$\sum_{i=1}^{n}X_i=Y_n,\quad E(X_i)=p,\quad D(X_i)=pq$$

所以

$$\lim_{n\to\infty}P\left\{\frac{1}{\sqrt{n}\sigma}\left(\sum_{i=1}^{n}X_i-n\mu\right)\leqslant x\right\}=\lim_{n\to\infty}P\left\{\frac{1}{\sqrt{npq}}(Y_n-np)\leqslant x\right\}$$

由定理 7.4.1 可知

$$\lim_{n\to\infty}P\left\{\frac{1}{\sqrt{npq}}(Y_n-np)\leqslant x\right\}=\int_{-\infty}^{x}\frac{1}{\sqrt{2\pi}}\mathrm{e}^{-\frac{t^2}{2}}\mathrm{d}t=\Phi(x)$$

推论 设随机变量 $X\sim B(n,p)$，对于任意实数 $a,b(a<b)$，当 n 充分大时，有

$$P\{a<Y_n\leqslant b\}\approx\Phi\left(\frac{b-np}{\sqrt{npq}}\right)-\Phi\left(\frac{a-np}{\sqrt{npq}}\right)\tag{7.4.3}$$

其中 $q=1-p$。

证 因为

$$P\{a<Y_n\leqslant b\}=P\left\{\frac{a-np}{\sqrt{npq}}<\frac{Y_n-np}{\sqrt{npq}}\leqslant\frac{b-np}{\sqrt{npq}}\right\}$$
$$=P\left\{\frac{Y_n-np}{\sqrt{npq}}\leqslant\frac{b-np}{\sqrt{npq}}\right\}-P\left\{\frac{Y_n-np}{\sqrt{npq}}\leqslant\frac{a-np}{\sqrt{npq}}\right\}$$

当 n 充分大时，由定理 7.4.2 可得

$$P\{a<Y_n\leqslant b\}\approx\Phi\left(\frac{b-np}{\sqrt{npq}}\right)-\Phi\left(\frac{a-np}{\sqrt{npq}}\right)$$

由定理 7.4.2 及其推论可知，二项分布以正态分布为极限分布，即当 n 充分大时，服从二项分布的随机变量 Y_n 的概率可用正态分布 $N(np,npq)$ 的概率来近似计算。这将使计算量大大减小，例如当 n 很大时，若要计算 $P\{a<Y_n\leqslant b\}=\sum_{a<k\leqslant b}\mathrm{C}_n^k p^k q^{n-k}$，其工作量是惊人的。但是用式(7.4.3)进行计算，只需要查一下正态分布函数表就可轻松地求出 $P\{a<Y_n\leqslant b\}$ 的近似值。

例 7.4.5 重复投掷硬币 100 次，设每次出现正面的概率均为 0.5，问“正面出现次数小于 61 大于 50”的概率是多少？

解 设出现正面次数为 Y_n，现 $n=100,p=0.5,np=50,\sqrt{npq}=\sqrt{25}=5$，故由式(7.4.3)得

$$P\{50<Y_n\leqslant 60\}\approx\Phi\left(\frac{60-50}{5}\right)-\Phi\left(\frac{50-50}{5}\right)$$
$$=\Phi(2)-\Phi(0)=0.9772-0.5=0.4772$$

注 定理 7.4.2 及其推论中的 Y_n 是仅取非负整数值 $0,1,\cdots,n$ 的随机变量，而正态分布为连续型分布，所以在求概率 $P\{Y_n\leqslant m\}$（m 为正整数）时，为了得到较好的近似值，可用下列近似公式：

$$P\{Y_n\leqslant m\}=P\left\{Y_n\leqslant m+\frac{1}{2}\right\}\approx\Phi\left(\frac{m+1/2-np}{\sqrt{npq}}\right)$$

例 7.4.6 以 X 表示将一枚匀称硬币重复投掷 40 次中出现正面的次数，试用正态分布求 $P\{X=20\}$ 的近似值，再与精确值比较。

解 (1) 由题可知 $n=40, p=\frac{1}{2}, q=\frac{1}{2}$，故

$$\begin{aligned}P\{X=20\}&=P\{19.5<x\leqslant 20.5\}\\&\approx\Phi\left(\frac{20.5-20}{\sqrt{10}}\right)-\Phi\left(\frac{19.5-20}{\sqrt{10}}\right)\\&\approx\Phi(0.16)-\Phi(-0.16)\\&=2\Phi(0.16)-1=0.1272\end{aligned}$$

(2) 精确解为

$$P\{X=20\}=C_{40}^{20}\left(\frac{1}{2}\right)^{20}\left(\frac{1}{2}\right)^{20}=0.1268$$

例 7.4.7 一复杂系统由 100 个相互独立工作的部件组成，每个部件正常工作的概率为 0.9，已知整个系统中至少有 84 个部件正常工作时，系统工作才能正常。求系统正常工作的概率。

解 设 X 为 100 个部件中正常工作的部件数，则

$$X\sim B(100,0.9),\quad np=100\times 0.9=90,\quad \sqrt{np(1-p)}=\sqrt{100\times 0.9\times 0.1}=3$$

所求概率为

$$\begin{aligned}P\{X\geqslant 84\}&=1-P\{X<84\}=1-P\left\{\frac{X-90}{3}<\frac{84-90}{3}\right\}\\&\approx 1-\Phi(-2)=\Phi(2)=0.97725\end{aligned}$$

定理 7.4.3(棣莫弗-拉普拉斯局部极限定理) 设随机变量 X 服从参数为 n, p $(0<p<1)$ 的二项分布，当 $n\to\infty$ 时

$$P\{X=k\}\approx\frac{1}{\sqrt{2\pi npq}}e^{-\frac{(k-np)^2}{2npq}}=\frac{1}{\sqrt{npq}}\varphi\left(\frac{k-np}{\sqrt{npq}}\right)$$

其中 $p+q=1, k=0,1,2,\cdots,n, \varphi(x)=\frac{1}{\sqrt{2\pi}}e^{-\frac{x^2}{2}}$。

用棣莫弗-拉普拉斯局部极限定理计算例 7.4.6，可得

$$\begin{aligned}P\{X=20\}&\approx\frac{1}{\sqrt{npq}}\varphi\left(\frac{k-np}{\sqrt{npq}}\right)=\frac{1}{\sqrt{10}}\varphi\left(\frac{20-20}{\sqrt{10}}\right)\\&=\frac{1}{\sqrt{10}}\varphi(0)=\frac{1}{\sqrt{10}}\frac{1}{\sqrt{2\pi}}\approx 0.1262\end{aligned}$$

由上述计算过程可知，3 种方法计算结果相差较小。

例 7.4.8 10 部机器独立工作，每部停机的概率为 0.2，求 3 部机器同时停机的概率。

解 10部机器同时停机的数目 X 服从二项分布，$n=10$，$p=0.2$。

(1) 直接计算：$P\{X=3\}=C_{10}^{3}\times 0.2^{3}\times 0.8^{7}\approx 0.2013$。

(2) 用局部极限定理近似计算：

$$P\{X=3\}\approx\frac{1}{\sqrt{npq}}\varphi\left(\frac{k-np}{\sqrt{npq}}\right)=\frac{1}{\sqrt{1.6}}\varphi\left(\frac{3-2}{\sqrt{1.6}}\right)\approx\frac{1}{1.265}\varphi(0.79)=0.2308$$

两种计算结果相差较大的原因是 n 不够大。

由例7.4.7和例7.4.8可知，对二项分布而言，当 n 充分大，以致 npq 较大时，正态近似效果较好。进一步的分析表明，当 p 接近于0和1时，即当 $p\leqslant 0.1$(或 $p\geqslant 0.9$)且 $n\geqslant 10$ 时，用正态近似效果不好，这时需要采用泊松近似。

通过本节的学习可知，在某些条件下，即使原来并不服从正态分布的一些独立的随机变量，当随机变量的个数无限增加时，它们的和的分布也趋于正态分布。在客观实际中，有许多随机变量是由大量的相互独立的随机因素的综合影响所形成的。其中每一个别因素在总的影响中所起的作用都是微小的，这种随机变量往往近似地服从正态分布。例如测量误差、射击弹着点的横坐标、人的身高等都是由大量随机因素综合影响的结果，因而是近似服从正态分布的。

习题七

1. 假设有10只同种电器元件，其中有两只是废品。从这批元件中任取一只，如是废品，则扔掉重新取一只，试求在取到正品前，已经取出的废品只数的数学期望和方差。

2. 设随机变量 X 的分布律为

X	-2	0	2
P	0.4	0.3	0.3

求 $E(X)$，$E(X^2)$，$E(3X^2+5)$。

3. 设随机变量 X 具有下列密度函数，求其数学期望与方差。

(1) $f(x)=\begin{cases}\dfrac{15}{16}x^2(x-2)2, & 0\leqslant x\leqslant 2\\ 0, & \text{其他}\end{cases}$；　(2) $f(x)=\begin{cases}x, & 0\leqslant x<1\\ 2-x, & 1\leqslant x\leqslant 2\\ 0, & \text{其他}\end{cases}$；

(3) $f(x)=\dfrac{1}{2}e^{-|x|}$。

4. 设连续型随机变量 X 的密度函数为

$$f(x)=\begin{cases}kx^a, & 0<x<1\\ 0, & \text{其他}\end{cases}$$

其中 $k,a>0$，又已知 $EX=0.75$，求 k,a 的值。

5. 设连续型随机变量 X 的密度函数为

$$f(x)=\begin{cases}1-|1-x|, & 0<x<2\\ 0, & \text{其他}\end{cases}$$

求 $E(X)$。

6. 某车间生产的圆盘其直径在区间 (a,b) 内服从均匀分布，试求圆盘面积的数学期望。

7. 设离散型随机变量 X 的分布律为

$$P\{X=i\}=\frac{1}{2^i}\quad(i=1,2,\cdots)$$

求 $Y=\sin\left(\frac{\pi}{2}X\right)$ 的数学期望。

8. 一袋中有 n 张卡片，分别记有号码 $1,2,\cdots,n$，从中有放回抽取 k 张出来，以 X 表示所抽的号码之和，求 $E(X)$，$D(X)$。

9. 设随机变量 X 的分布律为

$$P\{X=k\}=\frac{a^k}{(1+a)^{k+1}}\quad(k=0,1,2,\cdots)$$

其中 $a>0$ 为常数，求 $E(X)$，$D(X)$。

10. 设连续型随机变量 X 的密度函数为

$$f(x)=\begin{cases}ax^2+bx+c, & 0<x<1\\ 0, & \text{其他}\end{cases}$$

已知 $E(X)=0.5$，$D(X)=0.15$，试求常数 a,b,c。

11. 某人用把钥匙去开门，只有一把能打开，今逐个试开，打不开的钥匙不放回，求此门所需开门次数 X 的数学期望与方差。

12. 设 X 服从泊松分布。

(1) 若 $P\{X\geqslant 1\}=1-e^{-2}$，求 $E(X^2)$；

(2) 若 $E(X^2)=12$，求 $P\{X\geqslant 1\}$。

13. 设 $X\sim B(n,p)$，且 $E(X)=2$，$D(X)=1$，求 $P\{X>1\}$。

14. 设 $X\sim U(a,b)$，且 $E(X)=2$，$D(X)=\frac{1}{3}$，求 a,b 的值。

15. 在长为 l 的线段上，任取两点，求两点间距离的数学期望与方差。

16. 若 $D(X)=0.004$，利用切比雪夫不等式估计概率 $P\{|X-EX|<0.2\}$。

17. 给定 $P\{|X-EX|<\varepsilon\}\geqslant 0.9$，$D(X)=0.009$，利用切比雪夫不等式估计 ε 的值。

18. 设在相同条件下对某物体的长度 a 进行 n 次测量，各次测量的结果 $X_i(i=1,2,\cdots,n)$ 相互独立，且均服从正态分布 $N(\mu,\sigma^2)$，记 $\overline{X}=\frac{1}{n}\sum_{i=1}^{n}X_i$。

(1) 试对 $\overline{X}$ 写出所满足的切比雪夫不等式；

(2) 估计 $P\{a-2\sigma\leqslant\overline{X}\leqslant a+2\sigma\}$。

第 8 章　数理统计的基础知识

从本章起，我们进入数理统计部分。概率论是数理统计的基础，数理统计是概率论的应用。数理统计是研究如何合理地获取数据资料，并建立有效的数学方法，对数据资料进行处理，进而对随机现象的客观规律作出尽可能准确可靠的统计推断。

本章介绍数理统计的基本概念，主要有总体、样本、统计量及常用统计量的分布。

8.1　总体与样本

定义 8.1.1　在数理统计中，通常把被研究的对象的全体称为**总体**，记为 X，它是一个随机变量。组成总体的每个基本单位称为**个体**，它也是一个随机变量，一般用 $X_1,X_2,\cdots,Y_1,Y_2,\cdots$来表示。总体所含个体的数量称为总体容量，当总体容量有限时，称为有限总体，否则为无限总体。

从总体 X 中随机抽取的 n 个个体组成的集合称为容量为 n 的样本，记为 $X_1,X_2,\cdots,X_n$，样本中所含个体的数量 n 称为样本容量。若 $X_1,X_2,\cdots,X_n$ 是容量为 n 的样本，可将其看成是 n 维随机向量$(X_1,X_2,\cdots,X_n)$，而每次具体抽样所得的数据即为这个 n 维随机变量的一个观测值$(x_1,x_2,\cdots,x_n)$，称其为样本值。

数理统计方法实质上是由局部来推断整体的方法，即通过一些个体的特征来推断总体的特征。因此，抽取样本的目的就是要根据样本的信息推断总体的某些特征。所以，我们必须要考虑如何从总体中抽取样本使其尽可能地反映总体特征。

定义 8.1.2　如果从总体 X 中随机抽取的 n 个个体 $X_1,X_2,\cdots,X_n$ 满足

(1) $X_1,X_2,\cdots,X_n$ 相互独立；

(2) $X_1,X_2,\cdots,X_n$ 与总体 X 有相同的概率分布，

则称$(X_1,X_2,\cdots,X_n)$为**简单随机样本**，简称**样本**。

如无特别说明，本书所提到的样本均指简单随机样本，得到简单随机样本的方法称为简单随机抽样。我们将概率论中关于独立随机变量的结论作为数理统计的基础。

设总体 X 的分布函数为 $F(x)$，则其样本$(X_1,X_2,\cdots,X_n)$的概率分布函数为

$$F^*(x_1,x_2,\cdots,x_n)=F(x_1)F(x_2)\cdots F(x_n)=\prod_{i=1}^{n}F(x_i)$$

若总体 X 是离散型随机变量，其分布律为

$$P\{X=x_i\}=p_i, i=1,2,\cdots$$

则 $(X_1,X_2,\cdots,X_n)$ 的联合分布律为

$$P\{X_1=x_1,X_2=x_2,\cdots,X_n=x_n\}=\prod_{i=1}^{n}p_i,\quad i=1,2,\cdots,n$$

若总体 X 是连续型随机变量，其概率密度为 $f(x)$，则 $(X_1,X_2,\cdots,X_n)$ 的联合概率密度

$$f^*(x_1,x_2,\cdots,x_n)=\prod_{i=1}^{n}f(x_i)$$

例 8.1.1 设总体 X 服从 0-1 分布，即 $X\sim B(1,p)$，$X_1,X_2,\cdots,X_n$ 为该总体的样本，记

$$f(x)=\begin{cases}p^x(1-p)^{1-x}, & x=0,1;0<p<1\\0, & \text{其他}\end{cases}$$

则样本 $X_1,X_2,\cdots,X_n$ 的联合概率分布为

$$\prod_{i=1}^{n}f(x_i)=\prod_{i=1}^{n}p^{x_i}(1-p)^{1-x_i}=p^{n\bar{x}}(1-p)^{n-n\bar{x}}$$

其中 $\bar{x}=\dfrac{1}{n}\sum\limits_{i=1}^{n}x_i$。

例 8.1.2 假设灯泡的使用寿命 X 服从指数分布，其密度函数为

$$f(x)=\begin{cases}\lambda e^{-\lambda x}, & x\geqslant 0\\0, & x\leqslant 0\end{cases}$$

则样本的联合分布密度为

$$\prod_{i=1}^{n}f(x_i)=\prod_{i=1}^{n}\lambda e^{-\lambda x_1}=\lambda^n e^{-\lambda\sum\limits_{i=1}^{n}x_i}=\lambda^n e^{-n\bar{x}\lambda},\quad x_i\geqslant 0;i=1,2,\cdots,n$$

8.2 统计量

1. 统计量的概念

样本是进行推断的依据，但在利用样本对总体进行推断时，却很少直接使用样本所提供的原始数据，而是针对所要解决的问题将样本进行加工处理，以便获得所需要的有关总体的信息。这样便有了统计量的概念。

定义 8.2.1 设 $X_1,X_2,\cdots,X_n$ 是总体 X 的样本，$g=g(X_1,X_2,\cdots,X_n)$ 是样本的函数，若 g 中不含任何未知参数，则称 $g(X_1,X_2,\cdots,X_n)$ 是一个统计量。

显然，统计量是随机变量，当样本观测值为 $x_1,x_2,\cdots,x_n$ 时，称 $g(x_1,x_2,\cdots,x_n)$ 为 $g(X_1,X_2,\cdots,X_n)$ 的一个观测值。

例 8.2.1 设总体 $X \sim N(\mu,\sigma^2)$，其中 μ,σ^2 未知，$X_1,X_2,\cdots,X_n$ 是取自总体 X 的一个样本，则 $\frac{1}{n}\sum_{i=1}^{n}X_i$ 和 $X_1+X_2^3$ 都是统计量，而 $X_1+X_2-\mu$ 与 $\frac{X_1}{\sigma}$ 都不是统计量。

2. 几个常用的统计量

设 $X_1,X_2,\cdots,X_n$ 是来自总体 X 的样本。

(1) 样本均值

$$\overline{X} = \frac{1}{n}\sum_{i=1}^{n}X_i$$

(2) 样本方差

$$S^2 = \frac{1}{n-1}\sum_{i=1}^{n}(X_i-\overline{X})^2 = \frac{1}{n-1}\left(\sum_{i=1}^{n}X_i^2 - n\overline{X}^2\right)$$

(3) 样本标准差

$$S = \sqrt{\frac{1}{n-1}\sum_{i=1}^{n}(X_i-\overline{X})^2} = \sqrt{\frac{1}{n-1}\left(\sum_{i=1}^{n}X_i^2 - n\overline{X}^2\right)}$$

(4) 样本 k 阶原点矩

$$A_k = \frac{1}{n}\sum_{i=1}^{n}X_i^k,\quad k=1,2,\cdots,n$$

(5) 样本 k 阶中心矩

$$B_k = \frac{1}{n}\sum_{i=1}^{n}(X_i-\overline{X})^k,\quad k=1,2,\cdots,n$$

显然，$B_2=\frac{n-1}{n}S^2$，当容量 n 较大时，$B_2 \approx S^2$。

8.3 抽样分布

统计量的分布称为抽样分布。本节将介绍几种重要的抽样分布——χ^2 分布、t 分布和 F 分布。在此之前，我们首先介绍正态总体的样本均值分布。

1. 样本均值分布

定理 8.3.1 设总体 X 服从正态分布 $N(\mu,\sigma^2)$，$X_1,X_2,\cdots,X_n$ 是来自总体 X 的一个样本，则样本均值 $\overline{X}$ 服从正态分布 $N\left(\mu,\frac{\sigma^2}{n}\right)$，即

$$\overline{X} = \frac{1}{n}\sum_{i=1}^{n}X_i \sim N\left(\mu,\frac{\sigma^2}{n}\right)$$

证 易知 $X_1,X_2,\cdots,X_n$ 相互独立且都服从同一正态分布 $N(\mu,\sigma^2)$。根据数学

期望和方差的性质,有

$$E(\overline{X})=E\left(\frac{1}{n}\sum_{i=1}^{n}X_i\right)=\frac{1}{n}\sum_{i=1}^{n}E(X_i)=\frac{1}{n}\sum_{i=1}^{n}\mu=\mu$$

$$D(\overline{X})=D\left(\frac{1}{n}\sum_{i=1}^{n}X_i\right)=\frac{1}{n^2}\sum_{i=1}^{n}D(X_i)=\frac{1}{n^2}\sum_{i=1}^{n}\sigma^2=\frac{\sigma^2}{n}$$

所以 $\overline{X}\sim N\left(\mu,\frac{\sigma^2}{n}\right)$。

若 $X_1,X_2,\cdots,X_n$ 为来自任意总体 X 的一个样本,且 $E(X)=\mu,D(X)=\sigma^2$,则当 n 充分大时,根据中心极限定理,$\overline{X}$ 近似服从正态分布 $N\left(\mu,\frac{\sigma^2}{n}\right)$。

推论 8.3.1 设总体 X 服从正态分布 $N(\mu,\sigma^2)$,$X_1,X_2,\cdots,X_n$ 是来自总体 X 的一个样本,则

$$U=\frac{\overline{X}-\mu}{\sigma/\sqrt{n}}\sim N(0,1)$$

推论 8.3.2 设 $X_1,X_2,\cdots,X_{n_1},Y_1,Y_2,\cdots,Y_{n_2}$ 分别是两个相互独立的正态总体 $N(\mu_1,\sigma_1^2)$ 及 $N(\mu_2,\sigma_2^2)$ 的样本,$\overline{X},\overline{Y}$ 分别为两样本的均值,则

$$U=\frac{\overline{X}-\overline{Y}-(\mu_1-\mu_2)}{\sqrt{\frac{\sigma_1^2}{n_1}+\frac{\sigma_2^2}{n_2}}}\sim N(0,1)$$

2. χ^2 分布

设 $X_1,X_2,\cdots,X_n$ 为 n 个独立且都服从标准正态分布的随机变量。记 $\chi^2=\sum_{i=1}^{n}X_i^2$,则称随机变量 χ^2 服从自由度为 n 的 χ^2(卡方)分布,记为 $\chi^2\sim\chi^2(n)$。可以证明,χ^2 有如下的密度函数:

$$f(x,n)=\begin{cases}\dfrac{1}{2^{\frac{n}{2}}\Gamma\left(\frac{n}{2}\right)}x^{\frac{n}{2}-1}e^{-\frac{x}{2}}, & x>0\\ 0, & x\leqslant 0\end{cases}$$

其中 $\Gamma\left(\frac{n}{2}\right)$ 是 Gamma 函数 $\Gamma(\alpha)=\int_0^{+\infty}x^{\alpha-1}e^{-x}dx$ 在 $\frac{n}{2}$ 的值,$f(x,n)$ 的密度函数曲线如图 8.3.1 所示。

显然,随机变量 χ^2 是一个非负的连续型随机变量。图 8.3.1 中给出了三条参数,分别为 x 取 1,3,8 的卡方密度函数曲线。

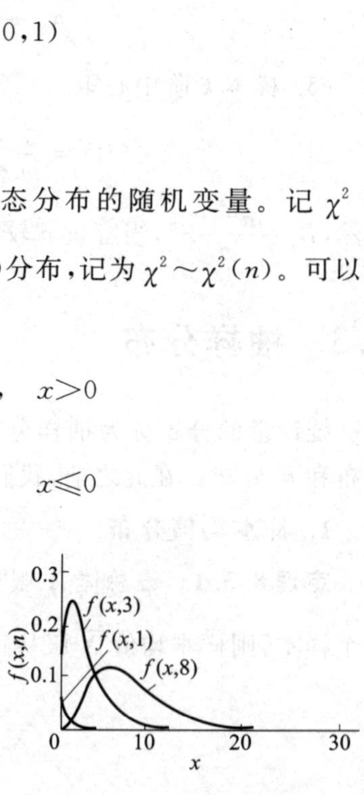

图 8.3.1 χ^2 分布密度函数曲线

卡方分布具有如下两个重要性质：

(1) 设 $\chi^2 \sim \chi^2(n)$，则 $E(\chi^2)=n, D(\chi^2)=2n$；

(2)（线性可加性）设 $\chi_1^2 \sim \chi^2(n_1)$，$\chi_2^2 \sim \chi^2(n_2)$，且随机变量 χ_1^2 和 χ_2^2 相互独立，则 $\chi_1^2+\chi_2^2 \sim \chi^2(n_1+n_2)$。

证 (1)因为 $\chi^2=\sum_{i=1}^{n} X_i^2$，其中 $X_1, X_2, \cdots, X_n$ 为 n 个相互独立的标准正态分布 $N(0,1)$ 的随机变量，则

$$E(\chi^2)=\sum_{i=1}^{n} E(X_i^2)=\sum_{i=1}^{n}[D(X_i)+E^2(X_i)]=\sum_{i=1}^{n}(1+0)=n$$

又因为

$$E(X_i^4)=\frac{1}{\sqrt{2\pi}}\int_{-\infty}^{+\infty} x^4 \mathrm{e}^{-\frac{x^2}{2}} \mathrm{d}x=3$$

所以

$$D(X_i^2)=E(X_i^4)-E^2(X_i^2)=E(X_i^4)-D(X_i)-E^2(X_i)=3-1=2$$

$$D(\chi^2)=\sum_{i=1}^{n} D(X_i^2)=\sum_{i=1}^{n} 2=2n$$

(2) 由卡方分布的定义可以直接证明（略）。

推论 8.3.3 设总体 X 服从 $N(\mu,\sigma^2)$，$X_1, X_2, \cdots, X_n$ 是来自总体 X 的样本，则样本均值 $\overline{X}$ 与样本方差 S^2 相互独立，且

$$\frac{(n-1)S^2}{\sigma^2}=\frac{1}{\sigma^2}\sum_{i=1}^{n}(X_i-\overline{X})^2 \sim \chi^2(n-1)$$

定义 8.3.1 设连续随机变量 X 的分布函数为 $F(x)$，密度函数为 $f(x)$，对任意的 $\alpha \in (0,1)$，称满足条件 $P\{X>x_\alpha\}=\alpha$ 的 x_α 为此分布的上 α 分位点。

在 χ^2 分布中，对于给定的正数 $\alpha \in (0,1)$，满足条件 $P\{\chi^2>\chi_\alpha^2(n)\}=\alpha$ 的点 $\chi_\alpha^2(n)$ 称为 χ^2 分布的上 α 分位点，分位数 $\chi_\alpha^2(n)$ 的数值可查表得到。

3. *t* 分布

设 $X \sim N(0,1)$，$Y \sim \chi^2(n)$，且 X 与 Y 相互独立，则随机变量

$$T=\frac{X}{\sqrt{Y/n}}$$

服从自由度为 n 的 t 分布，记为 $T \sim t(n)$。同样可以证明，T 的密度函数为

$$f(x,n)=\frac{\Gamma\left(\frac{n+1}{2}\right)}{\sqrt{n\pi}\,\Gamma\left(\frac{n}{2}\right)}\left(1+\frac{x^2}{n}\right)^{-\frac{n+1}{2}} \quad (x \in \mathbb{R})$$

易知 $f(x,n)$ 是变量 x 的偶函数，$f(x,n)$ 的曲线如图 8.3.2 所示。

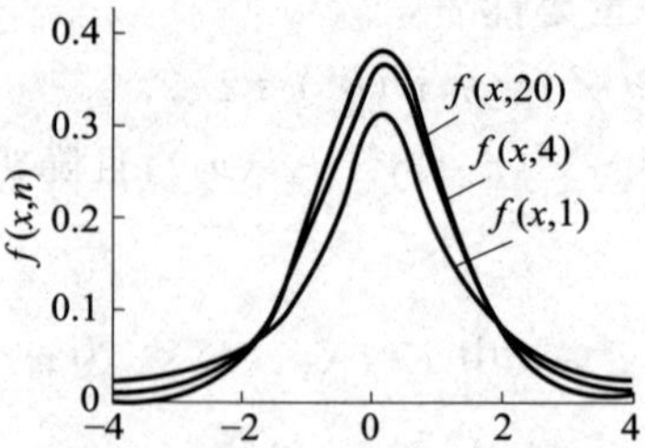

图 8.3.2　t 分布密度函数曲线

t 分布有如下性质：

(1) 当 $n>1$ 时，$E(T)=0$，密度函数曲线关于轴 $x=0$ 对称；

(2) 当 $n>2$ 时，$D(T)=\dfrac{n}{n-2}$；

(3) 当 $n=1$ 时，T 的密度函数为 $f(x,n)=\dfrac{1}{\pi}\dfrac{1}{1+x^2}(x\in\mathbb{R})$；

(4) 当 $n\to\infty$ 时，$f(x,n)\to\dfrac{1}{\sqrt{2\pi}}\mathrm{e}^{-\frac{x^2}{2}}(x\in\mathbb{R})$。

性质(4)说明当 n 充分大时，随机变量 t 近似服从标准正态分布。

在 t 分布中，对于给定的正数 $\alpha\in(0,1)$，满足条件 $P\{T>t_\alpha(n)\}=\alpha$ 的点 $t_\alpha(n)$ 称为 t 分布的上 α 分位点。分位数 $t_\alpha(n)$ 的数值可查 t 分布表得到。

定理 8.3.2　设总体 X 服从正态分布 $N(\mu,\sigma^2)$，$X_1,X_2,\cdots,X_n$ 是来自总体 X 的一个样本，$\overline{X}$ 与 S^2 分别是样本均值与样本方差，则

$$T=\frac{\overline{X}-\mu}{S/\sqrt{n}}\sim t(n-1)$$

证　由推论 8.3.1 可知

$$\frac{\overline{X}-\mu}{\sigma/\sqrt{n}}\sim N(0,1)$$

由推论 8.3.3 可知

$$\frac{(n-1)S^2}{\sigma^2}=\frac{1}{\sigma^2}\sum_{i=1}^{n}(X_i-\overline{X})^2\sim\chi^2(n-1)$$

因为 $\dfrac{\overline{X}-\mu}{\sigma/\sqrt{n}}$ 与 $\dfrac{(n-1)S^2}{\sigma^2}$ 相互独立，由 t 分布的定义知

$$\frac{\dfrac{\overline{X}-\mu}{\sigma/\sqrt{n}}}{\sqrt{\dfrac{(n-1)S^2}{\sigma^2}\Big/(n-1)}}=\frac{\overline{X}-\mu}{S/\sqrt{n}}\sim t(n-1)$$

定理 8.3.3 设 $X_1,X_2,\cdots,X_m$ 和 $Y_1,Y_2,\cdots,Y_n(m,n\geqslant 2)$ 分别是来自两个相互独立的正态总体 $N(\mu_1,\sigma^2)$ 及 $N(\mu_2,\sigma^2)$ 的样本，$\overline{X},\overline{Y},S_1^2,S_2^2$ 分别表示两个样本均值和样本方差，则

$$\frac{(\overline{X}-\overline{Y})-(\mu_1-\mu_2)}{S_\omega\sqrt{\dfrac{1}{m}+\dfrac{1}{n}}}\sim t(m+n-2)$$

其中 $S_\omega^2=\dfrac{(m-1)S_1^2+(n-1)S_2^2}{m+n-2}$。

例 8.3.1 设 X_1,X_2,X_3,X_4 独立同分布于 $N(0,2^2)$，令

$$Y_1=a(X_1-2X_2)^2+b(3X_3-4X_4)^2$$

$$Y_2=c\frac{X_1-X_2}{\sqrt{X_3^2+X_4^2}}$$

(1) 求参数 a,b，使 Y_1 服从 χ^2 分布，并求其自由度；

(2) 求参数 c，使 Y_2 服从 t 分布，并求其自由度。

解 (1) 因为 $X_1-2X_2\sim N(0,20)$，$3X_3-4X_4\sim N(0,100)$，则 $\dfrac{X_1-2X_2}{\sqrt{20}}$ 与 $\dfrac{3X_3-4X_4}{10}$ 相互独立，且都服从标准正态分布 $N(0,1)$，根据卡方分布的定义，有

$$\left(\frac{X_1-2X_2}{\sqrt{20}}\right)^2+\left(\frac{3X_3-4X_4}{10}\right)^2\sim\chi^2(2)$$

即参数 $a=\dfrac{1}{20},b=\dfrac{1}{100}$，使

$$Y_1=\frac{1}{20}(X_1-2X_2)^2+\frac{1}{100}(3X_3-4X_4)^2\sim\chi^2(2)$$

并且自由度为 2。

(2) 因为 $X_1-X_2\sim N(0,8)$，$\dfrac{1}{2^2}(X_3^2+X_4^2)\sim\chi^2(2)$，由 t 分布的定义知

$$\frac{X_1-X_2}{\sqrt{8}}\Big/\sqrt{\frac{X_3^2+X_4^2}{2\times 2^2}}\sim t(2)$$

当参数 $c=1$ 时，$Y_2=\dfrac{X_1-X_2}{\sqrt{X_3^2+X_4^2}}\sim t(2)$，并且 t 分布的自由度为 2。

4. *F* 分布

设 $X\sim\chi^2(m)$，$Y\sim\chi^2(n)$，且 X 与 Y 独立，记 $F=\dfrac{X/m}{Y/n}$，则称 F 服从参数为 (m,n) 的 F 分布，记为 $F\sim F(m,n)$，称参数 m,n 分别为第一自由度和第二自由度。

$F(m,n)$ 分布的概率密度函数如下：

$$f(x,m,n)=\begin{cases}\dfrac{\Gamma\left(\dfrac{m+n}{2}\right)}{\Gamma\left(\dfrac{m}{2}\right)\Gamma\left(\dfrac{n}{2}\right)}\left(\dfrac{m}{n}\right)^{\frac{m}{2}}x^{\frac{m}{2}-1}\left(1+\dfrac{mx}{n}\right)^{-\frac{n+m}{2}}, & x>0\\ 0, & x\leqslant 0\end{cases}$$

其图形见图 8.3.3。

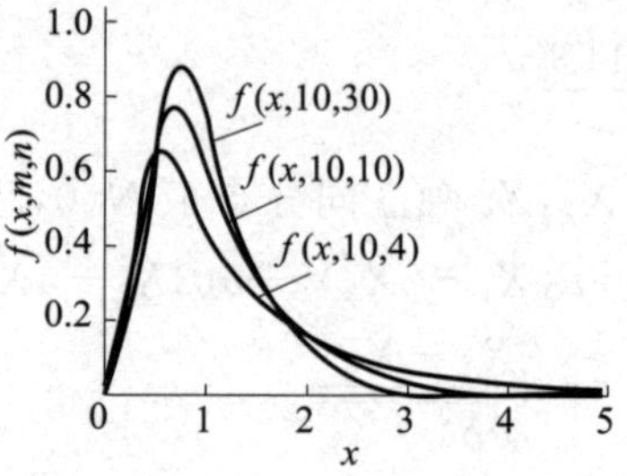

图 8.3.3　F 分布密度函数曲线

易见，F 分布具有如下性质：

(1) 当 $F\sim F(m,n)$ 时，$\dfrac{1}{F}\sim F(n,m)$；

(2) 当 $T\sim t(n)$ 时，$T^2\sim F(1,n)$。

在 F 分布中，对于给定的正数 $\alpha\in(0,1)$，满足条件 $P\{F>F_\alpha(m,n)\}=\alpha$ 的点 $F_\alpha(m,n)$ 称为 F 分布的上 α 分位点。分位数 $F_\alpha(m,n)$ 的数值可查 F 分布表得到。

定理 8.3.4　设 $X_1,X_2,\cdots,X_m$ 和 $Y_1,Y_2,\cdots,Y_n(m,n\geqslant 2)$ 分别是来自两个相互独立的正态总体 $N(\mu_1,\sigma_1^2)$ 及 $N(\mu_2,\sigma_2^2)$ 的样本，S_1^2,S_2^2 分别表示两样本方差，则

$$\frac{S_1^2/\sigma_1^2}{S_2^2/\sigma_2^2}\sim F(m-1,n-1)$$

例 8.3.2　已知 $F\sim F(10,15)$，试确定 λ_1,λ_2 的值，使之满足

(1) $P\{F>\lambda_1\}=0.01$；　(2) $P\{F<\lambda_2\}=0.01$。

解　(1) 由题意得 $\alpha=0.01,m=10,n=15$，查表得

$$\lambda_1=F_{0.01}(10,15)=3.80$$

(2) 由 $P\{F<\lambda_2\}=0.01$ 可得

$$P\left\{\frac{1}{F}>\frac{1}{\lambda_2}\right\}=0.01$$

由于 $F\sim F(10,15)$，所以 $\dfrac{1}{F}\sim F(15,10)$，查表得

$$\frac{1}{\lambda_2}=F_{0.01}(15,10)=4.56$$

所以 $\lambda_2=\dfrac{1}{4.56}\approx 0.22$。

习题八

1. 设总体 X 的方差为 4，均值为 a，现抽取容量为 100 的样本，试确定常数 k，满足 $P\{\overline{X}-a<k\}=0.9$。

2. 从总体 $X\sim N(52,6.3^2)$ 中抽取容量为 36 的样本，求样本均值落在 50.8 到 53.8 之间的概率。

3. 从总体 $X\sim N(20,3)$ 中分别抽取容量为 10 与 15 的两个独立的样本，求它们的均值之差的绝对值大于 0.3 的概率。

4. 设 $X_1,X_2,\cdots,X_n$ 为总体 $X\sim N(\mu,\sigma^2)$ 的样本，$\overline{X}$ 为样本均值，求 n，使得

$$P\{|\overline{X}-\mu|\leqslant 0.25\sigma\}\geqslant 0.95$$

5. 设总体 $X\sim N(0,1)$，$X_1,X_2,\cdots,X_{10}$ 为总体的一个样本，求：

(1) $P\left\{\sum_{i=1}^{10} X_i^2 > 15.99\right\}$；

(2) $X_1,X_2,\cdots,X_{10}$ 的联合概率密度函数；

(3) $\overline{X}$ 的概率密度。

6. 设 $T\sim t(n)$，试证：$T^2\sim F(1,n)$。

7. 设总体 $X\sim N(0,1)$，$X_1,X_2,\cdots,X_5$ 为总体的一个样本。确定常数 c，使

$$Y=\frac{c(X_1+X_2)}{\sqrt{X_3^2+X_4^2+X_5^2}}\sim t(3)$$

8. 设 X_1,X_2,X_3,X_4 是总体 $X\sim N(0,4)$ 的样本。已知

$$Y=a(X_1-2X_2)^2+b(3X_3-4X_4)^2\sim\chi^2(2)$$

求 a,b 的值。

9. 设 $X_1,X_2,\cdots,X_5$ 是总体 $X\sim N(0,1)$ 的样本。

(1) 试确定常数 c_1,d_1，使得 $c_1(X_1+X_2)^2+d_1(X_3+X_4+X_5)^2\sim\chi^2(n)$，并求出 n；

(2) 试确定常数 c_2，使得 $c_2(X_1^2+X_2^2)/(X_3+X_4+X_5)^2\sim F(m,n)$，并求出 m 和 n。

10. 查表求 $\chi^2_{0.10}(24)$，$\chi^2_{0.025}(13)$，$t_{0.05}(14)$，$t_{0.10}(14)$，$F_{0.05}(10,15)$ 以及 $F_{0.95}(10,15)$ 的值。

第9章 参数估计

统计推断是数理统计的重要组成部分，它包括统计估计和假设检验两类基本问题，统计估计是根据样本的信息对总体分布的概率特性(分布类型、参数等)作出的估计，主要有参数估计和非参数估计两类。

参数估计是数理统计的重要内容之一。在实际问题中，经常遇到随机变量 X(即总体)的分布函数的形式已知，但它的一个或者多个参数未知的情形，此时就很难确定 X 的概率密度函数。如果通过简单随机抽样，可以得到总体 X 的一个样本观测值 $(x_1,x_2,\cdots,x_n)$，我们会自然想到利用这一组数据来估计这一个或者多个未知参数。因此，利用样本估计总体未知参数的问题，称为参数估计问题。如果随机变量 X 的分布函数的形式未知，通过样本来估计分布函数的形式，则属于非参数估计问题。

本章只讨论参数估计问题。参数估计问题有两类，分别是点估计和区间估计。

9.1 点估计

下面来看一个参数估计的例子。

例 9.1.1 某地区一天中发生的火灾次数 X 是一个随机变量，假设它服从以 $\lambda>0$ 为参数的泊松分布，参数 λ 为未知。现有以下的样本值，试估计参数 λ。

火灾次数 k	0	1	2	3	4	5	6
发生 k 次火灾的天数 n_k	75	90	54	22	6	2	1

解 由于 $X\sim P(\lambda)$，所以 $\lambda=E(X)$，我们利用样本均值 $\bar{x}$ 来估计总体的均值 $E(X)$。

$$\bar{x}=\frac{\sum_{k=0}^{6}kn_k}{\sum_{k=0}^{6}n_k}=1.22$$

则 λ 的估计值为 1.22。

1. 点估计的概念

在例 9.1.1 中用一个数值来估计某个参数，这种估计就是点估计。点估计用途很广，例如考察某医院新出生婴儿的男女比例，可以随机抽取 100 个婴儿，如果计算出这个比例值为 0.8，那么这个数值就是"比例"这个未知参数的点估计值。

定义 9.1.1 设总体 X 的分布函数 $F(x,\theta)$ 形式已知，其中 θ 为待估计的参数。点估计就是利用样本 $(X_1,X_2,\cdots,X_n)$，构造一个统计量 $\hat{\theta}=\hat{\theta}(X_1,X_2,\cdots,X_n)$ 来估计 θ，我们称 $\hat{\theta}(X_1,X_2,\cdots,X_n)$ 为 θ 的点估计量。将样本观测值 $(x_1,x_2,\cdots,x_n)$ 代入估计量 $\hat{\theta}=\hat{\theta}(X_1,X_2,\cdots,X_n)$，得到的具体数值 $\hat{\theta}(x_1,x_2,\cdots,x_n)$ 称为 θ 的点估计值。

点估计常用的方法有两种：矩估计法和极大似然估计法。

2. 矩估计法

由大数定律可知，当总体的 k 阶原点（中心）矩存在时，样本的 k 阶原点（中心）矩依概率收敛于总体的 k 阶原点（中心）矩。因此，矩估计法的基本思想是用样本矩估计总体矩。

矩估计的一般做法：设总体 X 的分布函数为 $F(x;\theta_1,\theta_2,\cdots,\theta_l)$，其中 $\theta_1,\theta_2,\cdots,\theta_l$ 为未知参数。

(1) 如果总体 X 的 k 阶原点（中心）矩 $\mu_k=E(X^k)(1\leqslant k\leqslant l)$ 均存在，则

$$\mu_k=\mu_k(\theta_1,\theta_2,\cdots,\theta_l)\quad(1\leqslant k\leqslant l)$$

(2) 令

$$\begin{cases}\mu_1(\theta_1,\theta_2,\cdots,\theta_l)=A_1\\ \mu_2(\theta_1,\theta_2,\cdots,\theta_l)=A_2\\ \qquad\qquad\vdots\\ \mu_l(\theta_1,\theta_2,\cdots,\theta_l)=A_l\end{cases}$$

其中 $A_k(1\leqslant k\leqslant l)$ 为样本 k 阶原点（中心）矩。

(3) 求出方程组的解 $\hat{\theta}_1,\hat{\theta}_2,\cdots,\hat{\theta}_l$，我们称 $\hat{\theta}_k=\hat{\theta}_k(X_1,X_2,\cdots,X_n)$ 为参数 $\theta_k(1\leqslant k\leqslant l)$ 的矩估计量，$\hat{\theta}_k=\hat{\theta}_k(x_1,x_2,\cdots,x_n)$ 为参数 θ_k 的矩估计值。

例 9.1.2 设总体 X 在 $[a,b]$ 上服从均匀分布，即密度函数为

$$f(x;a,b)=\begin{cases}\dfrac{1}{b-a}, & a\leqslant x\leqslant b\\ 0, & 其他\end{cases}$$

其中 a,b 未知，$(X_1,X_2,\cdots,X_n)$ 是总体 X 的一个样本，试求 a,b 的矩估计量。

解 易得

$$\begin{cases}\mu_1=E(X)=\dfrac{a+b}{2}\\ \mu_2=E(X^2)=D(X)+E^2(X)=\dfrac{(b-a)^2}{12}+\left(\dfrac{a+b}{2}\right)^2\end{cases}$$

解方程组可得

$$\begin{cases} a=\mu_1-\sqrt{3(\mu_2-\mu_1^2)} \\ b=\mu_1+\sqrt{3(\mu_2-\mu_1^2)} \end{cases}$$

用样本一阶原点矩 A_1、二阶原点矩 A_2 分别替换总体一阶原点矩 μ_1、二阶原点矩 μ_2，则 a,b 的矩估计量分别为

$$\begin{cases} \hat{a}=A_1-\sqrt{3(A_2-A_1^2)} \\ \hat{b}=A_1+\sqrt{3(A_2-A_1^2)} \end{cases}$$

注 由于 $\begin{cases} A_1=\dfrac{1}{n}\sum\limits_{i=1}^{n}X_i=\overline{X} \\ A_2=\dfrac{1}{n}\sum\limits_{i=1}^{n}X_i^2 \end{cases}$，所以

$$\begin{cases} \hat{a}=\overline{X}-\sqrt{3\left(\dfrac{1}{n}\sum\limits_{i=1}^{n}X_i^2-\overline{X}^2\right)}=\overline{X}-\sqrt{\dfrac{3}{n}\sum\limits_{i=1}^{n}(X_i-\overline{X})^2} \\ \hat{b}=\overline{X}+\sqrt{3\left(\dfrac{1}{n}\sum\limits_{i=1}^{n}X_i^2-\overline{X}^2\right)}=\overline{X}+\sqrt{\dfrac{3}{n}\sum\limits_{i=1}^{n}(X_i-\overline{X})^2} \end{cases}$$

例 9.1.3 在某班期末英语考试成绩中随机抽取 9 人的成绩，结果如下：

序号	1	2	3	4	5	6	7	8	9
分数	94	89	85	78	75	71	65	63	55

试求该班英语成绩的平均分数、标准差的估计值。

解 设 X 为该班英语成绩，$\mu=E(X)$，$\sigma^2=D(X)$，易得

$$\begin{cases} \mu_1=E(X)=\mu \\ \mu_2=E(X^2)=D(X)+E^2(X)=\sigma^2+\mu^2 \end{cases}$$

解方程组得

$$\begin{cases} \mu=\mu_1 \\ \sigma=\sqrt{\mu_2-\mu_1^2} \end{cases}$$

则 $\hat{\mu},\hat{\sigma}$ 的矩估计量为

$$\begin{cases} \hat{\mu}=A_1 \\ \hat{\sigma}=\sqrt{A_2-A_1^2} \end{cases}$$

即

$$\begin{cases}\hat{\mu}=\overline{X} \\ \hat{\sigma}=\sqrt{\dfrac{1}{n}\sum\limits_{i=1}^{n}X_i^2-\overline{X}^2}=\sqrt{\dfrac{1}{n}\sum\limits_{i=1}^{n}(X_i-\overline{X})^2}\end{cases}$$

所以该班英语成绩平均分的估计值 $\hat{\mu}=\dfrac{1}{9}\sum\limits_{i=1}^{9}x_i=75$，标准差的估计值 $\hat{\sigma}=\sqrt{\dfrac{1}{9}\sum\limits_{i=1}^{9}(x_i-\overline{x})^2}=12.14$。

例 9.1.4 设总体 X 服从泊松分布 $P(\lambda)$，其中 $\lambda>0$ 未知，$X_1,X_2,\cdots,X_n$ 是从该总体中抽取的样本，求参数 λ 的矩估计。

解 因为 $E(X)=\lambda$，所以

$$\hat{\lambda}=\overline{X}$$

因为 $D(X)=E(X^2)-E^2(X)=\lambda$，则 $A_2-A_1^2=\hat{\lambda}$，即

$$\hat{\lambda}=\frac{1}{n}\sum_{i=1}^{n}X_i^2-\overline{X}^2=\frac{1}{n}\sum_{i=1}^{n}(X_i-\overline{X})^2$$

由此可见，一个参数 λ 有两个不同的矩估计。

矩估计方法简单易行，适用性广。对于总体的数字特征采用矩估计法无需知道总体分布的具体形式，使用起来尤为方便，但缺点是要求总体矩必须存在，对于某些参数的矩估计量可能不唯一，如例 9.1.4。

3. 极大似然估计法

我们先通过一个例子来了解极大似然估计的基本思想。

例 9.1.5 设有外形完全相同的两个箱子，甲箱里有 99 个白球 1 个黑球，乙箱里有 99 个黑球 1 个白球。今随机地抽取一箱，再从取出的一箱中抽取一球，结果抽到白球。问这球从哪一个箱子中取出，并以此估计从该箱中有放回抽取到白球的概率 θ。

解 明显地，从甲箱抽到白球的概率为 0.99，从乙箱抽到白球的概率为 0.01。白球从甲箱中抽到的概率远大于从乙箱中抽到的概率，所以我们可以推断此球从甲箱中取出的，容易估计从该箱中有放回抽取到白球的概率 $\hat{\theta}$ 为 0.99。

这个例子体现了“概率最大的事件最可能出现”的思想，所做的推断体现了极大似然估计法的基本思想：在已经得到实验结果的情况下，应该寻找使这个结果出现的可能性最大的 θ 作为 θ 的估计 $\hat{\theta}$。同样的思想也可以估计连续型总体参数。

定义 9.1.2 设总体 X 的密度函数为 $f(x;\theta_1,\theta_2,\cdots,\theta_l)$（或 X 的分布律为 $p(x;\theta_1,\theta_2,\cdots,\theta_l)$），其中 $\theta_1,\theta_2,\cdots,\theta_l$ 为未知参数，$(X_1,X_2,\cdots,X_n)$ 为样本，它的联合密度

函数为 $\prod_{i=1}^{n} f(x_i;\theta_1,\theta_2,\cdots,\theta_l)$（或联合分布律为 $\prod_{i=1}^{n} p(x_i;\theta_1,\theta_2,\cdots,\theta_l)$），称函数 $L(\theta_1,\theta_2,\cdots,\theta_l)=\prod_{i=1}^{n} f(x_i;\theta_1,\theta_2,\cdots,\theta_l)$（或 $L(\theta_1,\theta_2,\cdots,\theta_l)=\prod_{i=1}^{n} p(x_i;\theta_1,\theta_2,\cdots,\theta_l)$）为 $\theta_1,\theta_2,\cdots,\theta_l$ 的**似然函数**。

定义 9.1.3 若存在 $\hat{\theta}_1,\hat{\theta}_2,\cdots,\hat{\theta}_l$ 使得

$$L(\hat{\theta}_1,\hat{\theta}_2,\cdots,\hat{\theta}_l)=\max_{(\theta_1,\theta_2,\cdots,\theta_l)}\{L(\theta_1,\theta_2,\cdots,\theta_l)\}$$

成立，则称 $\hat{\theta}_i=\hat{\theta}_i(x_1,x_2,\cdots,x_n)(i=1,2,\cdots,l)$ 为 θ_i 的**极大似然估计值**，相应的统计量 $\hat{\theta}_i=\hat{\theta}_i(X_1,X_2,\cdots,X_n)(i=1,2,\cdots,l)$ 为 θ_i 的**极大似然估计量**。

由多元函数求极值的方法可知，如果 L 对 $\theta_1,\theta_2,\cdots,\theta_l$ 的偏导数存在，方程组

$$\frac{\partial L}{\partial \theta_i}=0 \quad (i=1,2,\cdots,l)$$

的解可能为参数 θ_i 的极大似然估计量。

由于 $\ln L$ 是 L 的增函数，所以 L 与 $\ln L$ 有相同的极大值点，所以上述方程组可用下列方程组来代替：

$$\frac{\partial \ln L}{\partial \theta_i}=0 \quad (i=1,2,\cdots,l)$$

例 9.1.6 设总体 X 服从参数为 λ 的泊松分布，$(x_1,x_2,\cdots,x_n)$ 为 X 的一组样本观测值，求未知参数 λ 的极大似然估计 $\hat{\lambda}$。

解 因泊松分布总体是离散型的，其概率分布为

$$P\{X=x\}=\frac{\lambda^x}{x!}e^{-\lambda}$$

似然函数为

$$L(\lambda)=L(x_1,x_2,\cdots,x_n;\lambda)=\prod_{i=1}^{n}\frac{\lambda^{x_i}}{x_i!}e^{-\lambda}=e^{-\lambda n}\cdot\lambda^{\sum_{i=1}^{n}x_i}\prod_{i=1}^{n}\frac{1}{x_i!}$$

$$\ln L(\lambda)=-\lambda n+\left(\sum_{i=1}^{n}x_i\right)\ln\lambda-\sum_{i=1}^{n}\ln x_i!$$

$$\frac{d}{d\lambda}\ln L(\lambda)=-n+\left(\sum_{i=1}^{n}x_i\right)\frac{1}{\lambda}$$

令 $\frac{d}{d\lambda}\ln L(\lambda)=0$，得

$$\hat{\lambda}=\frac{1}{n}\sum_{i=1}^{n}x_i=\bar{x}$$

因为 $\frac{d^2}{d\lambda^2}\ln L(\lambda)\big|_{\lambda=\hat{\lambda}}=-\frac{1}{\hat{\lambda}^2}\sum_{i=1}^{n}x_i<0$，则 $\hat{\lambda}$ 是 $\ln L(\lambda)$ 也就是 $L(\lambda)$ 的极大值点，故

参数 λ 的极大似然估计值为$\hat{\lambda}=\bar{x}$，极大似然估计量为$\hat{\lambda}=\overline{X}$。

例 9.1.7 设总体 X 服从参数为 $\lambda(\lambda>0)$的指数分布，求未知参数 λ 的极大似然估计$\hat{\lambda}$。

解 X 的概率密度为

$$f(x;\lambda)=\begin{cases}\lambda e^{-\lambda x}, & x\geqslant 0\\ 0, & x<0\end{cases}$$

样本$(x_1,x_2,\cdots,x_n)$的似然函数为

$$L(\lambda)=\prod_{i=1}^{n}\lambda e^{-\lambda x_i}=\lambda^n e^{-\lambda\sum\limits_{i=1}^{n}x_i},\quad x_i\geqslant 0$$

$$\ln L=n\ln\lambda-\lambda\sum_{i=1}^{n}x_i$$

$$\frac{d}{d\lambda}\ln L=\frac{n}{\lambda}-\sum_{i=1}^{n}x_i$$

令$\frac{d}{d\lambda}\ln L=0$，得

$$\hat{\lambda}=\frac{n}{\sum\limits_{i=1}^{n}x_i}=\frac{1}{\bar{x}}$$

因为$\frac{d^2}{d\lambda^2}\ln L\big|_{\lambda=\hat{\lambda}}=-\frac{n}{\hat{\lambda}^2}<0$，所以$\hat{\lambda}$是 $\ln L$ 也就是 $L(\lambda)$的极大值点，故参数 λ 的极大似然估计值为$\hat{\lambda}=\frac{1}{\bar{x}}$，极大似然估计量为$\hat{\lambda}=\frac{1}{\overline{X}}$。

9.2 估计量的评价标准

通过学习点估计方法我们知道，常用的估计方法有矩估计法和极大似然估计法，同一参数采用不同估计方法时，得到的估计量可能不同。而且矩估计法本身的估计量也不唯一，如例 9.1.4 泊松分布 λ 的矩估计量可以为$\hat{\lambda}=\overline{X}$，$\hat{\lambda}=\frac{1}{n}\sum\limits_{i=1}^{n}(X_i-\overline{X})^2$，两者都是 $\hat{\lambda}$ 的估计量，选择哪个估计量更合理呢？这就涉及衡量估计量好坏标准的问题。

1. 无偏估计

大家都知道，采用估计量的估计值 $\hat{\theta}$ 与真实值 θ 肯定存在一定的误差，但我们希望估计值 $\hat{\theta}$ 的平均值等于真实值 θ，这就要求 $E(\hat{\theta}-\theta)=0$，于是就产生了无偏估计这

一概念。

定义 9.2.1 若估计量 $\hat{\theta}(X_1, X_2, \cdots, X_n)$ 的数学期望等于未知参数 θ，即

$$E(\hat{\theta})=\theta$$

则称 $\hat{\theta}$ 为 θ 的无偏估计量。

例 9.2.1 设 $X_1, X_2, \cdots, X_n$ 为总体 X 的一个样本，$E(X)=\mu$，则 $\overline{X}=\frac{1}{n}\sum_{i=1}^{n}X_i$ 是 μ 的无偏估计量。

证 因为 $E(X)=\mu$，所以 $E(X_i)=\mu, i=1,2,\cdots,n$，故

$$E(\overline{X})=E\left(\frac{1}{n}\sum_{i=1}^{n}X_i\right)=\frac{1}{n}\sum_{i=1}^{n}E(X_i)=\mu$$

所以样本均值 $\overline{X}$ 是总体均值的一个无偏估计。

值得注意的是，$E(\overline{X}^2)=D(\overline{X})+E^2(\overline{X})=\frac{\sigma^2}{n}+\mu^2$，所以 $\overline{X}^2$ 不是 μ^2 的无偏估计量。

例 9.2.2 设 $X_1, X_2, \cdots, X_n$ 为总体 X 的一个样本，$E(X)=\mu, D(X)=\sigma^2$，则样本方差 $S^2=\frac{1}{n-1}\sum_{i=1}^{n}(X_i-\overline{X})^2$ 是总体方差 σ^2 的无偏估计量。

证 由数学期望性质可知 $E(\overline{X})=\mu$，

$$\begin{aligned}
E(S^2)&=E\left(\frac{1}{n-1}\sum_{i=1}^{n}(X_i-\overline{X})^2\right)=E\left(\frac{1}{n-1}\sum_{i=1}^{n}(X_i^2-n\overline{X}^2)\right)\\
&=\frac{1}{n-1}\left(\sum_{i=1}^{n}E(X_i^2)-nE(\overline{X}^2)\right)\\
&=\frac{1}{n-1}\left(\sum_{i=1}^{n}(D(X_i)+E^2(X_i))-nE(\overline{X}^2)\right)\\
&=\frac{1}{n-1}\left(\sum_{i=1}^{n}(\sigma^2+\mu^2)-n\left(\frac{\sigma^2}{n}+\mu^2\right)\right)=\sigma^2
\end{aligned}$$

所以 $S^2=\frac{1}{n-1}\sum_{i=1}^{n}(X_i-\overline{X})^2$ 是总体方差 σ^2 的无偏估计量。

这就是我们称 S^2 为样本方差的理由。

下面计算二阶样本中心矩 $B_2=\frac{1}{n}\sum_{i=1}^{n}(X_i-\overline{X})^2$ 是否为总体方差 σ^2 的无偏估计。

因为 $B_2=\frac{n-1}{n}S^2$，所以

$$E(B_2)=\frac{n-1}{n}E(S^2)=\frac{n-1}{n}\sigma^2$$

因此，B_2 不是 σ^2 的一个无偏估计。

2. 有效性

估计量的无偏性仅表明 $\hat{\theta}$ 的平均值等于真实值 θ，但是仍有可能它的取值大部分与 θ 相差很大，为保证 $\hat{\theta}$ 的取值能集中于 θ 附近，这就要求方差 $D(\hat{\theta})$ 越小越好，以保证得到稳定可靠的估计值，这就引出了估计量的有效性这一概念。

定义 9.2.2 设 $\hat{\theta}_1=\hat{\theta}_1(X_1,X_2,\cdots,X_n)$ 和 $\hat{\theta}_2=\hat{\theta}_2(X_1,X_2,\cdots,X_n)$ 都是未知参数 θ 的无偏估计，若对任意的参数 θ，有

$$D(\hat{\theta}_1)\leqslant D(\hat{\theta}_2)$$

则称 $\hat{\theta}_1$ 比 $\hat{\theta}_2$ 有效. 如果 θ 的一切无偏估计中，$\hat{\theta}$ 的方差达到最小，则称 $\hat{\theta}$ 为 θ 的有效估计量。

例 9.2.3 设 $(X_1,X_2,\cdots,X_n)$ 是来自总体 X 的样本，比较无偏估计 $\overline{X}=\frac{1}{n}\sum_{i=1}^{n}X_i$ 和 $X_i(i=1,2,\cdots,n)$ 的有效性。

解 因为 $(X_1,X_2,\cdots,X_n)$ 相互独立且服从同一分布，则

$$E(X_i)=E(X)=\mu,\quad D(X_i)=D(X)=\sigma^2$$

$$E(\overline{X})=E\left(\frac{1}{n}\sum_{i=1}^{n}X_i\right)=\mu,\quad D(\overline{X})=\frac{1}{n^2}\sum_{i=1}^{n}D(X_i)=\frac{1}{n^2}n\sigma^2=\frac{\sigma^2}{n}$$

明显地 $D(\overline{X})\leqslant D(X)$，则在无偏估计中，样本均值 $\overline{X}$ 比 X_i 有效。

由上例可以知道，样本均值 $\overline{X}$ 的方差与样本的容量有关，容量越大方差越小。这说明样本容量越大的样本均值无偏估计越有效。

3. 一致性

前面讲的无偏性与有效性都是在样本容量固定的前提下提出的。我们希望随着样本容量的增大，一个估计量的值稳定于待估计参数的真实值。这就对估计量提出了一致性的要求。

定义 9.2.3 设 $\hat{\theta}(X_1,X_2,\cdots,X_n)$ 为参数 θ 的估计量，如果当 $n\to\infty$ 时，$\hat{\theta}(X_1,X_2,\cdots,X_n)$ 依概率收敛于 θ，即对任意的 $\varepsilon>0$，有

$$\lim_{n\to\infty}P\{|\hat{\theta}-\theta|<\varepsilon\}=1$$

则称 $\hat{\theta}(X_1,X_2,\cdots,X_n)$ 为参数 θ 的一致估计量。

定理 9.2.1 设 $\hat{\theta}(X_1,X_2,\cdots,X_n)$ 是 θ 的一个估计量，若

$$\lim_{n\to\infty}E(\hat{\theta})=\theta \quad 且 \quad \lim_{n\to\infty}D(\hat{\theta})=0$$

则 $\hat{\theta}$ 是 θ 的一致估计量。

例 9.2.4 若给定总体 X,$E(X)$ 和 $D(X)$ 都存在,则样本均值 $\overline{X}$ 是总体均值 $E(X)$ 的一致估计量。

证 因为 $E(\overline{X})=E(X)$,且

$$\lim_{n\to\infty}D(\overline{X})=\lim_{n\to\infty}\frac{D(X)}{n}=0$$

所以样本均值 $\overline{X}$ 是总体均值 $E(X)$ 的一致估计量。

还可以证明,样本的方差 S^2 和二阶样本中心矩 B_2 都是总体方差 σ^2 的一致估计量。

9.3 区间估计

9.3.1 区间估计的概念

参数的点估计法是用样本计算出一个确定的值去估计未知参数,这个估计值仅仅是未知参数的一个近似值,它与真实值的误差在什么范围?点估计本身并不能回答这个问题。实际中,我们希望知道估计值的精确性和可靠性,即希望估计一个范围,以及这个范围包含参数真实值的可信程度。这种范围通常是以区间形式给出的,所以称这种形式的参数估计为**区间估计**。

定义 9.3.1 设总体 X 的分布函数为 $F(x;\theta)$,其中 θ 为未知参数,$X_1,X_2,\cdots,X_n$ 是来自总体 X 的一个样本。$\hat{\theta}_1=\hat{\theta}_1(X_1,X_2,\cdots,X_n)$ 和 $\hat{\theta}_2=\hat{\theta}_2(X_1,X_2,\cdots,X_n)$ 为该样本确定的两个统计量。给定 $\alpha(0<\alpha<1)$,如果对参数 θ 的任何值,都有

$$P\{\hat{\theta}_1<\theta<\hat{\theta}_2\}=1-\alpha$$

则称随机区间 $(\hat{\theta}_1,\hat{\theta}_2)$ 为参数 θ 的置信度为 $1-\alpha$ 的置信区间。$\hat{\theta}_1$ 和 $\hat{\theta}_2$ 分别称为置信下限和置信上限,$1-\alpha$ 称为置信度(或置信水平),表示区间的可靠程度,α 称为显著性水平,通常取 0.05,0.01,0.1 等值。有时候也称 $(\hat{\theta}_1,\hat{\theta}_2)$ 为 θ 的区间估计。

因为样本是随机抽取的,所以 $(\hat{\theta}_1,\hat{\theta}_2)$ 是随机区间,置信度 $1-\alpha$ 是在求具体置信区间前给定的,置信度表示估计正确的概率。显著性水平 α 表示估计不正确的概率。

例如,反复抽取容量相同的样本 60 次,若 $\alpha=0.05$,则 $1-\alpha=0.95$ 时的置信区间就是表示这 60 个区间中包含真值 θ 的区间约占 95%,即 57 个左右;不包含真值 θ 的区间约占 5%,即 3 个左右。

又比如,估计某人的身高,甲估计在 170~180cm 之间,乙估计在 150~190cm 之

间,显然乙的估计区间长度较甲的长,因而精确度较低。但是,乙的区间长包含其真正身高的概率就大,这个概率就称为区间估计的置信度或置信水平。

对于置信度 $1-\alpha$ 来说,α 越小,θ 落在 $(\hat{\theta}_1,\hat{\theta}_2)$ 内的置信度(可靠度)越大,但它的精确度就越低。在实际问题中,我们总是在保证置信度的条件下,尽可能地提高精确度,即选取最短的置信区间。

9.3.2 单个正态总体参数的区间估计

设总体 $X\sim N(\mu,\sigma^2)$,$X_1,X_2,\cdots,X_n$ 是来自总体 X 的一个样本。对于给定的置信度 $1-\alpha$,分别求参数 μ 及 σ^2 的区间估计,下面分几种情况分别讨论。

1. σ^2 已知,求总体均值 μ 的置信区间

通过 9.2 节学习可以知道,样本均值 $\overline{X}$ 是 μ 的一个无偏估计,由于 $\overline{X}\sim N\left(\mu,\frac{\sigma^2}{n}\right)$,将 $\overline{X}$ 标准化得到样本函数 $U=\frac{\overline{X}-\mu}{\sigma/\sqrt{n}}$ 服从标准正态分布,即

$$U=\frac{\overline{X}-\mu}{\sigma/\sqrt{n}}\sim N(0,1) \tag{9.3.1}$$

对于给定的置信度 $1-\alpha$,由标准正态分布对称性可以知道(见图 9.3.1)

$$P\{U<u_{\frac{\alpha}{2}}\}=1-\frac{\alpha}{2},\quad P\{U<u_{1-\frac{\alpha}{2}}\}=\frac{\alpha}{2}$$

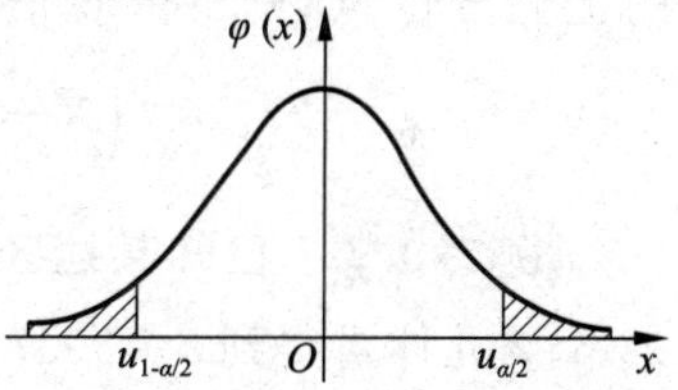

图 9.3.1

且 $u_{\frac{\alpha}{2}}=-u_{1-\frac{\alpha}{2}}$ $\left(\right.$其中 $u_{\frac{\alpha}{2}}$ 是标准正态分布的上侧 $\frac{\alpha}{2}$ 分位点$\left.\right)$,则 $P\{|U|<u_{\frac{\alpha}{2}}\}=1-\alpha$,即

$$P\left\{-u_{\frac{\alpha}{2}}<\frac{\overline{X}-\mu}{\sigma/\sqrt{n}}<u_{\frac{\alpha}{2}}\right\}=1-\alpha$$

$$P\left\{\overline{X}-u_{\frac{\alpha}{2}}\frac{\sigma}{\sqrt{n}}<\mu<\overline{X}+u_{\frac{\alpha}{2}}\frac{\sigma}{\sqrt{n}}\right\}=1-\alpha$$

则 μ 的置信度 $1-\alpha$ 的置信区间为

$$\left(\overline{X}-u_{\frac{\alpha}{2}}\frac{\sigma}{\sqrt{n}},\overline{X}+u_{\frac{\alpha}{2}}\frac{\sigma}{\sqrt{n}}\right) \tag{9.3.2}$$

例 9.3.1 对 50 名大学生的午餐费进行调查,得到样本均值为 4.10 元,假如午餐费服从正态分布,总体的标准差为 1.75 元,求大学生的午餐费 μ 的置信水平为 0.95 的置信区间。

解 由题可知 $\bar{x}=4.10$,$n=50$,$\sigma=1.75$,$1-\alpha=0.95$,则 $\alpha=0.05$. 查表得 $u_{\frac{\alpha}{2}}=u_{0.025}=1.96$,则

$$\bar{x}-u_{\frac{\alpha}{2}}\frac{\sigma}{\sqrt{n}}=4.10-1.96\,\frac{1.75}{\sqrt{50}}=3.61$$

$$\bar{x}+u_{\frac{\alpha}{2}}\frac{\sigma}{\sqrt{n}}=4.10+1.96\,\frac{1.75}{\sqrt{50}}=4.59$$

由公式(9.3.2)可知 μ 的置信水平为 0.95 的置信区间为(3.61,4.59)。

2. σ^2 未知,求总体均值 μ 的置信区间

考虑到 S^2 是 σ^2 的无偏估计量,因此式(9.3.1)中 σ 用 S 来代替,则得到随机变量

$$T=\frac{\overline{X}-\mu}{S/\sqrt{n}}\sim t(n-1)$$

类似可以由 t 分布的对称性质得到(见图 9.3.2)

$$P\left\{-t_{\frac{\alpha}{2}}(n-1)<\frac{\overline{X}-\mu}{S/\sqrt{n}}<t_{\frac{\alpha}{2}}(n-1)\right\}=1-\alpha$$

$$P\left\{\overline{X}-t_{\frac{\alpha}{2}}(n-1)\frac{S}{\sqrt{n}}<\mu<\overline{X}+t_{\frac{\alpha}{2}}(n-1)\frac{S}{\sqrt{n}}\right\}=1-\alpha$$

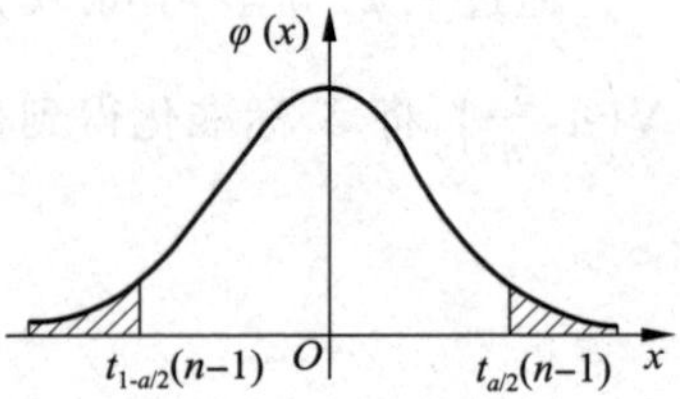

图 9.3.2

其中 $t_{\frac{\alpha}{2}}(n-1)$ 是自由度为 $n-1$ 的 t 分布的 $\frac{\alpha}{2}$ 水平的上侧分位点,则 μ 的置信度 $1-\alpha$ 的置信区间为

$$\left(\overline{X}-t_{\frac{\alpha}{2}}(n-1)\frac{S}{\sqrt{n}},\overline{X}+t_{\frac{\alpha}{2}}(n-1)\frac{S}{\sqrt{n}}\right) \tag{9.3.3}$$

例 9.3.2 已知某地区新生婴儿的体重 $X\sim N(\mu,\sigma^2)$,μ,σ^2 均未知,随机抽查 12 个婴儿体重得到 $\bar{x}=3057$,$s=375.3$,求 μ 的置信度为 0.95 的置信区间。

解 由题可知 $n=12$,$1-\alpha=0.95$,则 $\alpha=0.05$。查表得 $t_{\frac{\alpha}{2}}(n-1)=t_{0.025}(11)=2.201$,则

$$\bar{x}-t_{\frac{\alpha}{2}}(n-1)\frac{S}{\sqrt{n}}=3057-2.201\,\frac{375.3}{\sqrt{12}}=2818$$

$$\bar{x}+t_{\frac{\alpha}{2}}(n-1)\frac{S}{\sqrt{n}}=3057+2.201\,\frac{375.3}{\sqrt{12}}=3296$$

由公式(9.3.3)可知 μ 的置信度为 0.95 的置信区间为(2818,3296)。

3. 方差 σ^2 的置信区间

因为在一般情况下,总体均值是未知的,所以这里只讨论当 μ 未知时,对方差 σ^2 的区间估计。

考虑到 S^2 是 σ^2 的无偏估计量,取样本函数

$$\chi^2=\frac{(n-1)S^2}{\sigma^2}\sim\chi^2(n-1)$$

对于给定的置信度 $1-\alpha$，由 χ^2 分布的性质可以知道(见图 9.3.3)

$$P\left\{\chi^2<\chi^2_{\frac{\alpha}{2}}(n-1)\right\}=1-\frac{\alpha}{2}$$

$$P\left\{\chi^2<\chi^2_{1-\frac{\alpha}{2}}(n-1)\right\}=\frac{\alpha}{2}$$

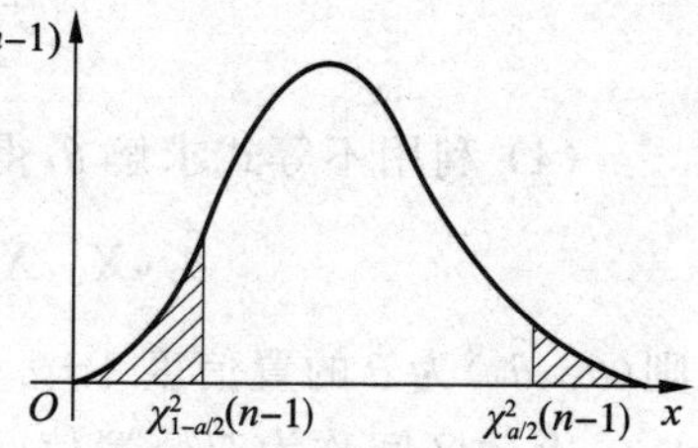

图 9.3.3

其中 $\chi^2_{1-\frac{\alpha}{2}}(n-1)$ 与 $\chi^2_{\frac{\alpha}{2}}(n-1)$ 分别是自由度为 $n-1$ 的 χ^2 分布的 $1-\frac{\alpha}{2}$ 水平与 $\frac{\alpha}{2}$ 水平的上侧分位点，则

$$P\left\{\chi^2_{1-\frac{\alpha}{2}}(n-1)<\chi^2<\chi^2_{\frac{\alpha}{2}}(n-1)\right\}=1-\alpha$$

即

$$P\left\{\chi^2_{1-\frac{\alpha}{2}}(n-1)<\frac{(n-1)S^2}{\sigma^2}<\chi^2_{\frac{\alpha}{2}}(n-1)\right\}=1-\alpha$$

$$P\left\{\frac{(n-1)S^2}{\chi^2_{\frac{\alpha}{2}}(n-1)}<\sigma^2<\frac{(n-1)S^2}{\chi^2_{1-\frac{\alpha}{2}}(n-1)}\right\}=1-\alpha$$

由此得总体方差 σ^2 的置信度 $1-\alpha$ 的置信区间为

$$\left(\frac{(n-1)S^2}{\chi^2_{\frac{\alpha}{2}}(n-1)},\frac{(n-1)S^2}{\chi^2_{1-\frac{\alpha}{2}}(n-1)}\right) \tag{9.3.4}$$

例 9.3.3 随机地取某种炮弹 9 发做试验，测得炮口速度的样本标准差 $s=11\text{m/s}$，设炮口速度 $X\sim N(\mu,\sigma^2)$，求这种炮弹的炮口速度的标准差 σ 的 95% 的置信区间。

解 由题可知 $n=9,s=11,1-\alpha=0.95$，则 $\alpha=0.05$。查表得 $\chi^2_{\frac{\alpha}{2}}(n-1)=\chi^2_{0.025}(8)=17.535,\chi^2_{1-\frac{\alpha}{2}}(n-1)=\chi^2_{0.975}(8)=2.18$，则

$$\sqrt{\frac{(n-1)S^2}{\chi^2_{\frac{\alpha}{2}}(n-1)}}=\sqrt{\frac{8\times 11^2}{17.535}}=7.4$$

$$\sqrt{\frac{(n-1)S^2}{\chi^2_{1-\frac{\alpha}{2}}(n-1)}}=\sqrt{\frac{8\times 11^2}{2.18}}=21.1$$

由公式(9.3.4)可知 σ 的置信度为 0.95 的置信区间为(7.4,21.1)。

由前面的讨论和例子可以知道，对于给定的置信度 $1-\alpha$，根据样本来确定未知参数 θ 置信区间 $(\hat{\theta}_1,\hat{\theta}_2)$ 的问题就是参数的区间估计问题，基本思路如下：

(1) 设 $X_1,X_2,\cdots,X_n$ 是来自总体 X 的一个样本，取一个 θ 的较优的点估计 $\hat{\theta}(X_1,X_2,\cdots,X_n)$，最好是无偏的；

(2) 从 $\hat{\theta}$ 出发，找一个样本函数 $W=W(X_1,X_2,\cdots,X_n;\theta)$，其分布已知，且含有唯一一个未知参数 θ，W 的分位点应能从表中查到；

(3) 查表求得 W 的 $1-\frac{\alpha}{2}$ 及 $\frac{\alpha}{2}$ 分位点 a,b,使

$$P\{a<\theta<b\}=1-\alpha$$

(4) 利用不等式求解 θ,得出其等价形式

$$\hat{\theta}_1(X_1,X_2,\cdots,X_n)<\theta<\hat{\theta}_2(X_1,X_2,\cdots,X_n)$$

则$(\hat{\theta}_1,\hat{\theta}_2)$为 θ 的置信度 $1-\alpha$ 的置信区间。此时,$P\{\hat{\theta}_1<\theta<\hat{\theta}_2\}=1-\alpha$。

上述区间称为双侧置信区间,也可类似求出单侧置信区间,使得

$$P\{\theta<\hat{\theta}_2\}=1-\alpha \quad 或 \quad P\{\hat{\theta}_1<\theta\}=1-\alpha$$

两个正态总体参数的区间估计思路类似,在本书中就不做讨论了。

习题九

1. 设总体的分布密度为

$$f(x,\alpha)=\begin{cases}(\alpha+1)x^{\alpha}, & 0<x<1\\ 0, & 其他\end{cases}$$

$X_1,X_2,\cdots,X_n$ 为其样本。求参数 α 的矩估计量 $\hat{\alpha}_1$ 和极大似然估计量 $\hat{\alpha}_2$。现测得样本观测值为 0.1,0.2,0.9,0.8,0.7,求参数 α 的估计值。

2. 设元件无故障工作时间 X 具有指数分布,取 1000 个元件的记录数据,经分组后得到它的频数分布为

组中值 x_i	5	15	25	35	45	55	65
频数 v_i	365	245	150	100	70	45	25

如果各组中数据都取为组中值,使用极大似然法求参数 λ 的点估计。

3. 一只某种灯泡服从正态分布,在某星期所生产的该种灯泡中随机抽取 10 只,测得其寿命(单位: h)为

1067,919,1196,785,1126,936,918,1156,920,948

设总体参数都未知,试用极大似然法估计这个星期中生产的灯泡能使用 1300h 以上的概率。

4. 设总体 $X\sim N(\mu,\sigma^2)$,试利用容量为 n 的样本 $X_1,X_2,\cdots,X_n$ 分别就以下两种情况,求出使 $P\{X>A\}=0.05$ 的点 A 的极大似然估计量。

(1) 若 $\sigma=1$ 时; (2) 若 μ,σ^2 均未知时。

5. 设 X_1,X_2,X_3 是总体 X 的样本,试证下述三个统计量:

$$\hat{a}_1=\frac{1}{5}X_1+\frac{3}{10}X_2+\frac{1}{2}X_3$$

$$\hat{a}_2=\frac{1}{3}X_1+\frac{1}{4}X_2+\frac{5}{12}X_3$$

$$\hat{a}_3=\frac{1}{7}X_1+\frac{3}{14}X_2+\frac{9}{14}X_3$$

都是总体均值$E(X)$的无偏估计量，并指出哪个方差最小？

6. 设$X_1,X_2,\cdots,X_n$是来自总体X的样本，并且$E(X)=\mu,D(X)=\sigma^2,\overline{X},S^2$是样本均值和样本方差，试确定常数$C$，使$\overline{X}^2-CS^2$是$\mu^2$的无偏估计量。

7. 设$X_1,X_2,\cdots,X_n$是来自于总体X的样本，总体X的概率分布为

$$f(x,\theta)=\left(\frac{\theta}{2}\right)^{|x|}(1-\theta)^{1-|x|},\quad x=-1,0,1;0\leqslant\theta\leqslant1$$

(1) 求参数θ的极大似然估计量$\hat{\theta}$；

(2) 试问极大似然估计$\hat{\theta}$是否是有效估计量？如果是，求它的方差$D(\hat{\theta})$。

8. 从一批螺钉中随机取16枚，测得其长度(单位：cm)为

2.14，2.10，2.13，2.15，2.13，2.12，2.13，2.10

2.15，2.14，2.12，2.10，2.13，2.11，2.14，2.11

设钉长服从正态分布，在如下两种情况下，试求总体均值μ的90%置信区间。

(1) 已知$\sigma=0.01$cm；(2) 若σ未知。

9. 随机地从A批导线中抽取4根，并从B批导线中抽取5根，测得其电阻(单位：Ω)为

A批导线：0.143，0.142，0.143，0.137

B批导线：0.140，0.142，0.136，0.138，0.140

设测试数据分别服从$N(\mu_1,\sigma^2)$和$N(\mu_2,\sigma^2)$，并且它们相互独立，又μ_1,μ_2,σ^2均未知，求参数$\mu_1-\mu_2$的置信度为95%的置信区间。

10. 有两位化验员A,B，他们独立地对某种聚合物的含氯量用相同方法各做了10次测定，其测定值的方差S^2依次为0.5419和0.6065，设σ_A^2与σ_B^2分别为A,B所测量数据的总体方差(正态总体)，求方差比σ_A^2/σ_B^2的置信度为95%的置信区间。

第10章 假设检验

统计假设检验是应用最为广泛的一种统计推断方法,因为几乎所有的统计应用都要用到假设检验,而且假设检验的方法同点估计和置信区间之间有密切联系,因此假设检验在统计推断中占据十分突出的地位。假设检验方法实际上是一种概率反证法,本章将介绍统计假设检验的基本理论和常用方法。

10.1 检验的基本原理

10.1.1 假设检验的基本思想及推理方法

定义 10.1.1 在总体的分布未知或总体的分布形式已知但参数未知的情况下,为推断总体的某些性质,提出关于总体的某种假设,然后根据抽样得到样本观测值,运用统计分析的方法,对所做假设做出接受还是拒绝的决策,该决策过程称为**假设检验**。假设检验分为参数假设检验和非参数假设检验,其中总体分布已知但参数未知的假设检验称为**参数假设检验**,总体分布未知的假设检验称为**非参数假设检验**。

下面通过一个例子来介绍假设检验的基本思想及推理方法。

例 10.1.1 某工厂生产一种电子元件,在正常生产情况下,该电子元件的使用寿命 X(单位: h)服从正态分布 $N(2500,110^2)$。某日从该工厂生产的一批电子元件中随机抽取 16 个,测得样本均值$\bar{x}=2435$h,假定电子元件使用寿命的方差不变,是否可以认为该日生产的这批电子元件使用寿命的均值 $\mu=2500$h?

解 因为电子元件的使用寿命 $X\sim N(\mu,\sigma^2)$,且 $\sigma=\sigma_0=110$,由题意可知,所讨论的问题是检验如下两个假设:

$$H_0: \mu=\mu_0=2500; \quad H_1: \mu\neq\mu_0$$

这里把假设 H_0 称为原假设,而把假设 H_1 称为备择假设。检验的目的就是要在原假设 H_0 与备择假设 H_1 二者之中选择其一:如果认为原假设 H_0 是正确的,则接受 H_0;如果认为原假设 H_0 是不正确的,则拒绝 H_0 而接受备择假设 H_1。

如何判断原假设是否成立呢?考虑到 $\overline{X}$ 是 μ 的无偏估计量,所以 $\overline{X}$ 的大小在一定程度上反映了 μ 的大小。若 H_0 成立,即 $\mu=2500$,则 $\overline{X}$ 与 2500 应当比较接近,即

$|\overline{X}-2500|$ 应当较小；反之，若 $|\overline{X}-2500|$ 较大，则认为原假设 H_0 不成立。因此，我们可以选取一正数 k，使得当 $|\overline{X}-\mu_0|>k$ 时，拒绝原假设 H_0；若 $|\overline{X}-\mu_0|\leqslant k$，就接受原假设 H_0。

为此，首先给定一个临界概率 α（通常 α 取较小的值，如 0.05 或 0.01），α 称为显著性水平。然后，在原假设 H_0 成立的条件下，确定数值 k，使随机事件 $|\overline{X}-\mu_0|>k$ 的概率等于 α，即 $P\{|\overline{X}-\mu_0|>k\}=\alpha$。

考虑统计量

$$U=\frac{\overline{X}-\mu_0}{\sigma_0/\sqrt{n}}\sim N(0,1)$$

于是有

$$P\{|U|>u_{\alpha/2}\}=P\left\{\frac{|\overline{X}-\mu_0|}{\sigma_0/\sqrt{n}}>u_{\alpha/2}\right\}=P\left\{|\overline{X}-\mu_0|>\frac{\sigma_0}{\sqrt{n}}u_{\alpha/2}\right\}=\alpha$$

由此取 $k=\frac{\sigma_0}{\sqrt{n}}u_{\alpha/2}$ 时，有 $P\{|\overline{X}-\mu_0|>k\}=\alpha$ 成立，这里称 $u_{\alpha/2}$ 为**临界值**。

对于给定的显著性水平 $\alpha=0.05$，查表可知 $u_{\alpha/2}=u_{0.025}=1.96$，从而有

$$P\{|U|>1.96\}=P\left\{\frac{|\overline{X}-\mu_0|}{\sigma_0/\sqrt{n}}>1.96\right\}=0.05$$

因为 $\alpha=0.05$ 很小，所以事件 $|u|>1.96$ 是小概率事件。根据小概率事件在一次试验中几乎是不可能性发生的这一原理，可以认为在原假设 H_0 成立的条件下，这样的事件实际上是不可能发生的。

将抽样数据代入统计量 U 中，有

$$|u|=\frac{|2435-2500|}{110/\sqrt{16}}\approx 2.36>1.96$$

上式表明小概率事件竟然在一次试验中发生了，于是可以认为该事件不应该是小概率事件。因此，说明抽样检查的结果与原假设 H_0 不相符合，即样本均值 $\bar{x}$ 与假设的总体均值 μ_0 之间存在显著性差异。所以，应当拒绝 H_0 而接受 H_1，即认为该日生产的这批电子元件使用寿命的均值 $\mu\neq 2500\text{h}$。

需要注意的是，上述结论是在显著性水平 $\alpha=0.05$ 的情况下得出的，如果取显著性水平 $\alpha=0.01$，查表可知 $u_{\alpha/2}=u_{0.005}=2.58$，从而有

$$P\{|U|>2.58\}=P\left\{\frac{|\overline{X}-\mu_0|}{\sigma_0/\sqrt{n}}>2.58\right\}=0.01$$

因为抽样检查的结果是

$$|u|=\frac{|2435-2500|}{110/\sqrt{16}}\approx 2.36<2.58$$

则小概率事件 $|U|>2.58$ 没有发生，所以没有理由拒绝原假设 H_0，就应当接受 H_0，即可以认为该日生产的这批电子元件使用寿命的均值 $\mu=2500\text{h}$。当然，为了慎重起见，也可以作进一步的检验，然后再做出决定。

由此可见，假设检验的结论与选取的显著性水平 α 有密切的关系。所以，必须说明假设检验的结论是在怎样的显著性水平 α 下提出的。

上述假设检验中使用的推理方法是：为了检验原假设 H_0 是否成立，不妨先假定原假设 H_0 成立，然后运用数理统计的分析方法考察由此将导致什么结果。如果导致小概率事件竟然在一次试验中发生了，则应该认为这是“不合理”的现象，表明原假设 H_0 很可能不成立，从而拒绝 H_0；相反，如果没有导致上述“不合理”现象发生，则没有理由拒绝 H_0。总的来说，假设检验的思想是根据小概率事件的实际不可能性原理来推断的。

下面介绍统计检验的一种常用方法，即 p 值法。所谓 p 值是原假设成立时，检验统计量出现那个观测值或者比它更极端值的概率。此法的要旨是：在有了检验统计量以及它的观测值之后，只需计算相应的 p 值。如果 p 值较大，表明在原假设下出现这个观测值并无不正常之处，因而不能拒绝 H_0；如果 p 值很小，则在原假设下一个小概率事件在该次试验发生，这与小概率事件的实际不可能性原理矛盾，这个矛盾表明数据不支持原假设，从而得出拒绝原假设的结论。

引进 p 值的概念有明显的好处。首先，它比较客观，避免了事先确定显著性水平；其次，由检验的 p 值与人们心目中的显著性水平 α 进行比较，可以容易得出检验的结论：

如果 $p\leqslant\alpha$，等价于样本点落在了拒绝域内，则在显著性水平 α 下，拒绝原假设；

如果 $p>\alpha$，等价于样本点没有落在拒绝域内，则在显著性水平 α 下，不能拒绝原假设。

随着实用统计软件的开发，p 值得以迅速计算，因而 p 值法已成为统计假设检验的重要方法。

例 10.1.2 独立投掷一枚硬币 100 次，观察到正面向上为 61 次，检验该硬币是否均匀。

解 记 $p=P\{\text{正面向上}\}$，则“硬币是均匀的”等价于“$p=\dfrac{1}{2}$”，因而可设

$$H_0: p=\frac{1}{2};\quad H_1: p\neq\frac{1}{2}$$

又记 X 为 100 次投掷中正面向上出现的次数，则在 H_0 下 $X\sim B\left(100,\dfrac{1}{2}\right)$。

$E(X)=100\times\dfrac{1}{2}=50$，$\sigma(X)=\sqrt{100\times\dfrac{1}{4}}=5$，因为 $n=100$ 较大，所以在 H_0 下

$$U=\frac{X-50}{5}\sim N(0,1)$$

将 X 的观测值代入统计量 U 中得观察值 $u=\frac{61-50}{5}=2.2$。由此计算 p 值为

$$p=P\{|U|\geqslant 2.2|H_0\}=2(1-\Phi(2.2))=2(1-0.9861)=0.0278<0.05$$

因此在 H_0 下，投掷结果 $|X-50|\geqslant 11$ 是一个小概率事件，与小概率事件的实际不可能性原理矛盾。只能拒绝 H_0，也就是说，基于试验数据，我们只能认为该硬币非均匀。

需要注意的是，p 值法与传统假设检验本质是一致的，它仍然是根据小概率事件的实际不可能性原理来推断结论的，只是比较的对象不同而已。传统假设检验比较的对象是统计量的观测值与临界值的关系，p 值法比较的对象是统计量的观测值出现的概率 p 与显著性水平的关系。本书接下来的介绍都采用了前者。

10.1.2 双侧假设检验与单侧假设检验

定义 10.1.2 在上述讨论的假设检验中，当统计量 U 的观察值的绝对值大于临界值 $u_{\alpha/2}$，即 u 的观察值落在区间 $(-\infty,-u_{\alpha/2})$ 或 $(u_{\alpha/2},+\infty)$ 内时，则拒绝原假设 H_0，通常把这样的区间称为关于原假设 H_0 的**拒绝域**。因为上述拒绝域分别位于两侧，所以把这类假设检验称为**双侧假设检验**。

除了双侧假设检验外，有时还需要用到单侧假设检验。以例 10.1.1 来说，实际我们关心的是电子元件使用寿命的均值 μ 不应太小，所以把问题改为“是否可以认为该日生产的这批电子元件使用寿命的均值 μ 不小于 2500h?”似乎更为合理。这样，就需要检验下面的假设：

$$H_0: \mu\geqslant\mu_0=2500; \quad H_1: \mu<\mu_0$$

当 H_1 为真时，观察值 $\bar{x}$ 通常偏小。因此，拒绝域形式应为 $\{\overline{X}-\mu_0<-k\}$，$k$ 为某一正数。

由于这里的原假设 H_0 比较复杂，分别讨论如下：

① 设 $\mu=\mu_0$，则对于给定的显著性水平 α，有

$$P\{U<-u_\alpha\}=P\left\{\frac{\overline{X}-\mu_0}{\sigma_0/\sqrt{n}}<-u_\alpha\right\}=\alpha$$

② 设 $\mu>\mu_0$，因为 μ 是总体均值，所有对于给定的显著性水平 α，有

$$P\left\{\frac{\overline{X}-\mu}{\sigma_0/\sqrt{n}}<-u_\alpha\right\}=\alpha$$

当 $\mu>\mu_0$ 时，有 $\frac{\overline{X}-\mu}{\sigma_0/\sqrt{n}}<\frac{\overline{X}-\mu_0}{\sigma_0/\sqrt{n}}$，因而事件

$$\left\{\frac{\overline{X}-\mu_0}{\sigma_0/\sqrt{n}}<-u_\alpha\right\}\subset\left\{\frac{\overline{X}-\mu}{\sigma_0/\sqrt{n}}<-u_\alpha\right\}$$

所以 $P\{U<-u_\alpha\}=P\left\{\frac{\overline{X}-\mu_0}{\sigma_0/\sqrt{n}}<-u_\alpha\right\}\leqslant P\left\{\frac{\overline{X}-\mu}{\sigma_0/\sqrt{n}}<-u_\alpha\right\}=\alpha$。

综合上面的讨论可知，对于给定的显著水平 α，在原假设 $\mu\geqslant\mu_0$ 成立的条件下，$P\{U<-u_\alpha\}\leqslant\alpha$，所以事件 $U<-u_\alpha$ 是小概率事件。如果抽样检查的结果表明，统计量 U 的观察值小于 $-u_\alpha$，则拒绝 H_0 而接受备择假设 H_1，即认为 $\mu<\mu_0$；相反，如果统计量 u 的观察值不小于 $-u_\alpha$，则接受 H_0，即认为 $\mu\geqslant\mu_0$。

定义 10.1.3 在上述假设的检验中，当统计量 u 的观察值落在区间 $(-\infty,-u_\alpha)$ 内时，拒绝原假设 H_0。若拒绝域只有 $(u_\alpha,+\infty)$ 或 $(-\infty,-u_\alpha)$，即拒绝域位于一侧，这类假设检验称为**单侧假设检验**。按照拒绝域位于左侧或右侧，单侧假设检验又可分为左侧假设检验和右侧假设检验。即关于假设

$$H_0:\mu\geqslant\mu_0;\quad H_1:\mu<\mu_0$$

的检验是**左侧假设检验**。而关于假设

$$H_0:\mu\leqslant\mu_0;\quad H_1:\mu>\mu_0$$

的检验是**右侧假设检验**。

10.1.3 假设检验的一般步骤

根据前面的讨论可知，假设检验一般可以按下述步骤进行：

① 根据实际问题提出原假设 H_0 与备择假设 H_1，即说明需要检验的假设的具体内容；

② 选取适当的统计量，并在原假设 H_0 成立的条件下确定该统计量的分布；

③ 对于给定的显著性水平 α，根据统计量的分布查表，确定统计量对应于 α 的临界值；

④ 根据样本观察值计算统计量的观察值，并与临界值比较，从而对拒绝或接受原假设 H_0 作出判断。

10.1.4 假设检验的两类错误

需要指出的是，假设检验的推理方法是根据小概率事件的实际不可能性原理做出判断的一种方法。然而，由于小概率事件 A，无论其概率多么小，还是可能发生的，所以利用上述方法进行假设检验，可能作出错误的判断。错误的判断有以下两种情况：

第一类错误：原假设 H_0 是正确的，但是却错误地拒绝了 H_0。这类错误为“弃

真错误”，称为第一类错误，犯第一类错误的概率记为 α，即

$$P\{拒绝\ H_0 \mid H_0\ 为真\}=\alpha$$

第二类错误：原假设 H_0 是不正确的，但是却错误地接受了 H_0。这类错误为“取伪错误”，称为第二类错误，犯第二类错误的概率记为 β，即

$$P\{接受\ H_0 \mid H_0\ 不真\}=\beta$$

在实际推断中，我们当然希望犯这两类错误的概率越小越好。然而，当样本容量一定时，α 与 β 不可能同时减小。一般来说，我们可以控制犯第一类错误的概率，即指定一个小概率 α，使犯第一类错误的概率不超过 α。在这样的情况下，再通过增加样本容量 n 使 β 减小，从而使 α，β 都适当小。按这样的原则建立的检验法则称为统计假设 α 水平显著性检验。

10.1.5 假设检验与区间估计的关系

假设检验与参数估计是统计推断的两个重要组成部分，它们都是利用样本信息对总体进行某种判断，但推断的角度不同：在参数估计中，总体参数在估计前未知，参数估计是利用样本信息对总体参数作出估计。而假设检验则是先对某参数取值提出一个假设，然后根据样本信息检验假设是否成立。

假设检验与参数估计的联系主要表现在三个方面：第一，它们都是根据样本信息推断总体参数；第二，它们都是以抽样分布为理论依据，是建立在概率论基础之上的推断；第三，它们的分析方法类似，都需要根据信息建立相应的统计量并进行计算。

假设检验与参数估计的区别也表现在三个方面：第一，参数估计是样本资料估计总体参数的真值，而假设检验则是以样本资料检验对总体参数的假设是否成立；第二，区间估计的目标是求解以样本估计值为中心的双侧置信区间，而假设检验既有双侧检验，也有单侧检验；第三，区间估计立足于大概率，对未知参数给出估计的取值区间时，具有相当大的把握，即置信度 $1-\alpha$ 应当相当大；假设检验立足于小概率性，是在已经给出的未知参数的条件下，确定不能接受这个假设的容忍界限，从而制造一个小概率事件：当概率小到 α 以下时，便可以拒绝已经给出的假设，由于 α 一般很小，所以对原假设有相当大的“偏袒”。

10.2 一个正态总体参数的假设检验

设总体 $X\sim N(\mu,\sigma^2)$，$X_1,X_2,\cdots,X_n$ 是来自 X 的样本，考虑对参数 μ 和 σ^2 作显著性水平 α 的检验问题。

1. σ^2 已知,关于总体均值 μ 的假设检验(U 检验)

1) 检验假设 $H_0: \mu=\mu_0; H_1: \mu\neq\mu_0$

例 10.2.1 从甲地发送一个信号到乙地。设乙地接收到的信号值是一个服从正态分布 $N(\mu,2^2)$的随机变量,其中 μ 为甲地发送的真实信号值。现甲地重复发送同一信号 5 次,乙地接收到的信号值为

$$8.05 \quad 8.15 \quad 8.2 \quad 8.1 \quad 8.25$$

设接收方有理由猜测甲地发送的信号值是 8,问能否接受这猜测?

解 由题意可知所讨论的问题是检验如下两个假设:

$$H_0: \mu=8; \quad H_1: \mu\neq 8$$

若假设 H_0 成立,则 $U=\dfrac{\overline{X}-\mu_0}{\sigma_0/\sqrt{n}}\sim N(0,1)$。显著性水平 $\alpha=0.05$,查表知 $u_{\alpha/2}=1.96$,其拒绝域为$|U|>1.96$。由样本值得$\bar{x}=8.15$,所以 $u=\dfrac{8.15-8}{2/\sqrt{5}}=1.68$,由于$|u|=1.68<1.96$,故接受原假设 H_0,可认为猜测成立。

检验步骤:已知 σ^2,假设 $H_0: \mu=\mu_0; H_1: \mu\neq\mu_0$ 的检验过程是:

① 提出假设 $H_0: \mu=\mu_0; H_1: \mu\neq\mu_0$;

② 选取统计量 $U=\dfrac{\overline{X}-\mu_0}{\sigma_0/\sqrt{n}}$,当 H_0 成立时,$U\sim N(0,1)$;

③ 给定显著性水平 $\alpha(0<\alpha<1)$,查标准正态分布表的临界值 $u_{\alpha/2}$,使 $P\{|U|>u_{\alpha/2}\}=\alpha$,从而确定拒绝域$(-\infty,-u_{\alpha/2})\cup(u_{\alpha/2},+\infty)$;

④ 由样本观察值计算统计量 U 的值 u,若$|u|>u_{\alpha/2}$,则拒绝 H_0,否则接受 H_0。

2) 检验假设 $H_0: \mu\leqslant\mu_0; H_1: \mu>\mu_0$

例 10.2.2 某厂生产一种灯管,其寿命(单位:h) $X\sim N(1500,200^2)$,今采用新工艺进行生产后,再从产品中随机抽 25 只进行测试,得到寿命的平均值为 1675,问采用新工艺后,灯管质量是否有显著提高($\alpha=0.025$)?

解 由题意可知所讨论的问题是检验如下两个假设:

$$H_0: \mu\leqslant 1500; \quad H_1: \mu>1500$$

取 $U=\dfrac{\overline{X}-1500}{\sigma_0/\sqrt{n}}$,在 H_0 成立的条件下,U 的分布不确定。但 $U'=\dfrac{\overline{X}-\mu}{\sigma_0/\sqrt{n}}\sim N(0,1)$,虽然$U'$中有未知参数$\mu$,但当 H_0 成立时$U\leqslant U'$。因而事件$\{U>u_\alpha\}\subset\{U'>u_\alpha\}$,故$P\{U>u_\alpha\}\leqslant P\{U'>u_\alpha\}$。由 $P\{U'>u_\alpha\}=\alpha$ 知 $P\{U>u_\alpha\}\leqslant\alpha$,即事件$\{U>u_\alpha\}$比事件$\{U'>u_\alpha\}$的概率更小,所以对给定的显著性水平 α,$\{U>u_\alpha\}$是小概率事件,其拒绝域为 $U>u_\alpha$。

对于 $\alpha=0.05$,查标准正态分布表得 $u_\alpha=1.64$。

$$u=\frac{\overline{x}-1500}{\sigma/\sqrt{n}}=\frac{1675-1500}{200/\sqrt{25}}=4.375>1.64$$

由于 u 值落在拒绝域中，所以对于显著性水平 $\alpha=0.05$，应拒绝 H_0，即认为采用新工艺后，灯管质量没有显著提高。

检验步骤：已知 σ^2，假设 $H_0: \mu\leqslant\mu_0; H_1: \mu>\mu_0$ 的检验过程是：

① 提出假设 $H_0: \mu\leqslant\mu_0; H_1: \mu>\mu_0$；

② 选取统计量 $U=\dfrac{\overline{X}-\mu_0}{\sigma_0/\sqrt{n}}$（此时 U 的分布不定）；

③ 给定显著性水平 $\alpha(0<\alpha<1)$，$P\left\{\dfrac{\overline{X}-\mu_0}{\sigma_0/\sqrt{n}}>u_\alpha\right\}\leqslant P\left\{\dfrac{\overline{X}-\mu}{\sigma_0/\sqrt{n}}>u_\alpha\right\}=\alpha$，查标准正态分布表的临界值 u_α，从而确定拒绝域 $(u_\alpha,+\infty)$；

④ 由样本观察值计算统计量 U 的值 u，若 $u>u_\alpha$，则拒绝 H_0，否则接受 H_0。

同理，若假设为 $H_0: \mu\geqslant\mu_0$，则对于给定的显著性水平 α，不难推出其拒绝域为 $U<-u_\alpha$。

这里对上面讨论的三种情形下的拒绝域作一直观说明。在假设检验 $H_0: \mu=\mu_0$ 时，拒绝域在两侧，这是基于若 H_0 成立，即 $\mu=\mu_0$，则 $\overline{X}-\mu_0$ 不应该太大也不应该太小，因此 $|U|>u_{\alpha/2}$ 时拒绝 H_0。而在检验假设 $H_0': \mu\leqslant\mu_0$ 时，考虑到若 H_0' 成立，即 $\mu\leqslant\mu_0$，则 $\overline{X}-\mu_0$ 不应该太大，较小比较合理，因此拒绝域在右侧，$U>u_\alpha$ 时拒绝 H_0。同理，假设 $H_0: \mu\geqslant\mu_0$ 的拒绝域为左侧的 $U<-u_\alpha$。

在上述问题中，我们都是利用统计量 U 来确定拒绝域，所以这种检验也称为 U 检验。

2. $\boldsymbol{\sigma^2}$ 未知，关于总体均值 $\boldsymbol{\mu}$ 的假设检验（t 检验）

1）检验假设 $H_0: \mu=\mu_0; H_1: \mu\neq\mu_0$

由于 σ^2 未知，自然想到用它的无偏估计量 S^2 来代替 σ^2。类似于 σ^2 已知的情形，有下面的检验过程。

检验步骤：

① 提出假设 $H_0: \mu=\mu_0; H_1: \mu\neq\mu_0$；

② 选取统计量 $T=\dfrac{\overline{X}-\mu_0}{S/\sqrt{n}}$，当 H_0 成立时，$T\sim t(n-1)$；

③ 给定显著性水平 $\alpha(0<\alpha<1)$，查 t 分布双侧分位数表的临界值 $t_{\alpha/2}(n-1)$，使得 $P\{|T|>t_{\alpha/2}(n-1)\}=\alpha$，从而确定拒绝域为 $(-\infty,-t_{\alpha/2})\cup(t_{\alpha/2},+\infty)$；

④ 由样本观察值计算统计量 T 的值，若 $|t|>t_{\alpha/2}(n-1)$，则拒绝 H_0，否则接受 H_0。

由于上述的检验是利用服从 t 分布的统计量确定拒绝域，因此称为 t 检验。

例 10.2.3 据历史统计资料，某市新生儿平均体重为 3250g，现从 2004 年新生儿中随机抽取 25 个，测得其平均体重为 3300g，样本标准差为 300g，问在显著性水平 0.01 下，2004 年新生儿的体重与过去有无显著差异？

解 检验假设 $H_0: \mu=3250$；$H_1: \mu\neq 3250$。取统计量 $T=\dfrac{\overline{X}-3250}{S/\sqrt{n}}$，拒绝域为 $|T|>t_{\alpha/2}(n-1)$。由 $n=25$，$\bar{x}=3300$，$s=300$，$t_{0.005}(24)=2.797$，算得

$$|t|=\frac{|3300-3250|}{300}\times\sqrt{25}=0.833<2.797$$

所以接受 H_0，即在 $\alpha=0.01$ 时，可以认为 2004 年新生儿的体重与过去无显著差异。

2) 检验假设 $H_0: \mu\leqslant\mu_0$；$H_1: \mu>\mu_0$

当 H_0 成立时，$T=\dfrac{\overline{X}-\mu_0}{S/\sqrt{n}}$ 的分布不确定。但 $T'=\dfrac{\overline{X}-\mu}{S/\sqrt{n}}\sim t(n-1)$ 且 $T\leqslant T'$。因而事件 $\{T>t_\alpha(n-1)\}\subset\{T'>t_\alpha(n-1)\}$，故在 H_0 成立的条件下，对于显著性水平 α 有

$$P\{T>t_\alpha(n-1)\}\leqslant P\{T'>t_\alpha(n-1)\}=\alpha,\quad 即\quad P\left\{\frac{\overline{X}-\mu_0}{S/\sqrt{n}}>t_\alpha(n-1)\right\}\leqslant\alpha$$

其中 $t_\alpha(n-1)$ 是自由度为 $n-1$ 的 t 分布，水平为 α 的上侧分位数。

所以 H_0 的拒绝域为 $T>t_\alpha(n-1)$，由样本值计算统计量 T 的值，若 $T>t_\alpha(n-1)$，则拒绝 H_0，否则接受 H_0。

同理可得，若假设为 $H_0: \mu\geqslant\mu_0$，对于显著性水平 α，其拒绝域为 $T<-t_\alpha(n-1)$。

例 10.2.4 已知某厂排放的工业废水中某种有害物质的千分比含量 X 服从正态分布。环保条例规定排放的工业废水中该有害物质的含量不得超过 0.5 个单位，从该厂所排放的工业废水中随机抽取 5 份水样，测量该有害物质的含量分别为

$$0.53\quad 0.54\quad 0.51\quad 0.49\quad 0.53$$

当显著性水平 $\alpha=0.05$ 时，问该厂排放的工业废水中该有害物质的平均含量是否显著超过环保规定标准？

解 假设 $H_0: \mu\leqslant 0.5$。取统计量 $T=\dfrac{\overline{X}-0.5}{S/\sqrt{n}}$，对于 $\alpha=0.05$，$n-1=4$，查 t 分布表得临界值 $t_{0.05}(4)=2.132$，拒绝域为 $T>2.132$。由样本值得 $\bar{x}=0.52$，$s=0.02$，

$$t=\frac{0.52-0.50}{0.02}\times\sqrt{5}=2.236>2.123$$

所以拒绝 H_0，即可以认为该厂排放的工业废水中该有害物质的平均含量明显超标。

例 10.2.5 设木材的小头直径(单位：cm)$X\sim N(\mu,\sigma^2)$，$\mu\geqslant 12$ 为合格，今抽出 12 根木材，测得小头直径的样本均值为 $\bar{x}=11.2$，样本方差为 $s^2=1.44$，问该木材是否合格(取 $\alpha=0.05$)？

解 本题要求检验的两个相对立的假设分别为"$\mu<12$"(不合格)和"$\mu\geqslant 12$"(合格),将 $\mu\geqslant 12$ 作为原假设进行检验。

$$H_0:\mu\geqslant 12;\quad H_1:\mu<12$$

取统计量 $T=\dfrac{\overline{X}-12}{S/\sqrt{n}}$,在 H_0 成立时,T 不应太小,故拒绝域为左侧的 $T<-t_\alpha(n-1)$。

对于 $\alpha=0.05$,$n-1=11$,查 t 分布表得临界值 $t_{0.05}(11)=1.796$,由样本值算得

$$t=\frac{11.2-12}{1.2/\sqrt{12}}\approx -2.3094<-1.796$$

所以拒绝 $H_0:\mu\geqslant 12$,即认为该木材不合格。

这里对原假设和备择假设的设定原则作一简要说明。

(1) 首先应根据题意明确等号"="在小于号"<"一方还是在大于号">"一方,然后将包含等号的一方作为原假设。以上题为例,设 $H_0:\mu\geqslant 12$,则满足 $|t|<t_\alpha(n-1)$ 的 t(注意无论哪一方,原假设这部分 t 都在接受域内,它反映了 $\overline{X}$ 与 12 比较接近)落在包含等号一方的接受域内,否则增大犯第二类错误的概率。

(2) 在实际应用中,根据问题的意义、以往的经验和信息,将应受到保护的一方作为原假设,因为我们是通过拒绝域进行推断的,所以没有相当充分的理由是拒绝不了它的。

顺便指出,对于一般总体 $E(X)$ 的假设检验,在大样本的情形下,上面的方法同样适用。

3. μ 未知,关于方差 σ^2 的检验(χ^2 检验)

参数 σ^2 刻画了总体 X 的离散程度,为了使试验具有一定的稳定性与精确性,常需要考察方差的变化情况,这就是下面要讨论的关于正态总体方差的假设检验。

1) 未知 μ,检验假设 $H_0:\sigma^2=\sigma_0^2$,$H_1:\sigma^2\neq\sigma_0^2$

例 10.2.6 某厂生产的某种型号的电池,其使用寿命(单位: h)长期以来服从方差 $\sigma^2=5000$ 的正态分布,今有一批这种型号的电池,从生产情况看,使用寿命波动性较大,为判断这种看法是否符合实际,从中随机抽取了 26 只电池,测出使用寿命的方差 $s^2=7200$,问根据这个数字能否断定这批电池使用寿命的波动性较以往有显著变化(取 $\alpha=0.02$)?

解 假设 $H_0:\sigma^2=5000$,$H_1:\sigma^2\neq 5000$。

由于 S^2 是 σ^2 的无偏估计,当 $\sigma^2=\sigma_0^2$ 时,比值 S^2/σ_0^2 不应过大或过小,否则意味着 σ^2 可能不等于 σ_0^2。当 H_0 成立时,

$$\chi^2=\frac{(n-1)S^2}{\sigma_0^2}\sim\chi^2(n-1)$$

于是,对于显著性水平 α,可由 χ^2 分布表查得临界值 $\chi^2_{1-\alpha/2}(n-1)$及 $\chi^2_{\alpha/2}(n-1)$,使

$$P\{\chi^2<\chi^2_{1-\alpha/2}(n-1)\}=0.01,\quad P\{\chi^2>\chi^2_{\alpha/2}(n-1)\}=0.01$$

现在 $\alpha=0.02, n=26$，查表得 $\chi^2_{0.99}(25)=44.314, \chi^2_{0.01}(25)=11.524$，又 $s^2=7200$，$\sigma_0^2=5000$，得 $\chi^2=\frac{25\times 7200}{5000}=36$，由于 $11.524\leqslant\chi^2\leqslant 44.314$ 落入接受域，所以接受 H_0，即根据这个数字不能断定这批电池使用寿命的波动性较以往有显著变化。

检验步骤：μ 未知，检验假设 $H_0: \sigma^2=\sigma_0^2, H_1: \sigma^2\neq\sigma_0^2$。

① 提出假设 $H_0: \sigma^2=\sigma_0^2, H_1: \sigma^2\neq\sigma_0^2$；

② 选取统计量 $\chi^2=\frac{(n-1)S^2}{\sigma_0^2}$，当 H_0 成立时，$\chi^2\sim\chi^2(n-1)$；

③ 给定显著性水平 α，查 χ^2 分布表，找出临界值 $\chi^2_{1-\alpha/2}(n-1)$ 及 $\chi^2_{\alpha/2}(n-1)$，使

$$P\{\chi^2<\chi^2_{1-\alpha/2}(n-1)\}=\frac{\alpha}{2},\quad P\{\chi^2>\chi^2_{\alpha/2}(n-1)\}=\frac{\alpha}{2}$$

从而确定拒绝域为 $(0,\chi^2_{1-\alpha/2}(n-1))\cup(\chi^2_{\alpha/2}(n-1),+\infty)$；

④ 由样本观察值计算统计量 χ^2 的值，若 $\chi^2_{1-\alpha/2}(n-1)\leqslant\chi^2\leqslant\chi^2_{\alpha/2}(n-1)$，则接受 H_0，否则拒绝 H_0。

上述检验法称为 χ^2 检验法。

2) 未知 μ，检验假设 $H_0: \sigma^2\leqslant\sigma_0^2, H_1: \sigma^2>\sigma_0^2$

在实际问题中，比如检验产品质量、测量误差等，若总体 X 的方差很小，说明产品的精度高，稳定性好。如果抽样检查时发现样本方差 S^2 比 σ^2 大，可以检验假设 $H_0: \sigma^2\leqslant\sigma_0^2$，若检验的结果是否定的，说明这时产品质量出现了问题。

下面就给出解决这类问题的一般方法：

(1) 提出假设 $H_0: \sigma^2\leqslant\sigma_0^2, H_1: \sigma^2>\sigma_0^2$。

(2) 选取统计量 $\chi^2=\frac{(n-1)S^2}{\sigma_0^2}$，当 H_0 成立时，$\frac{(n-1)S^2}{\sigma^2}\sim\chi^2(n-1)$，且 $\frac{(n-1)S^2}{\sigma_0^2}\leqslant\frac{(n-1)S^2}{\sigma^2}$；

(3) 对于给定的显著性水平 α，有

$$P\left\{\frac{(n-1)S^2}{\sigma_0^2}>\chi^2_\alpha(n-1)\right\}\leqslant P\left\{\frac{(n-1)S^2}{\sigma^2}>\chi^2_\alpha(n-1)\right\}=\alpha$$

查自由度为 $n-1$ 的 χ^2 分布表，得临界值 $\chi^2_\alpha(n-1)$，由样本观察值计算统计量 χ^2 的值，若 $\chi^2>\chi^2_\alpha(n-1)$，则拒绝 H_0，否则接受 H_0。

同理，若检验假设 $H_0: \sigma^2\geqslant\sigma_0^2, H_1: \sigma^2<\sigma_0^2$，对于显著性水平 α，其拒绝域为 $(0,\chi^2_{1-\alpha}(n-1))$。

例 10.2.7 某类钢板每块的重量 X 服从正态分布，其中每一项质量指标是钢板重量的方差不得超过 0.016 kg^2。现从某天生产的钢板中随机抽取 25 块，得其样本方差 $s^2=0.025$ kg^2，问该天生产的钢板重量的方差是否满足要求(取 $\alpha=0.05$)？

解 提出假设 $H_0: \sigma^2\leqslant 0.016$。现在 $\alpha=0.05, n-1=24$，查表得临界值 $\chi^2_{0.05}(24)=$

36.415。由样本值得 $s^2=0.025$,所以

$$\chi^2=\frac{(n-1)S^2}{\sigma_0^2}=\frac{24\times0.025}{0.016}=37.5$$

由于 $\chi^2=37.5>36.415$,应拒绝 H_0,即认为该天生产的钢板重量不符合要求。

作为本节内容的总结,我们将一个正态总体参数的假设检验列表如下(见表 10.2.1)。

表 10.2.1　关于一个正态总体的假设检验表

条件	原假设 H_0	检验统计量	查分布表	拒绝域
σ^2 已知	$\mu=\mu_0$	$U=\frac{\overline{X}-\mu_0}{\sigma_0/\sqrt{n}}$	$N(0,1)$	$\|U\|>u_{\alpha/2}$
	$\mu\leqslant\mu_0$			$U>u_\alpha$
	$\mu\geqslant\mu_0$			$U<-u_\alpha$
σ^2 未知	$\mu=\mu_0$	$T=\frac{\overline{X}-\mu_0}{S/\sqrt{n}}$	$t(n-1)$	$\|T\|>t_{\alpha/2}(n-1)$
	$\mu\leqslant\mu_0$			$T>t_\alpha(n-1)$
	$\mu\geqslant\mu_0$			$T<-t_\alpha(n-1)$
μ 未知	$\sigma^2=\sigma_0^2$	$\chi^2=\frac{(n-1)S^2}{\sigma_0^2}$	$\chi^2(n-1)$	$\chi^2>\chi^2_{\alpha/2}(n-1)$ 或 $\chi^2<\chi^2_{1-\alpha/2}(n-1)$
	$\sigma^2\leqslant\sigma_0^2$			$\chi^2>\chi^2_\alpha(n-1)$
	$\sigma^2\geqslant\sigma_0^2$			$\chi^2<\chi^2_{1-\alpha}(n-1)$

10.3　两个正态总体参数的假设检验

在实际工作中常常需要对两个正态总体进行比较,下面就讨论两个正态总体间均值、方差差异的检验法。

设总体 $X\sim N(\mu_1,\sigma_1^2)$,$Y\sim N(\mu_2,\sigma_2^2)$,$X$ 与 Y 相互独立。$X_1,X_2,\cdots,X_{n_1}$ 是 X 的样本,其均值、方差分别记为 $\overline{X}$ 与 S_1^2;$Y_1,Y_2,\cdots,Y_{n_1}$ 是 Y 的样本,它的均值、方差分别记为 $\overline{Y}$ 与 S_2^2。下面分别对 μ_1 与 μ_2,σ_1^2 与 σ_2^2 作比较。

1. 两个正态总体均值的比较

1) 已知 σ_1^2,σ_2^2,检验 $H_0:\mu_1=\mu_2$,$H_1:\mu_1\neq\mu_2$,选取统计量 $U=\dfrac{\overline{X}-\overline{Y}}{\sqrt{\dfrac{\sigma_1^2}{n_1}+\dfrac{\sigma_2^2}{n_2}}}$,在 H_0 成立的条件下服从 $N(0,1)$。对于给定的显著性水平 α,查标准正态表得临界值 $\mu_{\alpha/2}$,使得 $P\{|U|>u_{\alpha/2}\}=\alpha$,$H_0$ 的拒绝域为 $(-\infty,-u_{\alpha/2})\cup(u_{\alpha/2},+\infty)$。

由样本值计算统计量 U 的值,若 $|u|>\mu_{\alpha/2}$,则拒绝 H_0,否则接受 H_0。

对于假设 $H_0: \mu_1 \leqslant \mu_2$ 和 $\mu_1 \geqslant \mu_2$ 的检验，使用与 9.2 节中类似的方法可得拒绝域分别为$(u_\alpha, +\infty)$和$(-\infty, -u_\alpha)$。

例 10.3.1 根据经验知道，甲种烟草尼古丁含量 $X \sim N(\mu_1, 5)$，乙种烟草尼古丁含量 $Y \sim N(\mu_2, 8)$，从甲、乙两种烟草中各随机抽取 5 例进行化验，测得尼古丁含量(单位：mg)为

甲：24　27　26　21　24

乙：27　28　23　31　26

问两种烟草的尼古丁含量是否有显著差异(取 $\alpha=0.05$)？

解 检验假设 $H_0: \mu_1=\mu_2, H_1: \mu_1 \neq \mu_2$。取统计量

$$U=\frac{\overline{X}-\overline{Y}}{\sqrt{\frac{\sigma_1^2}{n_1}+\frac{\sigma_2^2}{n_2}}}$$

取 $\sigma_1^2=5, \sigma_2^2=8, n_1=5, n_2=5$，计算 U 值得

$$U=\frac{24.4-27}{\sqrt{\frac{5}{5}+\frac{8}{5}}}=-1.612$$

由 $\alpha=0.05$，查标准正态表得临界值 $u_{0.025}=1.96$。因$|u|=1.612<1.96$，所以接受 H_0，即认为两种烟草的尼古丁含量无显著差异。

2) σ_1^2, σ_2^2 未知，但 $\sigma_1^2=\sigma_2^2$，检验 $H_0: \mu_1=\mu_2, H_1: \mu_1 \neq \mu_2$

选取统计量 $T=\dfrac{\overline{X}-\overline{Y}}{S_w\sqrt{\frac{1}{n_1}+\frac{1}{n_2}}}$，其中 $S_w^2=\dfrac{(n_1-1)S_1^2+(n_2-1)S_2^2}{n_1+n_2-2}$。则统计量

$$\frac{(\overline{X}-\overline{Y})-(\mu_1-\mu_2)}{S_w\sqrt{\frac{1}{n_1}+\frac{1}{n_2}}} \sim t(n_1+n_2-2)$$

所以当 H_0 成立时，统计量

$$T=\frac{\overline{X}-\overline{Y}}{S_w\sqrt{\frac{1}{n_1}+\frac{1}{n_2}}} \sim t(n_1+n_2-2)$$

对于给定的显著性水平 α，查 t 分布表得临界值 $t_{\alpha/2}(n_1+n_2-2)$，使

$$P\{|T|>t_\alpha(n_1+n_2-2)\}=\alpha$$

从而确定拒绝域为$(-\infty, -t_{\alpha/2}) \cup (t_{\alpha/2}, +\infty)$，其中 $t_{\alpha/2}=t_{\alpha/2}(n_1+n_2-2)$。

由样本值计算统计量 T 的值，若$|T|>t_{\alpha/2}(n_1+n_2-2)$，则拒绝 H_0，否则接受 H_0。

关于假设 $H_0: \mu_1 \leqslant \mu_2$ 和假设 $H_0: \mu_1 \geqslant \mu_2$ 的检验，用相应的方法可得拒绝域分别为$(t_\alpha, +\infty)$和$(-\infty, -t_\alpha)$，其中 $t_\alpha=t_\alpha(n_1+n_2-2)$。

例 10.3.2 甲、乙两个农业试验区种植玉米，除了甲区施磷肥外，其他试验条

件都相同，把这两个试验区分别均分成 10 个小区统计产量(单位：kg)，得数据如下：

甲区：62　57　65　60　63　58　57　60　60　58

乙区：50　59　56　57　58　57　56　55　57　55

假定甲、乙两区中每小块的玉米产量分别服从 $N(\mu_1,\sigma^2)$，$N(\mu_2,\sigma^2)$，其中 μ_1,μ_2,σ^2 均未知。试问磷肥对玉米产量有无显著影响(取 $\alpha=0.10$)？

解　假设 $H_0:\mu_1=\mu_2$，$H_1:\mu_1\neq\mu_2$。

取统计量

$$T=\frac{\overline{X}-\overline{Y}}{S_w\sqrt{\frac{1}{n_1}+\frac{1}{n_2}}}$$

这里 $n_1=10$，$n_2=10$；$\bar{x}=60$，$\bar{y}=56$；$(n_1-1)s_1^2=64$，$(n_2-1)s_2^2=54$。于是

$$t=\frac{60-56}{\sqrt{\frac{64+54}{10+10-2}}\times\sqrt{\frac{1}{10}+\frac{1}{10}}}=3.49$$

对于给定的显著性水平 $\alpha=0.1$，查 t 分布表得临界值 $t_{0.05}(18)=1.734$，由于 $|t|=3.49>1.734$，故拒绝 H_0，即认为磷肥对玉米产量有显著影响。

2. 两个正态总体方差的比较(*F* 检验)

1) μ_1 和 μ_2 未知，检验 $H_0:\sigma_1^2=\sigma_2^2$，$H_1:\sigma_1^2\neq\sigma_2^2$

要比较 σ_1^2 和 σ_2^2，自然会想到用它们的无偏估计 S_1^2 和 S_2^2 进行比较。通常考察统计量

$$F=\frac{S_1^2}{S_2^2}$$

显然，当 H_0 成立时，F 的值不应过大或过小，否则就应拒绝 H_0。

统计量

$$F=\frac{S_1^2/\sigma_1^2}{S_2^2/\sigma_2^2}\sim F(n_1-1,n_2-1)$$

所以当假设 $H_0:\sigma_1^2=\sigma_2^2$ 成立时，有 $F=\frac{S_1^2}{S_2^2}\sim F(n_1-1,n_2-1)$。于是，对于给定的显著性水平 α，查 F 分布表得临界值 $F_{1-\alpha/2}(n_1-1,n_2-1)$ 及 $F_{\alpha/2}(n_1-1,n_2-1)$，使

$$P\{F<F_{1-\alpha/2}(n_1-1,n_2-1)\}=\frac{\alpha}{2},\quad P\{F>F_{\alpha/2}(n_1-1,n_2-1)\}=\frac{\alpha}{2}$$

从而可确定 H_0 的拒绝域。由样本值计算统计量 F，若 $F<F_{1-\alpha/2}(n_1-1,n_2-1)$ 或 $F>F_{\alpha/2}(n_1-1,n_2-1)$，则拒绝 H_0，否则接受 H_0。此检验法称为 F 检验法。

例 10.3.3　甲、乙两台机床加工某种零件，零件的直径服从正态分布，总体方差反映了加工精度，现从各自加工的零件中分别抽取 7 件和 8 件，测得其直径为

X(机床甲): 16.2 16.4 15.8 15.5 16.7 15.6 5.8

Y(机床乙): 15.9 16.0 16.4 16.1 16.5 15.8 15.7 15.0

试问甲、乙两台机床的加工精度有无显著差别(取 $\alpha=0.05$)?

解 根据题意,要检验假设 $H_0:\sigma_1=\sigma_2, H_1:\sigma_1\neq\sigma_2$。

由样本计算得 $\bar{x}=16, s_1^2=0.2729, \bar{y}=15.925, s_2^2=0.2164$。又 $n_1=7, n_2=8$,由此得 $F=\frac{s_1^2}{s_2^2}=\frac{0.2729}{0.2164}=1.261$。

对于显著性水平 $\alpha=0.05$,查 F 分布表得

$$F_{\alpha/2}(n_1-1,n_2-1)=F_{0.025}(6,7)=5.12$$

$$F_{1-\alpha/2}(n_1-1,n_2-1)=F_{0.975}(6,7)=\frac{1}{F_{0.025}(7,6)}=\frac{1}{5.7}=0.175$$

因为 $0.175<F<5.12$,所以接受 H_0,即认为甲、乙两台机床的加工精度无显著差别。

2) μ_1 和 μ_2 未知,检验 $H_0:\sigma_1^2\leqslant\sigma_2^2, H_1:\sigma_1^2>\sigma_2^2$

取统计量 $F=\frac{S_1^2}{S_2^2}$,显然,若 H_0 成立,F 不应太大,否则就应拒绝 H_0。

统计量 $F'=\frac{S_1^2/\sigma_1^2}{S_2^2/\sigma_2^2}\sim F(n_1-1,n_2-2)$,且 $\frac{S_1^2}{S_2^2}\leqslant\frac{S_1^2/\sigma_1^2}{S_2^2/\sigma_2^2}$;对于给定的显著性水平 α,有

$$P\{F>F_\alpha(n_1-1,n_2-2)\}\leqslant P\{F'>F_\alpha(n_1-1,n_2-2)\}=\alpha$$

查自由度为 (n_1-1,n_2-2) 的 F 分布表,得临界值 $F_\alpha(n_1-1,n_2-2)$,由样本观察值计算统计量 F 的值,若 $F>F_\alpha(n_1-1,n_2-2)$,则拒绝 H_0,否则接受 H_0,从而确定 H_0 的拒绝域为 $(F_\alpha(n_1-1,n_2-2),+\infty)$。

同理,若检验假设 $H_0:\sigma_1^2\geqslant\sigma_2^2, H_1:\sigma_1^2<\sigma_2^2$,对于显著性水平 α,其拒绝域为 $(0,F_{1-\alpha}(n_1-1,n_2-1))$。

例 10.3.4 对甲、乙两种早稻进行试验,现随机从甲、乙两种早稻中分别抽取 6 个和 7 个样本,测得亩产量(单位:kg)为

甲:349 354 348 360 352 366

乙:355 374 382 365 378 372 369

设甲、乙两种早稻亩产量 X,Y 分别服从 $N(\mu_1,\sigma_1^2), N(\mu_2,\sigma_2^2)$,问乙种早稻亩产量的标准差是否比甲种早稻的小(取 $\alpha=0.05$)?

解 依题意,要检验假设 $H_0:\sigma_1^2\leqslant\sigma_2^2, H_1:\sigma_1^2>\sigma_2^2$。取统计量 $F=\frac{S_1^2}{S_2^2}$,由 $s_1^2=48.167, s_2^2=79.238$,得 $F=\frac{s_1^2}{s_2^2}=0.608$。对于 $\alpha=0.05$,自由度 $(5,6)$,查 F 分布表得临界值 $F_{0.05}(5,6)=4.39$。

因为 $F=0.608<4.39$，所以接受 H_0，拒绝 H_1，即乙种早稻亩产量的标准差不比甲种早稻的小。

作为本节内容的总结，我们将两个正态总体参数的假设检验列表如下(见表 10.3.1)。

表 10.3.1　关于两个正态总体的假设检验表

条件	原假设 H_0	检验统计量	查分布表	拒绝域
已知 σ_1^2,σ_2^2	$\mu_1=\mu_2$	$U=\dfrac{\overline{X}-\overline{Y}}{\sqrt{\dfrac{\sigma_1^2}{n_1}+\dfrac{\sigma_2^2}{n_2}}}$	$N(0,1)$	$\lvert U\rvert>u_{\alpha/2}$
	$\mu_1\leqslant\mu_2$			$U>u_\alpha$
	$\mu_1\geqslant\mu_2$			$U<-u_\alpha$
σ_1^2,σ_2^2 未知但 $\sigma_1^2=\sigma_2^2$	$\mu_1=\mu_2$	$T=\dfrac{\overline{X}-\overline{Y}}{S_w\sqrt{\dfrac{1}{n_1}+\dfrac{1}{n_2}}}$ $S_w^2=\dfrac{(n_1-1)S_1^2+(n_2-1)S_2^2}{n_1+n_2-2}$	$t(n_1+n_2-2)$	$\lvert T\rvert>t_{\alpha/2}$
	$\mu_1\leqslant\mu_2$			$T>t_\alpha$
	$\mu_1\geqslant\mu_2$			$T<-t_\alpha$
μ_1,μ_2 未知	$\sigma_1^2=\sigma_2^2$	$F=\dfrac{S_1^2}{S_2^2}$	$F(n_1-1,n_2-1)$	$F>F_{\alpha/2}$ 或 $F<F_{1-\alpha/2}$
	$\sigma_1^2\leqslant\sigma_2^2$			$F>F_\alpha$
	$\sigma_1^2\geqslant\sigma_2^2$			$F<F_{1-\alpha}$

习题十

1. 某工厂正常情况下生产的电子元件的使用寿命 $X\sim N(1600,80^2)$，从该工厂生产的一批电子元件中抽取 9 个，测得它们使用寿命的平均值为 1540h，如果使用寿命的标准差 σ 不变，能否认为该工厂生产的这批电子元件使用寿命的均值 $\mu=1600$h？

2. 某工厂正常情况下生产的电子元件的使用寿命 $X\sim N(1600,80^2)$，从该工厂生产的一批电子元件中抽取 9 个，测得它们使用寿命的平均值为 1540h，如果使用寿命的标准差 σ 不变，能否认为该工厂生产的这批电子元件使用寿命显著降低？

3. 已知某工厂生产的某种电子元件的平均寿命为 3000h，采用新技术试制一批这种电子元件，抽样检查 16 个，测得这批电子元件的使用寿命的样本均值 $\bar{x}=3100$h，样本标准差 $s=170$h，设电子元件的使用寿命服从正态分布，问：试制的这批电子元件的使用寿命是否有显著提高？

4. 某车间用一台包装机包装葡萄糖，规定标准为每袋 0.5kg，包装机实际生产的每袋重量服从正态分布，某天开工后，为了检查包装机是否正常，随机抽取了 9 袋，测得它们的样本均值为$\overline{x}=0.509$kg，样本标准差 $s=0.015$kg，能否认为这天的包装机工作正常？

5. 有一批枪弹出厂时，其初速度 $v\sim N(\mu_0,\sigma_0^2)$，其中 $\mu_0=950$m/s，$\sigma_0=10$，经较长时间储存，取 9 发进行测试，测得其样本均值$\overline{x}=928$，样本标准差 $s=10$，问能否认为这批枪弹的初速度 v 显著降低？

6. 已知某厂生产的维尼纶纤度服从正态分布，标准差 $\sigma=0.048$，某日抽取 5 条维尼纶，测得纤度为 1.32，1.55，1.36，1.40，1.44，问这天的维尼纶的均方差 σ 是否有显著变化？

7. 某厂生产的保险丝规定熔化时间的方差不能超过 400，今从一批产品中抽取 25 个，测得其熔化的样本方差 $s^2=388.58$，若该熔化时间服从正态分布，问这批产品是否合格？

8. 为检测两架光测高温计所确定的温度读数之间有无显著差异，设计一个试验：用两架仪器同时对一组 10 只热炽灯丝做观测，测得它们的样本均值与样本方差分别为$\overline{x}=1169$，$\overline{y}=1178$，$s_x^2=51975.21$，$s_y^2=50517.33$，试确定两架高温计所测温度有无显著变化？

9. 甲、乙两台机床生产同一型号的滚珠，现从两台机床生产的产品中抽出 8 个和 9 个，测得其样本均值和样本方差分别为$\overline{x}=15.01$，$s_x^2=0.09554$，$\overline{y}=14.99$，$s_y^2=0.0611$，能否认为乙机床加工精度比甲机床高？

10. 某种物品在处理前与处理后分别抽取 7 个和 8 个样品，测得其样本均值和样本方差分别为$\overline{x}=0.24$，$s_x^2=0.0091$，$\overline{y}=0.13$，$s_y^2=0.0039$，能否认为处理后物品质量显著降低？

第 11 章　MATLAB 在工程数学中的应用

11.1　MATLAB 基础

11.1.1　MATLAB 操作入门

MATLAB 是优秀的数学类科技应用软件。与其他软件相比，MATLAB 提供了一个人机交互的数学系统环境，可以大大节省编程时间。MATLAB 语法规则简单、容易掌握、调试方便，具有高效、简明的特点，使用者只需输入一条命令而不用编制大量的程序即可解决许多数学问题。正是由于 MATLAB 的强大功能，它已得到国内外专家学者的欢迎和重视，并成为工程计算的重要工具。

1. MATLAB 的安装与启动（Windows 操作系统）

① 将源光盘插入光驱；

② 在光盘的根目录下找到 MATLAB 的安装文件 setup. exe 及安装密码；

③ 双击文件后，按提示逐步安装；

④ 安装完成后，在程序栏里便有了 MATLAB 选项，桌面上出现 MATLAB 的快捷方式；

⑤ 双击桌面上 MATLAB 的快捷方式或程序里 MATLAB 选项即可启动 MATLAB。

2. MATLAB 环境

MATLAB 是一门高级编程语言，它提供了良好的编程环境以及很多方便用户管理变量、输入输出数据的工具。下面首先简单介绍 MATLAB 的界面，启动 MATLAB 后对话框如图 11.1.1 所示，它大致包括以下几部分：

菜单栏——单击即可打开相应的菜单；

工具栏——使用它们能使操作更快捷；

Command Window（命令窗口）——用来输入和显示计算结果，其中符号“>> ”表示等待用户输入；

Workspace（工作区窗口）——存储着命令窗口输入的命令和所有变量值；

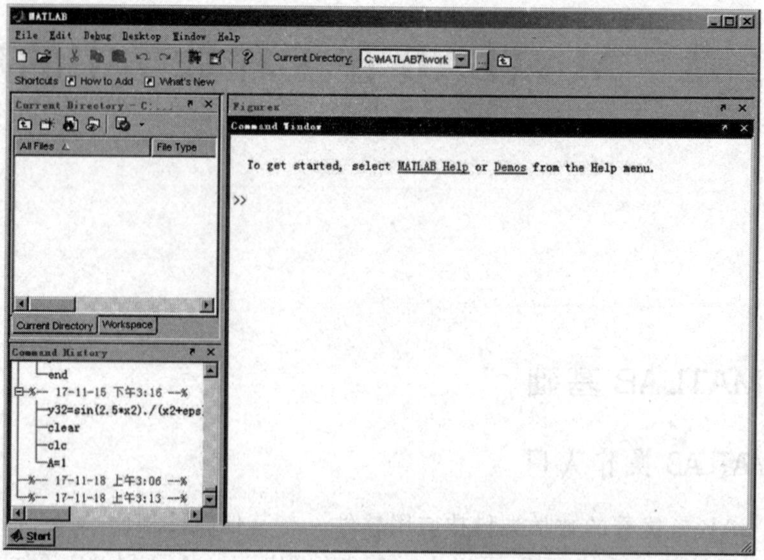

图 11.1.1

Current Directory(当前目录窗口)——显示或者改变当前目录。

3. MATLAB的帮助系统

(1) 帮助命令 help

假如准确知道所要求助的主题词或指令名称,那么使用 help 命令是获得在线帮助的最简单有效的途径。例如,要获得关于函数 sin 使用说明的在线求助,可输入命令

```
>> help sin
```

将显示

```
SIN    Sine。
   SIN(X) is the sine of the elements of X。

   See also asin,sind。

   Overloaded functions or methods(ones with the same name in other directories)
      help sym/sin.m

Reference page in Help browser
      doc sin
```

(2) 在线帮助浏览器(图 11.1.2)

当在 Help 菜单中选择了 MATLAB Help 选项时,就可以打开帮助浏览器,选择 Help 菜单中的 Demos 选项,可以打开演示窗口,观看要查询项的动画演示。

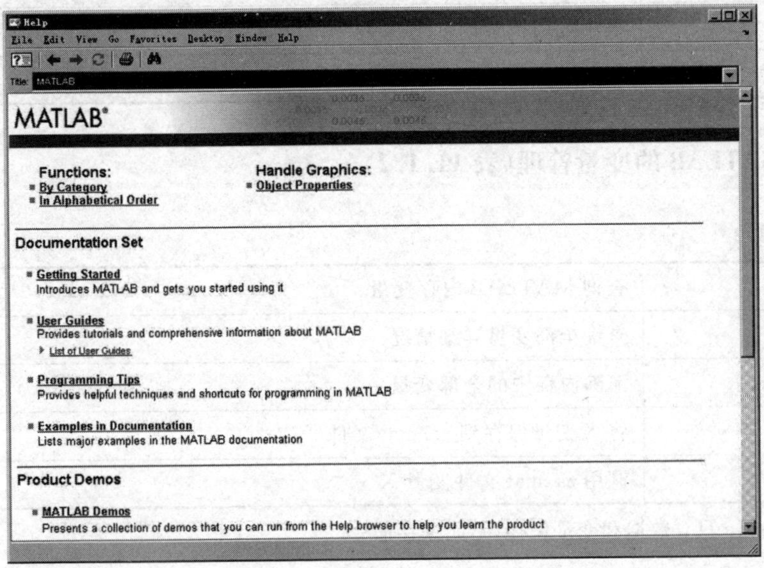

图 11.1.2

11.1.2 MATLAB 的变量及管理

1. 变量名的命名规则

(1) 以字母开头,后面可跟字母、数字和下短线;

(2) 大小写字母有区别;

(3) 不超过 31 个字符。

例如,data,data123 都可以是变量名。

2. MATLAB 的预定义变量(表 11.1.1)

表 11.1.1

Ans	用于结果的缺省变量名
Pi	圆周率 π
Eps	计算机的最小数　Eps $=2.2204\times10^{-16}$
Inf	无穷大∞
NaN	不定值

续表

i 或 j	－1 的平方根 i 或 j＝$\sqrt{-1}$
realmin	最小可用正实数 realmin＝2.2251×10^{-308}
realmax	最小可用正实数 realmax＝1.7977×10^{308}
1.7977e+308	1.7977×10^{308}

3. MATLAB 的变量管理(表 11.1.2)

表 11.1.2

who	查询 MATLAB 内存变量
whos	查询全部变量详细情况
clear	清除内存中的全部变量
save sa X	将 X 变量保存到 sa.mat 文件
load sa X	调用 sa.mat 文件变量 X

注意：save 只对数据和变量保存，不能保存命令。

11.1.3 MATLAB 的函数(表 11.1.3)

表 11.1.3

函数名	解释	MATLAB 命令	函数名	解释	MATLAB 命令
三角函数	$\sin x$	sin(x)	反三角函数	$\arcsin x$	asin(x)
	$\cos x$	cos(x)		$\arccos x$	acos(x)
	$\tan x$	tan(x)		$\arctan x$	atan(x)
	$\cot x$	cot(x)		$\mathrm{arccot}\, x$	acot(x)
	$\sec x$	sec(x)		$\mathrm{arcsec}\, x$	asec(x)
	$\csc x$	csc(x)		$\mathrm{arccsc}\, x$	acsc(x)
幂函数	x^a	x^a	对数函数	$\ln x$	log(x)
	$\sqrt{a}$	sqrt(x)		$\log_2 x$	log2(x)
指数函数	a^x	a^x		$\log_{10} x$	log10(x)
	e^x	exp(x)	绝对值函数	$\lvert x\rvert$	abs(x)

11.1.4 MATLAB 基本运算符

1. 算术运算符(表 11.1.4)

表 11.1.4

运算	数学表达式	MATLAB 运算符	MATLAB 表达式
加	$a+b$	+	a+b
减	$a-b$	−	a−b
乘	$a\cdot b$	*	a * b
除	a/b	/或\	a/b 或 b\a
幂	a^b	^	a^b

2. 关系运算符(表 11.1.5)

表 11.1.5

数学关系	MATLAB 运算符	数学关系	MATLAB 运算符
小于	<	大于	>
小于或等于	<=	大于或等于	>=
等于	==	不等于	~=

3. 逻辑运算符(表 11.1.6)

表 11.1.6

逻辑关系	与	或	非
MATLAB 运算符	&	|	~

11.2 MATLAB 在行列式与矩阵中的应用

例 11.2.1 已知 $\boldsymbol{D}=\begin{pmatrix}1 & 0 & 2 & 3\\ -2 & \frac{1}{3} & 4 & 7\\ 2 & 3 & 3 & 1\\ 0 & 1 & 2 & 1\end{pmatrix}$,计算行列式 det$\boldsymbol{D}$。

解 在 MATLAB 中,输入

```
>> D=[1 0 2 3;-2 1/3 4 7;2 3 3 1;0 1 2 1];                    %创建矩阵 D
>> det(D)
```

运行结果:

```
ans =
  30.0000
```

程序说明:矩阵的输入可以有两种格式,除程序中的输入方式外,还可以如下输入:

```
D=[1,0,2,3;-2,1/3,4,7;2,3,3,1;0,1,2,1];
```

例 11.2.2 已知 $\boldsymbol{D}=\begin{pmatrix} a & 1 & 0 & 0 \\ -1 & b & 1 & 0 \\ 0 & -1 & c & 1 \\ 0 & 0 & -1 & d \end{pmatrix}$,计算行列式 $\det\boldsymbol{D}$。

解 在 MATLAB 中,输入

```
>> syms a b c d                                                %创建符号变量
>> D=[a 1 0 0;-1 b 1 0;0 -1 c 1;0 0 -1 d];
>> det(D)
```

运行结果:

```
ans =
a*b*c*d+a*b+a*d+c*d+1
```

程序说明:函数 det 也可以用于计算含有变量的行列式。

例 11.2.3 求矩阵 $\boldsymbol{A}=\begin{pmatrix} 1 & 2 & 3 \\ 2 & 1 & 2 \\ 3 & 3 & 1 \end{pmatrix}$ 与矩阵 $\boldsymbol{B}=\begin{pmatrix} 3 & 2 & 4 \\ 2 & 5 & 3 \\ 2 & 3 & 1 \end{pmatrix}$ 的和与差。

解 在 MATLAB 中,输入

```
>> A=[1 2 3;2 1 2;3 3 1];
>> B=[3 2 4;2 5 3;2 3 1];
>> C=A+B
>> D=A-B
```

运行结果:

```
C =
       4     4     7
       4     6     5
       5     6     2
D =
      -2     0    -1
       0    -4    -1
       1     0     0
```

例 11.2.4 求矩阵 $A=\begin{pmatrix}1&4&0\\-2&4&3\\3&7&9\end{pmatrix}$ 与 5 的乘积。

解 在 MATLAB 中，输入

```
>> A=[1 4 0;-2 4 3;3 7 9];
>> B=5*A
>> C=A*5
```

运行结果：

```
B =
       5    20     0
     -10    20    15
      15    35    45
C =
       5    20     0
     -10    20    15
      15    35    45
```

例 11.2.5 求矩阵 $A=\begin{pmatrix}1&2&3\\2&1&2\\3&3&1\end{pmatrix}$ 与矩阵 $B=\begin{pmatrix}3&2&4\\5&7&-8\\2&3&1\end{pmatrix}$ 的乘积。

解 在 MATLAB 中，输入

```
>> A=[1 2 3;2 1 2;3 3 1];
>> B=[3 2 4;5 7 -8;2 3 1];
>> C=A*B,D=B*A
```

运行结果：

```
C =
    19    25    -9
    15    17     2
    26    30   -11
D =
    19    20    17
    -5    -7    21
    11    10    13
```

例 11.2.6 求矩阵 $\mathbf{A}=\begin{pmatrix}1 & -1 & 2\\0 & 1 & -2\\2 & 1 & 0\end{pmatrix}$ 的逆矩阵。

解 在 MATLAB 中，输入

```
>> A = [1 -1 2;0 1 -2;2 1 0];
>> C = inv(A)                                    % 计算 A 的逆矩阵
```

运行结果：

```
C =
     1.0000     1.0000     0.0000
    -2.0000    -2.0000     1.0000
    -1.0000    -1.5000     0.5000
```

例 11.2.7 利用矩阵的初等行变换求例 11.2.6 中矩阵的逆。

解 在 MATLAB 中，输入

```
>> B = [1 -1 2 1 0 0;0 1 -2 0 1 0;2 1 0 0 0 1];   % 矩阵 A 的增广矩阵
>> format rat                                    % 结果用分数表示
>> C = rref(B)                                   % 给出矩阵 B 的行最简形矩阵
```

运行结果：

```
C =
       1        0        0        1        1        0
       0        1        0       -2       -2        1
       0        0        1       -1     -3/2      1/2
>> D = C(: ,4: 6)             % 取矩阵 C 的 4 到 6 列,D 即为矩阵 A 的逆矩阵
D =
       1        1        0
      -2       -2        1
      -1     -3/2      1/2
```

在 MATLAB 中,矩阵相除可以利用运算符“\”(左除)和“/”(右除)进行。

例 11.2.8 求矩阵 $\boldsymbol{A}=\begin{pmatrix}1&2&3\\4&2&1\\2&1&3\end{pmatrix}$ 和 $\boldsymbol{B}=\begin{pmatrix}2&1&2\\1&2&1\\3&2&1\end{pmatrix}$ 相除。

解 在 MATLAB 中,输入

```
>> A = [1 2 3;4 2 1;2 1 3];
>> B = [2 1 2;1 2 1;3 2 1];
>> C = A\B            % 矩阵左除,相当于 inv(A) * B,inv(A)为矩阵 A 的逆
```

运行结果:

```
C =

      1/3          3/5          - 1/5
    - 2/3        - 2/5            4/5
        1          2/5            1/5
>> D = A/B         % 矩阵右除,相当于 A * inv(B)
D =

      4/3          4/3          - 1
        0        - 1/2            3/2
      5/3          1/6          - 1/2
```

注 (1) 矩阵的左除和右除概念完全不同,要注意区分;

(2) 可以利用矩阵的左除求解矩阵方程 $\boldsymbol{AX}=\boldsymbol{B}$,其中 $\boldsymbol{X}=\boldsymbol{A}^{-1}\boldsymbol{B}$,即

$X = A\backslash B$

(3) 可以利用矩阵的右除求解矩阵方程 $\boldsymbol{XA}=\boldsymbol{B}$,其中 $\boldsymbol{X}=\boldsymbol{BA}^{-1}$,即

$X = B/A$

例 11.2.9 求矩阵 $\boldsymbol{A}=\begin{pmatrix}1&2&3\\4&2&1\\2&1&3\end{pmatrix}$ 的转置。

解 在 MATLAB 中,输入

```
>> A = [1 2 3;4 2 1;2 1 3];
>> B = A'
```

运行结果:

```
B =

     1     4     2
     2     2     1
     3     1     3
```

可以用命令函数 rank(**A**)求矩阵的秩。

例 11.2.10 求矩阵 $\boldsymbol{A}=\begin{pmatrix}1&2&3&4\\2&4&3&1\\2&1&3&4\\2&0&1&3\end{pmatrix}$的秩。

解 在 MATLAB 中,输入

```
>> A=[1 2 3 4;2 4 3 1;2 1 3 4;2 0 1 3];
>> rank(A)                % 计算矩阵 A 的秩
```

运行结果:

```
ans =

    4
```

11.3 用 MATLAB 求解线性方程组

例 11.3.1 求解方程组$\begin{cases}2x_1-4x_2+x_3+3x_4=0\\3x_1-6x_2+4x_3+2x_4=0\\4x_1-8x_2+17x_3+11x_4=0\end{cases}$。

解 在 MATLAB 中,输入

```
>> A=[2 -4 1 3;3 -6 4 2;4 -8 17 11];
>> rank(A)
```

运行结果:

```
ans =

    3
>> rref(A)
ans =
     1    -2     0     0
     0     0     1     0
     0     0     0     1
```

因为 R(**A**)=3 小于未知数的个数 4,说明方程组有无穷多解。所以方程组的通解为

$$\begin{cases}x_1=2x_2\\x_2=x_2\\x_3=0\\x_4=0\end{cases}\quad(x_2\text{ 为自由变量})$$

即

$$\begin{pmatrix} x_1 \\ x_2 \\ x_3 \\ x_4 \end{pmatrix} = c \begin{pmatrix} 2 \\ 1 \\ 0 \\ 0 \end{pmatrix} \quad (c\text{ 为任意常数})$$

例 11.3.2 求解方程组 $\begin{cases} x_1 + 3x_2 + 2x_3 = 3 \\ x_1 + 4x_2 + 3x_3 = 1 \\ 2x_1 + 3x_2 + 4x_3 = 3 \end{cases}$ 。

解 在 MATLAB 中,输入

```
>> A = [1 3 2;1 4 3;2 3 4];
>> b = [3 1 3]';
>> C = [rank(A) rank([A b])]
```

运行结果:

```
C =
    3     3
```

因为 $R(\boldsymbol{A}) = R[\boldsymbol{A}\ \boldsymbol{b}] = 3$ 等于未知数的个数 3,所以方程组有唯一解。

再输入

```
>> rref([A b])
```

运行结果:

```
ans =
     1     0     0     6
     0     1     0     1
     0     0     1    -3
```

表示行最简形矩阵,于是得唯一解

$$\begin{cases} x_1 = 6 \\ x_2 = 1 \\ x_3 = -3 \end{cases}$$

例 11.3.3 求解方程组 $\begin{cases} -2x_1 + x_2 + x_3 = -2 \\ x_1 - 2x_2 + x_3 = -2 \\ x_1 + x_2 - 2x_3 = 4 \end{cases}$ 。

解 在 MATLAB 中,输入

```
>> A = [-2 1 1;1 -2 1;1 1 -2];
```

```
>> b=[-2 -2 4]';
>> C=[rank(A) rank([A b])]
```

运行结果：

```
C =
     2     2
```

表示 $R(\boldsymbol{A})=2$，$R[\boldsymbol{A}\ \boldsymbol{b}]=2$。

因为 $R(\boldsymbol{A})=R[\boldsymbol{A}\ \boldsymbol{b}]=2$ 小于未知数的个数3，所以方程组有无穷多解。

再输入

```
>> rref([A b])
```

运行结果：

```
ans =
     1     0    -1     2
     0     1    -1     2
     0     0     0     0
```

表示行最简形矩阵，于是得通解

$$\begin{cases}x_1=x_3+2\\x_2=x_3+2\end{cases}\quad (x_3\text{ 为自由变量})$$

即

$$\begin{pmatrix}x_1\\x_2\\x_3\end{pmatrix}=c\begin{pmatrix}1\\1\\1\end{pmatrix}+\begin{pmatrix}2\\2\\0\end{pmatrix}\quad (c\text{ 为任意常数})$$

例 11.3.4 求解方程组 $\begin{cases}x_1-2x_2+3x_3-x_4=1\\3x_1-x_2+5x_3-3x_4=4\\2x_1+x_2+2x_3-2x_4=0\end{cases}$。

解 在MATLAB中，输入

```
>> A=[1 -2 3 -1;3 -1 5 -3;2 1 2 -2];
>> b=[1 4 0]';
>> C=[rank(A) rank([A b])]
```

运行结果：

```
C =
     2     3
```

表示 $R(\boldsymbol{A})=2$，$R[\boldsymbol{A}\ \boldsymbol{b}]=3$。

因为 $R(\boldsymbol{A})<R[\boldsymbol{A}\ \boldsymbol{b}]$，所以方程组无解。

11.4 用 MATLAB 计算随机变量的分布

1. 用 MATLAB 计算二项分布概率

输入命令函数

```
binopdf(k,n,p)
```

计算服从参数为 n,p 的二项分布的随机变量取值 k 的概率。

输入命令函数

```
binocdf(k,n,p)
```

计算服从参数为 n,p 的二项分布的随机变量的分布函数在 k 处的值。

例 11.4.1 某次品率为 0.3 的大批产品中，随机地抽取 20 个产品，求：(1) 恰好有一件次品的概率；(2) 至少有两件次品的概率。

解 本题可看作是 20 次独立重复试验，每次试验抽出次品的概率为 0.3，求恰有一件次品的概率。

在 MATLAB 中输入

```
>> Px = binopdf(1,20,0.3)        % binopdf(1,20,0.3)表示恰好发生 1 次的概率
```

运行结果：

```
Px =
    0.0068
```

求至少有两件次品的概率，在 MATLAB 中输入

```
>> Px = 1 - binocdf(1,20,0.3)    % binocdf(1,20,0.3)表示最多发生 1 次的概率
```

运行结果：

```
Px =
    0.9924
```

2. 用 MATLAB 计算泊松分布

输入命令函数

```
P = poisspdf(k,lambda)
```

计算服从参数为 lambda 的泊松分布的随机变量取值 k 的概率。

输入命令函数

$$P = \text{poisscdf}(k, \text{lambda})$$

计算服从参数为 lambda 的泊松分布的随机变量的分布函数在 k 处的值。

例 11.4.2 电话交换台每分钟接到的呼叫数 X 为随机变量，设 $X \sim P(3)$，求：(1) 在 1min 内呼叫次数恰好为 1 的概率；(2) 在 1min 内呼叫次数不超过 1 的概率。

解 求在 1min 内呼叫次数恰好为 1 的概率，在 MATLAB 中输入

```
>> P = poisspdf(1,3)
```

运行结果：

```
P =
    0.1494
```

求在 1min 内呼叫次数不超过 1 的概率，在 MATLAB 中输入

```
>> P = poisscdf(1,3)
```

运行结果：

```
P =
    0.1991
```

3. 用 MATLAB 计算均匀分布

输入命令函数

$$P = \text{unifpdf}(x, a, b)$$

计算在区间$[a,b]$上服从均匀分布的随机变量的概率密度在 x 处的值。

输入命令函数

$$P = \text{unifcdf}(x, a, b)$$

计算在区间$[a,b]$上服从均匀分布的随机变量的分布函数在 x 处的取值。

例 11.4.3 公共汽车站每 10min 来一辆车，乘客不知发车规律，随机地、等可能地于任意时刻 t 到达，则乘客候车时间 $T \sim U(0,10)$，求 $P\{1 < X \leqslant 3\}$。

解 $P\{1 < X \leqslant 3\} = P\{X \leqslant 3\} - P\{X \leqslant 1\}$。

在 MATLAB 中输入

```
>> p1 = unifcdf(3,0,10)
```

运行结果：

```
p1 =
    0.3000
```

输入

```
>> p2 = unifcdf(1,0,10)
```

运行结果：

```
p2 =
    0.1000
```

再输入

```
>> p1 - p2
```

运行结果：

```
ans =
    0.2000
```

4. 用 MATLAB 计算指数分布

输入命令函数

```
P = exppdf(x,lambda)
```

计算服从参数为$\frac{1}{\text{lambda}}$的指数分布的随机变量的概率密度在 x 处的值。

输入命令函数

```
P = expcdf(x,lambda)
```

计算服从参数为$\frac{1}{\text{lambda}}$的指数分布的随机变量的分布函数在 x 处的取值。

例 11.4.4 设随机变量 $X\sim E\left(\frac{1}{1000}\right)$，求 $P\{1000<X\leqslant 5000\}$。

解 $P\{1000<X\leqslant 5000\}=P\{X\leqslant 5000\}-P\{X\leqslant 1000\}$

在 MATLAB 中输入

```
>> p1 = expcdf(5000,1000)
```

运行结果：

```
p1 =
    0.9933
```

输入

```
>> p2 = expcdf(1000,1000)
```

运行结果：

```
p2 =
    0.6321
```

再输入

```
>> p1 - p2
```

运行结果：

```
ans =
    0.3611
```

5. 用 MATLAB 计算正态分布

输入命令函数

```
P = normpdf(x,mu,sigma)
```

计算服从参数为 μ,σ 的正态分布的随机变量的概率密度在 x 处的值。

输入命令函数

```
P = normcdf(x,mu,sigma)
```

计算服从参数为 μ,σ 的正态分布的随机变量的分布函数在 x 处的取值。

例 11.4.5 设随机变量 $X \sim N(1,4)$，求 $P\{-2<X\leqslant 5\}$。

解 $P\{-2<X\leqslant 5\}=P\{X\leqslant 5\}-P\{X\leqslant -2\}$。

在 MATLAB 中输入

```
>> p1 = normcdf(5,1,2)
```

运行结果：

```
p1 =
    0.9772
```

输入

```
>> p2 = normcdf( - 2,1,2)
```

运行结果：

```
p2 =
    0.0668
```

再输入

```
>> p1 - p2
```

运行结果：

```
ans =
    0.9104
```

11.5 用 MATLAB 计算随机变量的数字特征

1. 用 MATLAB 计算离散型随机变量的数学期望

通常，对取值较少的离散型随机变量，可用如下程序进行计算：

```
X = [x1, x2, …, xn];P = [p1, p2, …, pn];E(X) = X * P'
```

对于有无限多个取值的随机变量，其数学期望的计算公式为

$$E(X) = \sum_{i=0}^{\infty} x_i p_i$$

可用如下程序进行计算：

```
EX = symsum(xi * pi, 0, inf)
```

例 11.5.1 一批产品中有一、二、三等品，相应的概率为 0.85，0.1 及 0.05，若一、二、三等品的销售价分别为 7 元，6.50 元，6.20 元，求产品的平均销售价。

解 设 X 表示"产品的销售价"，则分布律为

X	7	6.50	6.20
P	0.85	0.1	0.05

求产品的平均销售价 X 的数学期望，在 MATLAB 中输入

```
>> X = [7 6.5 6.2];P = [0.85 0.1 0.05];
>> EX = X * P'
```

运行结果：

```
EX =
    6.9100
```

故产品的平均销售价为 6.91。

例 11.5.2 已知随机变量 X 的分布律如下：

$$P\{X=k\}=\frac{2}{3^k}, \quad k=1,2,\cdots,n,\cdots$$

计算 $E(X)$。

解 $E(X) = \sum_{i=1}^{\infty} k \cdot \frac{2}{3^k}$。

在 MATLAB 中，输入

```
>> syms k;
>> symsum(k * 2 * (1/3)^k,1,inf)
```

运行结果：

```
ans =
3/2
```

即 $E(X)=\frac{3}{2}$。

2. 用 MATLAB 计算连续型随机变量的数学期望

若 X 是连续型随机变量，数学期望的计算公式为

$$E(X)=\int_{-\infty}^{+\infty} x f(x)\mathrm{d}x$$

MATLAB 程序如下：

```
EX = int(x * f(x),x, - inf,inf).
```

例 11.5.3 已知某电子元件的寿命 X 服从参数为 $\lambda=0.001$ 的指数分布（单位：h），即

$$f(x)=\begin{cases}\lambda \mathrm{e}^{-\lambda x}, & x\geqslant 0\\ 0, & x<0\end{cases}$$

求这类电子元件的平均寿命 $E(X)$。

解 $E(X)=\int_{-\infty}^{+\infty} x f(x)\mathrm{d}x=\int_{0}^{+\infty} 0.001\mathrm{e}^{-0.001x} x\,\mathrm{d}x$。

在 MATLAB 中，输入

```
>> syms x;
>> EX = int(x * 0.001 * exp( - 0.001 * x),x,0,inf)
```

运行结果：

```
EX =
1000
```

即这类电子元件的平均寿命 $E(X)=1000$。

3. 用 MATLAB 计算方差

计算方差的常用公式为 $D(X)=E(X^2)-[E(X)]^2$。

若离散型随机变量 X 的分布律为 $P\{X=x_k\}=p_k(k=1,2,\cdots,n$ 或 $k=1,2,\cdots)$，其 MATLAB 计算程序为

```
X = [x1, x2, …, xn];P = [p1, p2, …, pn];
EX = X * P′;DX = X.^2 * P′ - EX^2
```

若连续型随机变量 X 的概率密度函数为 $f(x)$，则方差的 MATLAB 计算程序为

```
EX = int(x * f(x), x, - inf, inf);
DX = int(x^2 * f(x), x, - inf, inf) - EX^2
```

例 11.5.4 一种股票的未来价格是随机变量，要买股票的人可以通过比较两种股票未来价格的期望值和方差来决定购买何种股票，由未来价格的期望值(即期望价格)可以判定未来收益，而由方差可以判定投资的风险。方差大则意味投资风险大，设有甲、乙两种股票，今年的价格都是 10 元，一年后它们的价格及其分布如下：

X/元	8	12	15
P	0.4	0.5	0.1

Y/元	6	8.6	23
P	0.3	0.5	0.2

试比较购买这两种股票的投资风险。

解 计算甲公司股票的方差，在 MATLAB 命令窗口输入

```
>> X = [8,12,15];
>> P = [0.4,0.5,0.1];
>> EX = X * P′
>> DX = X.^2 * P′ - EX^2
```

运行结果：

```
EX =
    10.7000
DX =
    5.6100
```

则甲公司股票的方差为 5.6100。

计算乙公司股票的方差，在 MATLAB 命令窗口输入

```
>> X = [6,8.6,23];
>> P = [0.3,0.5,0.2];
>> EX = X * P′
>> DX = X.^2 * P′ - EX^2
```

运行结果：

```
EX =
    10.7000
DX =
    39.0900
```

则乙公司股票的方差为 39.0900。

相比之下,甲乙两公司股票期望值相同,但甲公司股票方差小很多,故购买甲公司股票风险较小。

4. 常见分布的期望与方差

分布类型名称	函数名称	函数调用格式
二项分布	binostat	[E,D]= binostat(N,P)
泊松分布	poisstat	[E,D]= poisstat(lambda)
均匀分布	unifstat	[E,D]= unifstat(a,b)
指数分布	expstat	[E,D]= expstat(lambda)
正态分布	normstat	[E,D]= normstat(MU,SIGMA)
t 分布	tstat	[E,D]= tstat(N)
χ^2 分布	chi2stat	[E,D]= chi2stat(N)
F 分布	fstat	[E,D]= fstat(N 1,N 2)

例 11.5.5 设随机变量 $X \sim B(50,0.4)$,求 $E(X)$,$D(X)$。

解 在 MATLAB 命令窗口输入

```
>> [E,D] = binostat(50,0.4)
```

运行结果:

```
E =
    20
D =
    12
```

例 11.5.6 设随机变量 $X \sim N(1.5,4)$,求 $E(X)$,$D(X)$。

解 在 MATLAB 命令窗口输入

```
>> [E,D] = normstat(1.5,4)
```

运行结果:

```
E =
    1.5000
D =
    16
```

11.6 用 MATLAB 进行区间估计

如果已经知道了一组数据来自正态分布总体，但是不知道正态分布总体的参数，可以利用 normfit( )命令来完成对总体参数的点估计和区间估计，格式为

```
[muhat,sigmahat,muci,sigmaci] = normfit(x,alpha)
```

其中 x 为向量或者矩阵，当 x 为矩阵时是针对矩阵的每一个列向量进行计算的。alpha 为给出的显著性水平 α（即置信度为 $1-\alpha$，缺省时默认 $\alpha=0.05$，置信度为 95%）。muhat，sigmahat 分别为分布参数 μ,σ 的点估计值。muci，sigmaci 分别为分布参数 μ,σ 的区间估计。

例 11.6.1 从某工厂生产的滚珠中随机抽取 10 个，测得滚珠的直径（单位：mm）如下：15.14，14.81，15.11，15.26，15.08，15.17，15.12，14.95，15.05，14.87。

从长期的实践中知道滚珠直径服从正态分布 $N(\mu,\sigma^2)$，根据数据对总体的均值及标准差进行点估计和区间估计（95%的置信区间）。

解 在 MATLAB 命令窗口输入

```
>> x = [15.14 14.81 15.11 15.26 15.08 15.17 15.12 14.95 15.05 14.87];
>> [muhat,sigmahat,muci,sigmaci] = normfit(x,0.05)
```

运行结果：

```
muhat =
    15.0560
sigmahat =
    0.1397
muci =
    14.9561
    15.1559
sigmaci =
    0.0961
    0.2550
```

结果显示，总体均值的点估计为 15.0560，总体标准差的点估计为 0.1397，在 95%置信水平下，总体均值的区间估计为(14.9561，15.1559)，总体标准差的区间估

计为(0.0961,0.2550)。

其他常用分布参数估计的命令还有：

[lam,lamci]=poissfit(x,alpha)　　泊松分布的估计函数，lam，lamci 分别是泊松分布中参数 λ 的点估计及区间估计值。

[a,b,aci,bci]=unifit(x,alpha)　　均匀分布的估计函数，a，b，aci，bci 分别是均匀分布中参数 a,b 的点估计及区间估计值。

[lam,lamci]=expfit(x,alpha)　　指数分布的估计函数，lam，lamci 分别是指数分布中参数 λ 的点估计及区间估计值。

[phat,pci]=binofit(R,n,alpha)　　二项分布的估计函数，phat，pci 分别是二项分布中参数 p 的点估计及区间估计值。R 是样本中事件发生的次数，n 是样本容量。

例 11.6.2　对一大批产品进行质量检验时，从 100 个样本中检得一级品 60 个，求这批产品的一级产品率 p 的置信区间(置信度为 0.95)。

解　一级品率 p 是二项分布 $B(n,p)$ 中的参数，在 MATLAB 命令窗口输入

```
>> R = 60;n = 100;
>> alpha = 0.05;
>> [phat,pci] = binofit(R,n,alpha)
```

运行结果：

```
phat =
    0.6000
pci =
    0.4972    0.6967
```

所以 p 的置信度为 0.95 的置信区间为(0.50,0.70)。

11.7　用 MATLAB 进行假设检验

1. 总体标准差已知时的单个正态总体均值的 U 检验

如果已经知道了一组数据来自正态分布总体，总体标准差已知，可以利用 ztest( )命令来检验样本均值是否有显著变化，格式为

```
[h,p,muci,zval] = ztest(x,mu,sigma,alpha,tail)
```

其中输入参数 x 是样本(n 维数组)，mu 是 H_0 中的 μ_0，sigma 是总体标准差 σ，alpha 是显著性水平 α(默认时设定为 0.05)，tail 是对双侧检验和两个单侧检验的标识，用备选假设 H_1 确定：H_1 为 $\mu \neq \mu_0$ 时，tail=0(可默认)；H_1 为 $\mu > \mu_0$ 时，令 tail=1；H_1

为$\mu<\mu_0$时，令 tail=－1。

输出参数 $h=0$ 表示接受 H_0，$h=1$ 表示拒绝 H_0，p 是检验的 p 值，muci 给出 μ_0 的置信区间，zval 是样本统计量 z 的值。

例 11.7.1 某切割机正常工作时，切割的金属棒的长度服从正态分布 $N(100,4)$。从该切割机切割的一批金属棒中随机抽取 15 根，测得它们的长度如下：

97 102 105 112 99 103 102 94 100 95 105 98 102 100 103

假设总体方差不变，试检验该切割机工作是否正常，及总体均值是否等于 100mm。取显著性水平 $\alpha=0.05$。

解 假设

$$H_0: \mu=\mu_0=100, \quad H_1: \mu\neq\mu_0$$

在 MATLAB 命令窗口输入

```
>> x = [97 102 105 112 99 103 102 94 100 95 105 98 102 100 103];
>> [h,p,muci,zval] = ztest(x,100,2,0.05,0)
```

运行结果：

```
h =
     1
p =
    0.0282
muci =
  100.1212  102.1455
zval =
    2.1947
```

由于 ztest 函数返回的检验的 p 值为 $p=0.0282<0.05$，所以在显著性水平 $\alpha=0.05$ 下拒绝原假设 $H_0: \mu=\mu_0=100$，认为该切割机工作不正常。

注意到 ztest 函数返回的总体均值的置信水平为 95%的置信区间为[100.1212，102.1455]，它的两个置信限均大于 100，因此还需作如下的检验：

$$H_0: \mu\leqslant\mu_0, \quad H_1: \mu>\mu_0$$

在 MATLAB 命令窗口输入

```
>> x = [97 102 105 112 99 103 102 94 100 95 105 98 102 100 103];
>> [h,p,muci,zval] = ztest(x,100,2,0.05,1)
```

运行结果：

```
h =
```

```
    1
p =
    0.0141
muci =
  100.2839        Inf
zval =
    2.1947
```

故拒绝 H_0，接受 H_1，即认为总体均值大于100。

2. 总体标准差未知时的单个正态总体均值的 t 检验

如果已经知道了一组数据来自正态分布总体，但总体标准差未知，可以利用 ttest( )命令来检验样本均值是否有显著变化，格式为

```
[h,p,muci] = ttest(x,mu,alpha,tail)
```

其中输入参数 x 是样本(n 维数组)，mu 是 H_0 中的 μ_0，alpha 是显著性水平 α(默认时设定为0.05)，tail 是对双侧检验和两个单侧检验的标识，用备选假设 H_1 确定：H_1 为 $\mu\neq\mu_0$ 时，tail=0(可默认)；H_1 为 $\mu>\mu_0$ 时，令 tail=1；H_1 为 $\mu<\mu_0$ 时，令 tail=−1。

输出参数 $h=0$ 表示接受 H_0，$h=1$ 表示拒绝 H_0，p 是检验的 p 值，muci 给出 μ_0 的置信区间。

例 11.7.2 化肥厂用自动包装机包装肥料，某日测得9包化肥的质量(单位：kg)如下：

49.4　50.5　50.7　51.7　49.8　47.9　49.2　51.4　48.9

设每包化肥的质量服从正态分布，是否可以认为每包的平均质量为50kg？取显著水平 $\alpha=0.05$。

解　假设

$$H_0: \mu=\mu_0=50, \quad H_1: \mu\neq\mu_0$$

在 MATLAB 命令窗口输入

```
>> x = [49.4 50.5 50.7 51.7 49.8 47.9 49.2 51.4 48.9];
>> [h,p,muci] = ttest(x,50,0.05,0)
```

运行结果：

```
h =
    0
p =
    0.8961
muci =
```

```
48.9943    50.8945
```

由于 ttest 函数返回的检验的 p 值为 $p=0.8961>0.05$，所以在显著性水平 $\alpha=0.05$ 下接受原假设 $H_0: \mu=\mu_0=50$，认为每包化肥的平均质量为 50kg。

3. 总体均值未知时的单个正态总体方差的 χ^2 检验

如果已经知道了一组数据来自正态分布总体，但总体均值未知，可以利用 vartest( )命令来检验样本方差是否有显著变化，格式为

```
[h,p,sigmaci] = vartest(x,var0,alpha,tail)
```

其中输入参数 x 是样本，var0 是 H_0 中的 σ_0^2，alpha 是显著性水平 α（默认时设定为 0.05），tail 是对双侧检验和两个单侧检验的标识，用备选假设 H_1 确定：H_1 为 $\sigma^2 \neq \sigma_0^2$ 时，tail=0（可默认）；H_1 为 $\sigma^2 > \sigma_0^2$ 时，令 tail=1；H_1 为 $\sigma^2 < \sigma_0^2$ 时，令 tail=−1。

输出参数 $h=0$ 表示接受 H_0，$h=1$ 表示拒绝 H_0，p 是检验的 p 值，sigmaci 给出 σ_0^2 的置信区间。

例 11.7.3 化肥厂用自动包装机包肥料，某日测得 9 包化肥的质量（单位：kg）如下：

49.4　50.5　50.7　51.7　49.8　47.9　49.2　51.4　48.9

设每包化肥的质量服从正态分布，是否可以认为每包化肥的方差等于 1.5？取显著性水平 $\alpha=0.05$。

解 假设

$$H_0: \sigma^2=\sigma_0^2=1.5, \quad H_1: \sigma^2 \neq \sigma_0^2$$

在 MATLAB 命令窗口输入

```
>> x = [49.4  50.5  50.7  51.7  49.8  47.9  49.2  51.4  48.9];
>> [h,p,sigmaci] = vartest(x,1.5,0.05,0)
```

运行结果：

```
h =
     0
p =
    0.8383
sigmaci =
    0.6970    5.6072
```

由于 vartest 函数返回的检验的 p 值 $p=0.8383>0.05$，所以在显著性水平 $\alpha=0.05$ 下接受原假设 $H_0: \sigma^2=\sigma_0^2=1.5$，认为每包化肥的方差等于 1.5。

4. 总体标准差未知时的两个正态总体均值比较的 t 检验

如果已经知道了两组数据分别来自两个正态分布总体，且总体标准差未知，可以

利用 ttest 2( )命令来检验两组数据样本均值是否有显著差别，格式为

```
[h,p,muci] = ttest2(x,y,alpha,tail,vartype)
```

其中输入参数 x,y 是样本，alpha 是显著性水平 α（默认时设定为 0.05），tail 是对双侧检验和两个单侧检验的标识，用备选假设 H_1 确定：H_1 为 $\mu_1 \neq \mu_2$ 时，tail=0（可默认）；H_1 为 $\mu_1 > \mu_2$ 时，令 tail=1；H_1 为 $\mu_1 < \mu_2$ 时，令 tail=-1，方差类型变量 vartype 用来指定两总体方差是否相等，vartype=1 和 vartype=2 分别表示等方差和异方差。

输出参数 $h=0$ 表示接受 H_0，$h=1$ 表示拒绝 H_0，p 是检验的 p 值，muci 给出总体均值之差 $\mu_1-\mu_2$ 的置信区间。

例 11.7.4 甲、乙两个机床加工同一产品，从这两个机床加工的产品中随机抽取若干件，测得直径（单位：mm）为

甲机床：20.1 20.0 19.3 20.6 20.2 19.9 20.0 19.9 19.1 19.9

乙机床：18.6 19.1 20.0 20.0 20.0 19.7 19.9 19.6 20.2

设甲、乙两个机床加工的产品的直径服从正态分布 $N(\mu_1,\sigma_1^2)$ 和 $N(\mu_2,\sigma_2^2)$，试比较甲、乙两个机床加工产品的直径是否有显著差别，取显著性水平为 0.05。

解 假设

$$H_0: \mu_1=\mu_2, \quad H_1: \mu_1 \neq \mu_2$$

在 MATLAB 命令窗口输入

```
>> x = [20.1 20.0 19.3 20.6 20.2 19.9 20.0 19.9 19.1 19.9 ];
>> y = [18.6 19.1 20.0 20.0 20.0 19.7 19.9 19.6 20.2];
>> [h,p,muci] = ttest2(x,y,0.05,0,1)
```

运行结果：

```
h =
    0
p =
   0.3191
muci =
  - 0.2346    0.6791
```

由于 ttest2 函数返回的检验的 p 值为 $p=0.3191>0.05$，所以在显著性水平 $\alpha=0.05$ 下接受原假设 $H_0: \mu_1=\mu_2$，认为甲、乙两个机床加工产品的直径没有显著差别。

5. 总体均值未知时的两个正态总体方差比较的 *F* 检验

如果已经知道了两组数据分别来自两个正态分布总体，且总体均值未知，可以利用 vartest2( )命令来检验两组数据样本方差是否有显著差别，格式为

```
[h,p,ci]= vartest 2(x,y,alpha,tail)
```

其中输入参数 x，y 是样本，alpha 是显著性水平 α（默认时设定为 0.05），tail 是对双侧检验和两个单侧检验的标识，用备选假设 H_1 确定：H_1 为 $\sigma_1^2 \neq \sigma_2^2$ 时，tail＝0（可默认）；H_1 为 $\sigma_1^2 > \sigma_2^2$ 时，令 tail＝1；H_1 为 $\sigma_1^2 < \sigma_2^2$ 时，令 tail＝－1。

输出参数 $h=0$ 表示接受 H_0，$h=1$ 表示拒绝 H_0，p 是检验的 p 值，ci 给出总体方差之比 σ_1^2/σ_2^2 的置信区间。

例 11.7.5 甲、乙两个机床加工同一产品，从这两个机床加工的产品中随机抽取若干件，测得直径（单位：mm）为

甲机床：20.1　20.0　19.3　20.6　20.2　19.9　20.0　19.9　19.1　19.9

乙机床：18.6　19.1　20.0　20.0　20.0　19.7　19.9　19.6　20.2

设甲、乙两个机床加工的产品的直径服从正态分布 $N(\mu_1,\sigma_1^2)$ 和 $N(\mu_2,\sigma_2^2)$，试比较甲、乙两个机床加工产品直径的方差是否有显著差别，取显著性水平为 0.05。

解　假设

$$H_0: \sigma_1^2=\sigma_2^2, \quad H_1: \sigma_1^2 \neq \sigma_2^2$$

在 MATLAB 命令窗口输入

```
>> x = [20.1 20.0 19.3 20.6 20.2 19.9 20.0 19.9 19.1 19.9 ];
>> y = [18.6 19.1 20.0 20.0 20.0 19.7 19.9 19.6 20.2];
>>[h,p,ci] = vartest2(x,y,0.05,0)
```

运行结果：

```
h =
     0
p =
    0.5798
ci =
   0.1567    2.8001
```

由于 vartest2 函数返回的检验的 p 值为 $p=0.5798>0.05$，所以在显著性水平 $\alpha=0.05$ 下接受原假设 $H_0: \sigma_1^2=\sigma_2^2$，认为甲、乙两个机床加工产品直径的方差没有显著差别。

习题答案

习题一

1. (1) B；　(2) C；　(3) D；　(4) C；　(5) D；　(6) B。

2. (1) x^4；　(2) $(\lambda+n)\lambda^{n-1}$　(3) 0；　(4) 0；
   (5) 12，−9；　(6) $k\neq -2,3$；　(7) $k=7$。

3. (1) ab^2-a^2b；　(2) 5；　(3) $-2(x^3+y^3)$；　(4) 0；　(5) 0；
   (6) $-(a+b+c+d)(b-a)(c-a)(d-a)(c-b)(d-b)(d-c)$。

4. (1) −3 或$\pm\sqrt{3}$；　(2) $x=-2,0,1$。

5. 略。

6. (1) $\prod\limits_{k=1}^{n-1}(x-a_k)$；　(2) $\prod\limits_{k=0}^{n}(a_k-1)\left(1+\sum\limits_{k=0}^{n}\frac{1}{a_k-1}\right)$；
   (3) $-(2+b)(1-b)\cdots((n-2)-b)$；　(4) $(-1)^n\prod\limits_{k=1}^{n}(b_k-a_k)$；
   (5) $\left(x+\sum\limits_{k=1}^{n}a_k\right)\prod\limits_{k=1}^{n}(x-a_k)$；　(6) $1+\sum\limits_{k=1}^{n}x_k$；
   (7) $n+1$。

7. $x_1=1,x_2=2,x_3=3,x_4=-1$。

8. $\lambda=1$ 或 $\mu=0$。

9. $\lambda=0,2$ 或 3。

习题二

1. (1) A；　(2) B；　(3) C；　(4) B；　(5) D；
   (6) A；　(7) D；　(8) C；　(9) D。

2. (1) 1 或−1；　(2) −4；　(3) 1；　(4) 81。

3. (1) $\begin{pmatrix}35\\6\\49\end{pmatrix}$； (2) 10； (3) $\begin{pmatrix}2&4&6\\1&2&3\\3&6&9\end{pmatrix}$； (4) $\begin{pmatrix}6&-7&8\\20&-5&-6\end{pmatrix}$。

4. (1) $\begin{pmatrix}-10&0\\-13&-2\\16&2\end{pmatrix}$； (2) $\begin{pmatrix}\frac{1}{2}&-1\\2&3\\\frac{1}{2}&0\end{pmatrix}$； (3) $\begin{pmatrix}1&-4&-3\\1&-5&-3\\-1&6&4\end{pmatrix}$。

5. $\boldsymbol{O}$。

6. $\begin{pmatrix}0&3&1\\-1&-3&-1\\0&1&0\end{pmatrix}$。

7. $\begin{pmatrix}1&-2&1&0\\0&1&-2&1\\0&0&1&-2\\0&0&0&1\end{pmatrix}$。

8. $\begin{pmatrix}3^{100}+2(2^{100}-1)&2-2^{100}-3^{100}&3^{100}-1\\2(2^{100}+3^{100})-4&4-2^{100}-2(3^{100})&2(3^{100}-1)\\2(3^{100}-1)&2(1-3^{100})&2(3^{100})-1\end{pmatrix}$。

9. $\begin{pmatrix}1&2&5&2\\0&1&2&-4\\0&0&-4&3\\0&0&0&-9\end{pmatrix}$。

10. $\boldsymbol{A}^8=10^{16}, \boldsymbol{A}^4=\begin{pmatrix}5^4&0&0&0\\0&5^4&0&0\\0&0&2^4&0\\0&0&2^6&2^4\end{pmatrix}$。

11. (1) $\begin{pmatrix}1&-2&0&0\\-2&5&0&0\\0&0&2&-3\\0&0&-5&8\end{pmatrix}$； (2) $\frac{1}{24}\begin{pmatrix}24&0&0&0\\-12&12&0&0\\-12&-4&8&0\\3&-5&-2&6\end{pmatrix}$。

12. 略

习题三

1. (1) A； (2) A； (3) B； (4) C；

(5) B；　(6) A；　(7) C；　(8) D。

2. (1) 0；　(2) 1；　(3) $a\neq-1$ 或 3；　(4) $a=-1$。

3. (1) $\begin{pmatrix}1&0&0&5\\0&0&1&-3\\0&0&0&0\end{pmatrix}$；　(2) $\begin{pmatrix}1&-1&0&2&-3\\0&0&1&-2&2\\0&0&0&0&0\\0&0&0&0&0\end{pmatrix}$。

4. (1) $\begin{pmatrix}1&-4&-3\\1&-5&-3\\-1&6&4\end{pmatrix}$；　(2) $\frac{1}{9}\begin{pmatrix}1&2&2\\2&1&-2\\2&-2&1\end{pmatrix}$。

5. (1) $\begin{pmatrix}0&2&1\\3&2&1\end{pmatrix}$；　(2) $\begin{pmatrix}0&2&1\\0&0&0\\0&0&0\end{pmatrix}$；

(3) $\begin{pmatrix}2&0&1\\0&3&0\\1&0&2\end{pmatrix}$；　(4) $\begin{pmatrix}3&-8&-6\\2&-9&-6\\-2&12&-9\end{pmatrix}$。

6. (1) $R=2$；　(2) $R=3$；　(3) $R=3$。

7. (1) $\begin{pmatrix}x_1\\x_2\\x_3\\x_4\end{pmatrix}=c\begin{pmatrix}\frac{4}{3}\\-3\\\frac{4}{3}\\1\end{pmatrix}$；　(2) $\begin{pmatrix}x_1\\x_2\\x_3\\x_4\end{pmatrix}=c_1\begin{pmatrix}-2\\1\\0\\0\end{pmatrix}+c_2\begin{pmatrix}1\\0\\0\\1\end{pmatrix}$；

(3) $\begin{pmatrix}x_1\\x_2\\x_3\\x_4\end{pmatrix}=c\begin{pmatrix}-\frac{1}{2}\\\frac{7}{2}\\\frac{5}{2}\\1\end{pmatrix}$；　(4) $\begin{pmatrix}x_1\\x_2\\x_3\\x_4\end{pmatrix}=c_1\begin{pmatrix}\frac{3}{17}\\\frac{19}{17}\\1\\0\end{pmatrix}+c_2\begin{pmatrix}-\frac{13}{17}\\-\frac{20}{17}\\0\\1\end{pmatrix}$。

8. (1) 无解；　(2) $\begin{pmatrix}x\\y\\z\end{pmatrix}=c\begin{pmatrix}-2\\1\\1\end{pmatrix}+\begin{pmatrix}-1\\2\\0\end{pmatrix}$；

(3) $\begin{pmatrix}x\\y\\z\\w\end{pmatrix}=c_1\begin{pmatrix}-\frac{1}{2}\\1\\0\\0\end{pmatrix}+c_2\begin{pmatrix}\frac{1}{2}\\0\\1\\0\end{pmatrix}+\begin{pmatrix}\frac{1}{2}\\0\\0\\0\end{pmatrix}$；

(4) $\begin{pmatrix} x \\ y \\ z \\ w \end{pmatrix} = c_1 \begin{pmatrix} \frac{1}{7} \\ \frac{5}{7} \\ 1 \\ 0 \end{pmatrix} + c_2 \begin{pmatrix} \frac{1}{7} \\ -\frac{9}{7} \\ 0 \\ 1 \end{pmatrix} + \begin{pmatrix} \frac{6}{7} \\ -\frac{5}{7} \\ 0 \\ 0 \end{pmatrix}$。

9. 当 $\lambda=1$ 时,有解 $\begin{pmatrix} x_1 \\ x_2 \\ x_3 \end{pmatrix} = c\begin{pmatrix} 1 \\ 1 \\ 1 \end{pmatrix} + \begin{pmatrix} 1 \\ 0 \\ 0 \end{pmatrix}$;当 $\lambda=-2$ 时,有解 $\begin{pmatrix} x_1 \\ x_2 \\ x_3 \end{pmatrix} = c\begin{pmatrix} 1 \\ 1 \\ 1 \end{pmatrix} + \begin{pmatrix} 2 \\ 2 \\ 0 \end{pmatrix}$。

10. 当 $\lambda\neq1$,且 $\lambda\neq10$ 时有唯一解;当 $\lambda\neq10$ 时无解;当 $\lambda\neq1$ 时有无穷多解,解为

$$\begin{pmatrix} x_1 \\ x_2 \\ x_3 \end{pmatrix} = c_1\begin{pmatrix} -2 \\ 1 \\ 0 \end{pmatrix} + c_2\begin{pmatrix} 2 \\ 0 \\ 1 \end{pmatrix} + \begin{pmatrix} 1 \\ 0 \\ 0 \end{pmatrix}$$

11. 当 $a\neq1$ 时,方程组有唯一解

$$\begin{cases} x_1=-1 \\ x_2=a+2 \\ x_3=-1 \end{cases}$$

当 $a=1$ 时,方程组有无穷解

$$\begin{cases} x_1=1-c_1-c_2 \\ x_2=c_1 \\ x_3=c_2 \end{cases}$$

习题四

1. (1) A;　(2) D;　(3) D;　(4) C;　(5) A;
(6) B;　(7) A;　(8) B;　(9) B;　(10) A。

2. (1) 4;　(2) $\alpha\neq0$;　(3) 相关;　(4) 0;　(5) 1;　(6) 0;
(7) $\left(\frac{1}{2},0,0,0\right)^{\mathrm{T}}+k(0,2,3,4)^{\mathrm{T}}$,$k$ 为任意实数;　(8) 1,−1;　(9) 0;
(10) 0,1;　(11) λI;　(12) 7;　(13) 1,2。

3. (1) 当 $\lambda\neq0,\lambda\neq-3$ 时,$|\boldsymbol{A}|\neq0$,方程组有唯一解,所以 $\boldsymbol{\beta}$ 可由 $\boldsymbol{\alpha}_1,\boldsymbol{\alpha}_2,\boldsymbol{\alpha}_3$ 唯一地线性表示;
(2) 当 $\lambda=0$ 时,方程组有无穷多解,所以 $\boldsymbol{\beta}$ 可由 $\boldsymbol{\alpha}_1,\boldsymbol{\alpha}_2,\boldsymbol{\alpha}_3$ 线性表示,但表示式不唯一;
(3) 当 $\lambda=-3$ 时,$\boldsymbol{\beta}$ 不能由 $\boldsymbol{\alpha}_1,\boldsymbol{\alpha}_2,\boldsymbol{\alpha}_3$ 线性表示。

4. (1) 当 $a=\pm1$ 且 $b\neq0$ 时，$\boldsymbol{\beta}$ 不能表示为 $\boldsymbol{\alpha}_1,\boldsymbol{\alpha}_2,\boldsymbol{\alpha}_3,\boldsymbol{\alpha}_4$ 的线性组合；

(2) 当 $a\neq\pm1$，b 任意时，$\boldsymbol{\beta}$ 能唯一地表示为 $\boldsymbol{\alpha}_1,\boldsymbol{\alpha}_2,\boldsymbol{\alpha}_3,\boldsymbol{\alpha}_4$ 的线性组合。

5. $\boldsymbol{\alpha}_1,\boldsymbol{\alpha}_2,\boldsymbol{\alpha}_4$ 为一个极大无关组，且 $\boldsymbol{\alpha}_3=-\boldsymbol{\alpha}_1+\boldsymbol{\alpha}_2+0\boldsymbol{\alpha}_4$， $\boldsymbol{\alpha}_5=2\boldsymbol{\alpha}_1+\boldsymbol{\alpha}_2-\boldsymbol{\alpha}_4$。

6. $\boldsymbol{\alpha}_1,\boldsymbol{\alpha}_2,\boldsymbol{\alpha}_4$ 是极大无关组，其中 $\boldsymbol{\alpha}_3=-\boldsymbol{\alpha}_1-\boldsymbol{\alpha}_2$，$\boldsymbol{\alpha}_5=4\boldsymbol{\alpha}_1+3\boldsymbol{\alpha}_2-3\boldsymbol{\alpha}_4$。

7. 当 $t=5$ 时，$\boldsymbol{\alpha}_1,\boldsymbol{\alpha}_2,\boldsymbol{\alpha}_3$ 线性相关；当 $t\neq5$ 时 $\boldsymbol{\alpha}_1,\boldsymbol{\alpha}_2,\boldsymbol{\alpha}_3$ 线性无关。

8. 是。

9. 不能。

10. (1) $\boldsymbol{v}_1=(0,0,1,0)^{\mathrm{T}}$，$\boldsymbol{v}_2=(-1,1,0,1)^{\mathrm{T}}$；

(2) $k(-1,1,1,1)^{\mathrm{T}}$（其中 k 为任意非零常数）。

11. (1) 当 $a=-2$ 时，无解；当 $a\neq-2$ 且 $a\neq1$ 时有唯一解 $\left(-\frac{1+a}{2+a},\frac{1}{2+a},\frac{(1+a)^2}{2+a}\right)^{\mathrm{T}}$；当 $a=1$ 时有无穷多解 $c_1(-1,1,0)^{\mathrm{T}}+c_2(-1,0,1)^{\mathrm{T}}+(1,0,0)^{\mathrm{T}}$（其中 c_1,c_2 为任意常数）。

(2) 当 $b=-1$ 时，无解；当 $b\neq-1$ 且 $b\neq4$ 时，有唯一解 $\left(\frac{b(b+2)}{b+1},\frac{b^2+2b+4}{b+1},-\frac{2b}{b+1}\right)^{\mathrm{T}}$；当 $b=4$ 时，有无穷多解 $c(-3,-1,1)^{\mathrm{T}}+(0,4,0)^{\mathrm{T}}$（其中 c 为任意常数）。

12. $9x_1+5x_2-3x_3=-5$。

13. $\begin{pmatrix}1&0\\0&1\\11/2&1/2\\-5/2&1/2\end{pmatrix}$。

14. a，$(1,1,\cdots,1)^{\mathrm{T}}$。

15. $\begin{pmatrix}0&-2&0\\1&3&0\\1&2&1\end{pmatrix}$。

16. 特征值 $\lambda_1=3$ 对应的特征向量为 $\begin{pmatrix}0\\0\\1\end{pmatrix}$，特征值 $\lambda_2=\lambda_3=1$ 对应的特征向量为 $\begin{pmatrix}-1\\-2\\1\end{pmatrix}$。

17. $s=9$，$t=-2$，$\lambda=-6$。

18. $x+y=0$。

19. 略。

习题五

1. (1) $\Omega=\{0,1,2,3,4,5,6\}$，$A=\{1,3,5\}$；

(2) $\Omega=\{(0,0),(0,1),(1,0),(1,1)\}$, $A=\{(0,0),(0,1)\}$, $B=\{(0,0),(1,1)\}$, $C=\{(0,0),(0,1),(1,0)\}$。

(3) $\Omega=\{(1,2,3),(1,2,4),(1,2,5),(1,3,4),(1,3,5),(1,4,5),(2,3,4),(2,3,5),(2,4,5),(3,4,5),\}$, $A=\{(1,2,3),(1,2,4),(1,2,5),(1,3,4),(1,3,5),(1,4,5)\}$。

(4) $\Omega=\{(1,1),\cdots,(1,4),(2,1),\cdots,(4,4)\}$, $A=\{(1,2),(2,1),(2,4),(4,2)\}$。

(5) $\Omega=\{(1,1),(1,2),(1,3),(1,4),(2,1),(2,2),(2,3),(2,4),(3,1),(3,2),(3,3)\}$, $A=\{(1,1),(1,2),(1,3),(2,1),(3,1)\}$。

2. (1) $AB\overline{C}$；　(2) $A(B\cup C)$；

(3) $A\cup B\cup C$；　(4) $A\overline{B}\,\overline{C}\cup\overline{A}B\,\overline{C}\cup\overline{A}\,\overline{B}C$；

(5) $AB\cup BC\cup AC$；　(6) $\overline{AB\cup BC\cup AC}$；

(7) $\overline{ABC}$；　(8) $\overline{A}BC\cup A\overline{B}C\cup AB\overline{C}$。

3. $\dfrac{5}{8}$。

4. (1) 0.6,0.4；　(2) 0.6；　(3) 0.4；　(4) 0,0.4　(5) 0.2。

5. 0.1;0.3。

6. (1) 0.3；　(2) 0.6；　(3) 0.7。

7. 0.504。

8. 0.089。

9. 0.75。

10. (1) $\dfrac{1}{n+1}$；　(2) $\dfrac{1}{n(n+1)}$。

11. 29。

12. (1) $\dfrac{7}{24}$；　(2) $\dfrac{2}{7}$。

13. (1) $\alpha=0.94$；　(2) $\beta=0.85$。

14. (1) $\dfrac{29}{90}$；　(2) $\dfrac{16}{61}$；　(3) $\dfrac{20}{61}$。

15. 0.35,0.15,0.7。

16. 0.5,0.5。

17. 0.328。

18. 0.104。

19. 4。

20. $\dfrac{2}{3}$。

21. $\dfrac{3}{5}$。

22. (1) 0.41;　　(2) 0.74;　　(3) 0.67。

23. 0.09。

24. 五局三胜制对甲有利。

25. (1) $\frac{1}{1296}$;　　(2) $\frac{5}{18}$;　　(3) $\frac{13}{18}$。

26. $\frac{20}{29}$。

27. (1) $\alpha=0.94^n$;

(2) $\beta=C_n^2(0.94)^{n-2}(0.06)^2$;

(3) $\theta=1-(0.94)^n-n(0.94)^{n-1}\times 0.06$。

28. 0.1808。

29. 略。

30. 略。

习题六

1. $P\{X=k\}=pq^{k-1}+qp^{k-1},k=2,3,\cdots,q=1-p$。

2.

X	2	3	4	5	6	7	8	9	10	11	12
P	$\frac{1}{36}$	$\frac{2}{36}$	$\frac{3}{36}$	$\frac{4}{36}$	$\frac{5}{36}$	$\frac{6}{36}$	$\frac{5}{36}$	$\frac{4}{36}$	$\frac{3}{36}$	$\frac{2}{36}$	$\frac{1}{36}$

3.

X	0	1	2	3	4
P	$\frac{3}{7}$	$\frac{2}{7}$	$\frac{5}{35}$	$\frac{3}{35}$	$\frac{1}{35}$

4.

X	0	1	2	3
P	$\frac{6}{24}$	$\frac{11}{24}$	$\frac{1}{4}$	$\frac{1}{24}$

5. $P\{X=k\}=0.76\cdot 0.24^{k-1}(k=1,2,\cdots)P\{Y=0\}=0.4,P\{Y=k\}=0.76\times 0.6^k\times 0.4^{k-1}(k=1,2,\cdots)$。

6.

X	0	1	2	3
P	$\frac{1}{2}$	$\frac{1}{4}$	$\frac{1}{8}$	$\frac{1}{8}$

7. $P\{X=k\}=C_n^k\left(\frac{1}{2}\right)^n,k=0,1,\cdots,n$。

8. $\frac{1}{2},\frac{15}{64}$。

9. (1) 0.02977；　(2) 0.00284。

10. 14。

11.

X	1	2	3	…	i	…
P	$\frac{3}{4}$	$\frac{1}{4}\cdot\frac{3}{4}$	$\left(\frac{1}{4}\right)^2\cdot\frac{3}{4}$	…	$\left(\frac{1}{4}\right)^{i-1}\cdot\frac{3}{4}$	…

12. 0.004679。

13. $F(x)=\begin{cases}0, & x<1\\ 0.2, & 1\leqslant x<2\\ 0.5, & 2\leqslant x<3\\ 1, & x\geqslant 3\end{cases}$。

14. (1) $\frac{1}{2}$；　(2) $\frac{\pi}{2}$。

15. $F(x)=\begin{cases}0, & x<0\\ \frac{x^2}{2}, & 0\leqslant x<1\\ -\frac{x^2}{2}+2x-1, & 1\leqslant x<2\\ 1, & x\geqslant 2\end{cases}$。

16. (1) $\frac{7}{27}$；　(2) $P(Y=k)=C_3^k\left(\frac{1}{3}\right)^k\left(\frac{2}{3}\right)^{3-k},k=0,1,2,3$；

(3) $F(y)=\begin{cases}0, & y<0\\ \frac{8}{27}, & 0\leqslant y<1\\ \frac{20}{27}, & 1\leqslant y<2\\ \frac{26}{27}, & 2\leqslant y<3\\ 1, & y\geqslant 3\end{cases}$。

17. $P\{V_n=k\}=C_n^k 0.01^k 0.99^{n-k}, k=0,1,\cdots,n$。

18. $\frac{20}{27}$。

19. (1) T 服从参数为 λ 的指数分布； (2) $e^{-8\lambda}$。

20. 0.2。

21. (1) $F(x)=\begin{cases}0, & x<-1\\ \frac{5x+7}{16}, & -1\leqslant x<1;\\ 1, & x\geqslant 1\end{cases}$ (2) $p=\frac{7}{16}$。

22.

Y	0	1	4	9
P	$\frac{1}{5}$	$\frac{7}{30}$	$\frac{1}{5}$	$\frac{11}{30}$

23. $F_Y(y)=\begin{cases}0, & y\leqslant 0\\ y, & 0<y<1.\\ 1, & y\geqslant 1\end{cases}$

习题七

1. $\frac{2}{9}, \frac{88}{405}$。

2. $E(X)=-0.2, E(X^2)=2.8, E(3X^2+5)=13.4$。

3. (1) $E(X)=1, D(X)=\frac{1}{7}$； (2) $E(X)=1, D(X)=\frac{1}{6}$；

(3) $E(X)=0, D(X)=2$。

4. $k=3, a=2$。

5. $E(X)=1$。

6. $E(S)=\frac{\pi}{12}(a^2+ab+b^2)$。

7. $\frac{2}{5}$。

8. $E(X)=\frac{k}{2}(n+1), D(X)=\frac{k}{12}(n^2-1)$。

9. $E(X)=a, D(X)=a+a^2$。

10. $a=12, b=-12, c=3$。

11. $E(X)=\frac{1}{2}(n+1), D(X)=\frac{1}{12}(n^2-1)$。

12. (1) $E(X^2)=6$；　(2) $P\{X\geqslant 1\}=1-e^{-3}$。

13. $\frac{11}{16}$。

14. $a=1,b=3$。

15. $E(X)=\frac{l}{3},D(X)=\frac{l^2}{18}$。

16. $P\geqslant 0.9$。

17. $\varepsilon\geqslant 0.3$。

18. (1) $P\{|\overline{X}-a|<\varepsilon\}\geqslant 1-\frac{\sigma^2}{n\varepsilon^2}$；　(2) $P\{a-2\sigma\leqslant\overline{X}\leqslant a+2\sigma\}\geqslant 1-\frac{1}{4n}$。

习题八

1. $k=0.33$。

2. 0.8293。

3. 0.6744。

4. $n\geqslant 62$。

5. 0.1。

6. 略。

7. $\frac{\sqrt{6}}{2}$。

8. $a=\frac{1}{20},b=\frac{1}{100}$。

9. (1) $c_1=\frac{1}{2},d_1=\frac{1}{3},n=2$；　(2) $c_2=\frac{3}{2},m=2,n=1$。

10. 33.2,24.7,1.7613,1.3450,2.54,0.35。

习题九

1. $\hat{\alpha}_1=\frac{1-2\overline{X}}{\overline{X}-1},\hat{\alpha}_2=-\left(1+\frac{n}{\sum_{i=1}^{n}\ln X_i}\right),\hat{\alpha}_1\approx 0.3079,\hat{\alpha}_2\approx 0.2112$。

2. $\hat{\lambda}=0.05$。

3. 这个星期中生产的灯泡能使用1300h以上的概率为0。

4. (1) $\hat{A}=\overline{X}+u_{0.95}$；　(2) $\hat{A}=\overline{X}+Su_{0.95}$。

5. $\hat{a}_2$ 的方差最小。

6. $C=\frac{1}{n}$。

7. (1) θ 的极大似然估计量 $\hat{\theta}=\frac{1}{n}\sum_{i=1}^{n}|X_i|$;

(2) 提示：只需要验证极大似然估计量的无偏性，说明极大似然估计也是有效估计，并且 $D(\hat{\theta})=\frac{\theta(1-\theta)}{n}$，$I(\theta)=\frac{1}{\theta(1-\theta)}$。

8. (1) [2.121,2.129]；　(2) [2.115,2.135]。

9. [−0.0022,0.0063]。

10. [0.2217,3.6008]。

习题十

1. 不能认为该批电子元件的平均使用寿命为1600h。
2. 该批电子元件的平均使用寿命显著降低。
3. 该批电子元件的平均使用寿命显著提高。
4. 这天的包装机工作正常。
5. 该批枪弹的平均初速显著降低。
6. 这天的维尼纶的方差显著增大。
7. 该批产品是合格的。
8. 两只高温计所测温度无显著差异。
9. 乙机床加工精度比甲机床高。
10. 处理后物品质量显著降低。

附录 A　泊松分布表

$$P\{X=k\}=\frac{\lambda^k}{k!}e^{-\lambda}$$

k \ λ	0.1	0.2	0.3	0.4	0.5	0.6	0.7	0.8
0	0.904837	0.818731	0.740818	0.670320	0.606531	0.548812	0.496585	0.449329
1	0.090484	0.163746	0.222245	0.268128	0.303265	0.329287	0.347610	0.359463
2	0.004524	0.016375	0.033337	0.053626	0.075816	0.098786	0.121663	0.143785
3	0.000151	0.001092	0.003334	0.007150	0.012636	0.019757	0.028388	0.038343
4	0.000004	0.000055	0.000250	0.000715	0.001580	0.002964	0.004968	0.007669
5		0.000002	0.000015	0.000057	0.000158	0.000356	0.000696	0.001227
6			0.000001	0.000004	0.000013	0.000036	0.000081	0.000164
7					0.000001	0.000003	0.000008	0.000019
8							0.000001	0.000002
9								

k \ λ	0.9	1.0	1.5	2.0	2.5	3.0	3.5	4.0
0	0.406570	0.367879	0.223130	0.135335	0.082085	0.049787	0.030197	0.018316
1	0.365913	0.367879	0.334695	0.270671	0.205212	0.149361	0.105691	0.073263
2	0.164661	0.183940	0.251021	0.270671	0.256516	0.224042	0.184959	0.146525
3	0.049398	0.061313	0.125511	0.180447	0.213763	0.224042	0.215785	0.195367
4	0.011115	0.015328	0.047067	0.090224	0.133602	0.168031	0.188812	0.195367
5	0.002001	0.003066	0.014120	0.036089	0.066801	0.100819	0.132169	0.156293
6	0.000300	0.000511	0.003530	0.012030	0.027834	0.050409	0.077098	0.104196

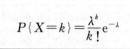

续表

λ / k	0.9	1.0	1.5	2.0	2.5	3.0	3.5	4.0
7	0.000039	0.000073	0.000756	0.003437	0.009941	0.021604	0.038549	0.059540
8	0.000004	0.000009	0.000142	0.000859	0.003106	0.008102	0.016865	0.029770
9		0.000001	0.000024	0.000191	0.000863	0.002701	0.006559	0.013231
10			0.000004	0.000038	0.000216	0.000810	0.002296	0.005292
11				0.000007	0.000049	0.000221	0.000730	0.001925
12				0.000001	0.000010	0.000055	0.000213	0.000642
13					0.000002	0.000013	0.000057	0.000197
14						0.000003	0.000014	0.000056
15						0.000001	0.000003	0.000015
16							0.000001	0.000004
17								0.000001

λ / k	4.5	5.0	5.5	6.0	6.5	7.0	7.5	8.0
0	0.011109	0.006738	0.004087	0.002479	0.001503	0.000912	0.000553	0.000335
1	0.049990	0.033690	0.022477	0.014873	0.009772	0.006383	0.004148	0.002684
2	0.112479	0.084224	0.061812	0.044618	0.031760	0.022341	0.015555	0.010735
3	0.168718	0.140374	0.113323	0.089235	0.068814	0.052129	0.038889	0.028626
4	0.189808	0.175467	0.155819	0.133853	0.111822	0.091226	0.072916	0.057252
5	0.170827	0.175467	0.171401	0.160623	0.145369	0.127717	0.109375	0.091604
6	0.128120	0.146223	0.157117	0.160623	0.157483	0.149003	0.136718	0.122138
7	0.082363	0.104445	0.123449	0.137677	0.146234	0.149003	0.146484	0.139587
8	0.046329	0.065278	0.084871	0.103258	0.118815	0.130377	0.137329	0.139587
9	0.023165	0.036266	0.051866	0.068838	0.085811	0.101405	0.114440	0.124077
10	0.010424	0.018133	0.028526	0.041303	0.055777	0.070983	0.085830	0.099262
11	0.004264	0.008242	0.014263	0.022529	0.032959	0.045171	0.058521	0.072190
12	0.001599	0.003434	0.006537	0.011264	0.017853	0.026350	0.036575	0.048127
13	0.000554	0.001321	0.002766	0.005199	0.008926	0.014188	0.021101	0.029616

续表

λ \ k	4.5	5.0	5.5	6.0	6.5	7.0	7.5	8.0
14	0.000178	0.000472	0.001087	0.002228	0.004144	0.007094	0.011304	0.016924
15	0.000053	0.000157	0.000398	0.000891	0.001796	0.003311	0.005652	0.009026
16	0.000015	0.000049	0.000137	0.000334	0.000730	0.001448	0.002649	0.004513
17	0.000004	0.000014	0.000044	0.000118	0.000279	0.000596	0.001169	0.002124
18	0.000001	0.000004	0.000014	0.000039	0.000101	0.000232	0.000487	0.000944
19		0.000001	0.000004	0.000012	0.000034	0.000085	0.000192	0.000397
20			0.000001	0.000004	0.000011	0.000030	0.000072	0.000159
21				0.000001	0.000003	0.000010	0.000026	0.000061
22					0.000001	0.000003	0.000009	0.000022
23						0.000001	0.000003	0.000008
24							0.000001	0.000003
25								0.000001

λ \ k	8.5	9.0	9.5	10	12	15	18	20
0	0.000203	0.000123	0.000075	0.000045	0.000006	0.000000	0.000000	0.000000
1	0.001729	0.001111	0.000711	0.000454	0.000074	0.000005	0.000000	0.000000
2	0.007350	0.004998	0.003378	0.002270	0.000442	0.000034	0.000002	0.000000
3	0.020826	0.014994	0.010696	0.007567	0.001770	0.000172	0.000015	0.000003
4	0.044255	0.033737	0.025403	0.018917	0.005309	0.000645	0.000067	0.000014
5	0.075233	0.060727	0.048266	0.037833	0.012741	0.001936	0.000240	0.000055
6	0.106581	0.091090	0.076421	0.063055	0.025481	0.004839	0.000719	0.000183
7	0.129419	0.117116	0.103714	0.090079	0.043682	0.010370	0.001850	0.000523
8	0.137508	0.131756	0.123160	0.112599	0.065523	0.019444	0.004163	0.001309
9	0.129869	0.131756	0.130003	0.125110	0.087364	0.032407	0.008325	0.002908
10	0.110388	0.118580	0.123502	0.125110	0.104837	0.048611	0.014985	0.005816
11	0.085300	0.097020	0.106661	0.113736	0.114368	0.066287	0.024521	0.010575
12	0.060421	0.072765	0.084440	0.094780	0.114368	0.082859	0.036782	0.017625

续表

k \ λ	8.5	9.0	9.5	10	12	15	18	20
13	0.039506	0.050376	0.061706	0.072908	0.105570	0.095607	0.050929	0.027116
14	0.023986	0.032384	0.041872	0.052077	0.090489	0.102436	0.065480	0.038737
15	0.013592	0.019431	0.026519	0.034718	0.072391	0.102436	0.078576	0.051649
16	0.007221	0.010930	0.015746	0.021699	0.054293	0.096034	0.088397	0.064561
17	0.003610	0.005786	0.008799	0.012764	0.038325	0.084736	0.093597	0.075954
18	0.001705	0.002893	0.004644	0.007091	0.025550	0.070613	0.093597	0.084394
19	0.000763	0.001370	0.002322	0.003732	0.016137	0.055747	0.088671	0.088835
20	0.000324	0.000617	0.001103	0.001866	0.009682	0.041810	0.079804	0.088835
21	0.000131	0.000264	0.000499	0.000889	0.005533	0.029865	0.068403	0.084605
22	0.000051	0.000108	0.000215	0.000404	0.003018	0.020362	0.055966	0.076914
23	0.000019	0.000042	0.000089	0.000176	0.001574	0.013280	0.043800	0.066881
24	0.000007	0.000016	0.000035	0.000073	0.000787	0.008300	0.032850	0.055735
25	0.000002	0.000006	0.000013	0.000029	0.000378	0.004980	0.023652	0.044588
26	0.000001	0.000002	0.000005	0.000011	0.000174	0.002873	0.016374	0.034298
27		0.000001	0.000002	0.000004	0.000078	0.001596	0.010916	0.025406
28			0.000001	0.000001	0.000033	0.000855	0.007018	0.018147
29				0.000001	0.000014	0.000442	0.004356	0.012515
30					0.000005	0.000221	0.002613	0.008344
31					0.000002	0.000107	0.001517	0.005383
32					0.000001	0.000050	0.000854	0.003364
33						0.000023	0.000466	0.002039
34						0.000010	0.000246	0.001199
35						0.000004	0.000127	0.000685
36						0.000002	0.000063	0.000381
37						0.000001	0.000031	0.000206
38							0.000015	0.000108
39							0.000007	0.000056

附录B　标准正态分布表

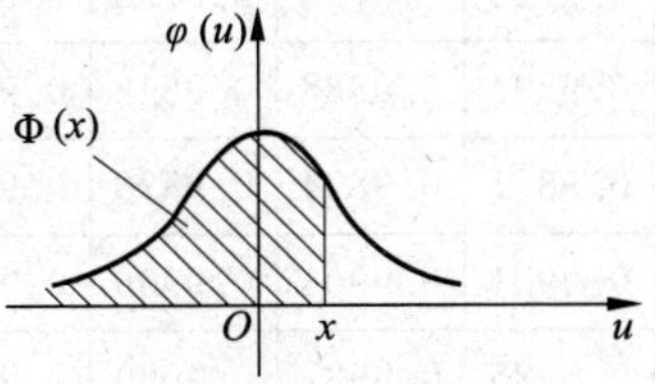

$$\Phi(x)=\frac{1}{\sqrt{2\pi}}\int_{-\infty}^{x}\mathrm{e}^{-\frac{u^2}{2}}\mathrm{d}u=\int_{-\infty}^{x}\varphi(u)\mathrm{d}u=P\{X\leqslant x\}$$

x	0.00	0.01	0.02	0.03	0.04	0.05	0.06	0.07	0.08	0.09
0	0.5000	0.5040	0.5080	0.5120	0.5160	0.5199	0.5239	0.5279	0.5319	0.5359
0.1	0.5398	0.5438	0.5478	0.5517	0.5557	0.5596	0.5636	0.5675	0.5714	0.5753
0.2	0.5793	0.5832	0.5871	0.5910	0.5948	0.5987	0.6026	0.6064	0.6103	0.6141
0.3	0.6179	0.6217	0.6255	0.6293	0.6331	0.6368	0.6404	0.6443	0.6480	0.6517
0.4	0.6554	0.6591	0.6628	0.6664	0.6700	0.6736	0.6772	0.6808	0.6844	0.6879
0.5	0.6915	0.6950	0.6985	0.7019	0.7054	0.7088	0.7123	0.7157	0.7190	0.7224
0.6	0.7257	0.7291	0.7324	0.7357	0.7389	0.7422	0.7454	0.7486	0.7517	0.7549
0.7	0.7580	0.7611	0.7642	0.7673	0.7703	0.7734	0.7764	0.7794	0.7823	0.7852
0.8	0.7881	0.7910	0.7939	0.7967	0.7995	0.8023	0.8051	0.8078	0.8106	0.8133
0.9	0.8159	0.8186	0.8212	0.8238	0.8264	0.8289	0.8355	0.8340	0.8365	0.8389
1.0	0.8413	0.8438	0.8461	0.8485	0.8508	0.8531	0.8554	0.8577	0.8599	0.8621
1.1	0.8643	0.8665	0.8686	0.8708	0.8729	0.8749	0.8770	0.8790	0.8810	0.8830
1.2	0.8849	0.8869	0.8888	0.8907	0.8925	0.8944	0.8962	0.8980	0.8997	0.9015
1.3	0.9032	0.9049	0.9066	0.9082	0.9099	0.9115	0.9131	0.9147	0.9162	0.9177
1.4	0.9192	0.9207	0.9222	0.9236	0.9251	0.9265	0.9279	0.9292	0.9306	0.9319

续表

x	0.00	0.01	0.02	0.03	0.04	0.05	0.06	0.07	0.08	0.09
1.5	0.9332	0.9345	0.9357	0.9370	0.9382	0.9394	0.9406	0.9418	0.9430	0.9441
1.6	0.9452	0.9463	0.9474	0.9484	0.9495	0.9505	0.9515	0.9525	0.9535	0.9535
1.7	0.9554	0.9564	0.9573	0.9582	0.9591	0.9599	0.9608	0.9616	0.9625	0.9633
1.8	0.9641	0.9648	0.9656	0.9664	0.9672	0.9678	0.9686	0.9693	0.9700	0.9706
1.9	0.9713	0.9719	0.9726	0.9732	0.9738	0.9744	0.9750	0.9756	0.9762	0.9767
2.0	0.9772	0.9778	0.9783	0.9788	0.9793	0.9798	0.9803	0.9808	0.9812	0.9817
2.1	0.9821	0.9826	0.9830	0.9834	0.9838	0.9842	0.9846	0.9850	0.9854	0.9857
2.2	0.9861	0.9864	0.9868	0.9871	0.9874	0.9878	0.9881	0.9884	0.9887	0.9890
2.3	0.9893	0.9896	0.9898	0.9901	0.9904	0.9906	0.9909	0.9911	0.9913	0.9916
2.4	0.9918	0.9920	0.9922	0.9925	0.9927	0.9929	0.9931	0.9932	0.9934	0.9936
2.5	0.9938	0.9940	0.9941	0.9943	0.9945	0.9946	0.9948	0.9949	0.9951	0.9952
2.6	0.9953	0.9955	0.9956	0.9957	0.9959	0.9960	0.9961	0.9962	0.9963	0.9964
2.7	0.9965	0.9966	0.9967	0.9968	0.9969	0.9970	0.9971	0.9972	0.9973	0.9974
2.8	0.9974	0.9975	0.9976	0.9977	0.9977	0.9978	0.9979	0.9979	0.9980	0.9981
2.9	0.9981	0.9982	0.9982	0.9983	0.9984	0.9984	0.9985	0.9985	0.9986	0.9986
3.0	0.9987	0.9990	0.9993	0.9995	0.9997	0.9998	0.9998	0.9999	0.9999	1.0000

附录C　χ^2 分布表

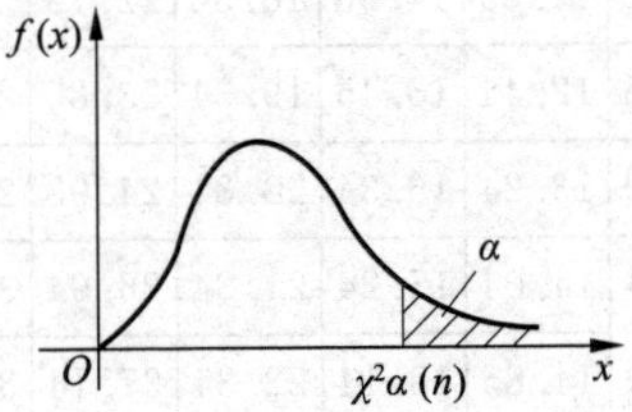

$$P\{\chi^2(n) > \chi^2_\alpha(n)\} = \alpha$$

n \ p	0.995	0.99	0.975	0.95	0.9	0.75	0.5	0.25	0.1	0.05	0.025	0.01	0.005
1	…	…	…	…	0.02	0.1	0.45	1.32	2.71	3.84	5.02	6.63	7.88
2	0.01	0.02	0.02	0.1	0.21	0.58	1.39	2.77	4.61	5.99	7.38	9.21	10.6
	0.07	0.11	0.22	0.35	0.58	1.21	2.37	4.11	6.25	7.81	9.35	11.34	12.84
4	0.21	0.3	0.48	0.71	1.06	1.92	3.36	5.39	7.78	9.49	11.14	13.28	14.86
5	0.41	0.55	0.83	1.15	1.61	2.67	4.35	6.63	9.24	11.07	12.83	15.09	16.75
6	0.68	0.87	1.24	1.64	2.2	3.45	5.35	7.84	10.64	12.59	14.45	16.81	18.55
7	0.99	1.24	1.69	2.17	2.83	4.25	6.35	9.04	12.02	14.07	16.01	18.48	20.28
8	1.34	1.65	2.18	2.73	3.4	5.07	7.34	10.22	13.36	15.51	17.53	20.09	21.96
9	1.73	2.09	2.7	3.33	4.17	5.9	8.34	11.39	14.68	16.92	19.02	21.67	23.59
10	2.16	2.56	3.25	3.94	4.87	6.74	9.34	12.55	15.99	18.31	20.48	23.21	25.19
11	2.6	3.05	3.82	4.57	5.58	7.58	10.34	13.7	17.28	19.68	21.92	24.72	26.76
12	3.07	3.57	4.4	5.23	6.3	8.44	11.34	14.85	18.55	21.03	23.34	26.22	28.3
13	3.57	4.11	5.01	5.89	7.04	9.3	12.34	15.98	19.81	22.36	24.74	27.69	29.82
14	4.07	4.66	5.63	6.57	7.79	10.17	13.34	17.12	21.06	23.68	26.12	29.14	31.32

续表

n \ p	0.995	0.99	0.975	0.95	0.9	0.75	0.5	0.25	0.1	0.05	0.025	0.01	0.005
15	4.6	5.23	6.27	7.26	8.55	11.04	14.34	18.25	22.31	25	27.49	30.58	32.8
16	5.14	5.81	6.91	7.96	9.31	11.91	15.34	19.37	23.54	26.3	28.85	32	34.27
17	5.7	6.41	7.56	8.67	10.09	12.79	16.34	20.49	24.77	27.59	30.19	33.41	35.72
18	6.26	7.01	8.23	9.39	10.86	13.68	17.34	21.6	25.99	28.87	31.53	34.81	37.16
19	6.84	7.63	8.91	10.12	11.65	14.56	18.34	22.72	27.2	30.14	32.85	36.19	38.58
20	7.43	8.26	9.59	10.85	12.44	15.45	19.34	23.83	28.41	31.41	34.17	37.57	40
21	8.03	8.9	10.28	11.59	13.24	16.34	20.34	24.93	29.62	32.67	35.48	38.93	41.4
22	8.64	9.54	10.98	12.34	14.04	17.24	21.34	26.04	30.81	33.92	36.78	40.29	42.8
23	9.26	10.2	11.69	13.09	14.85	18.14	22.34	27.14	32.01	35.17	38.08	41.64	44.18
24	9.89	10.86	12.4	13.85	15.66	19.04	23.34	28.24	33.2	36.42	39.36	42.98	45.56
25	10.52	11.52	13.12	14.61	16.47	19.94	24.34	29.34	34.38	37.65	40.65	44.31	46.93
26	11.16	12.2	13.84	15.38	17.29	20.84	25.34	30.43	35.56	38.89	41.92	45.64	48.29
27	11.81	12.88	14.57	16.15	18.11	21.75	26.34	31.53	36.74	40.11	43.19	46.96	49.64
28	12.46	13.56	15.31	16.93	18.94	22.66	27.34	32.62	37.92	41.34	44.46	48.28	50.99
29	13.12	14.26	16.05	17.71	19.77	23.57	28.34	33.71	39.09	42.56	45.72	49.59	52.34
30	13.79	14.95	16.79	18.49	20.6	24.48	29.34	34.8	40.26	43.77	46.98	50.89	53.67
40	20.71	22.16	24.43	26.51	29.05	33.66	39.34	45.62	51.8	55.76	59.34	63.69	66.77
50	27.99	29.71	32.36	34.76	37.69	42.94	49.33	56.33	63.17	67.5	71.42	76.15	79.49
60	35.53	37.48	40.48	43.19	46.46	52.29	59.33	66.98	74.4	79.08	83.3	88.38	91.95
70	43.28	45.44	48.76	51.74	55.33	61.7	69.33	77.58	85.53	90.53	95.02	100.42	104.22
80	51.17	53.54	57.15	60.39	64.28	71.14	79.33	88.13	96.58	101.88	106.63	112.33	116.32
90	59.2	61.75	65.65	69.13	73.29	80.62	89.33	98.64	107.56	113.14	118.14	124.12	128.3
100	67.33	70.06	74.22	77.93	82.36	90.13	99.33	109.14	118.5	124.34	129.56	135.81	140.17

附录 D　t 分布表

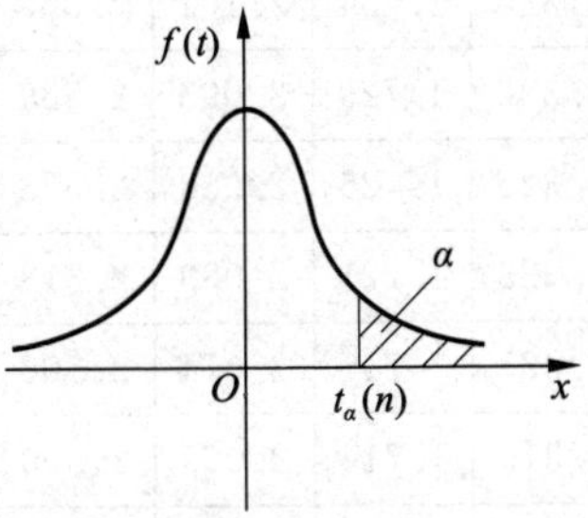

$$P\{t(n)>t_\alpha(n)\}=\alpha$$

单侧	0.25	0.2	0.15	0.1	0.05	0.025	0.01	0.005	0.0025	0.001	0.0005
双侧	0.5	0.4	0.3	0.2	0.1	0.05	0.02	0.01	0.005	0.002	0.001
1	1.000	1.376	1.963	3.078	6.314	12.71	31.82	63.66	127.3	318.3	636.6
2	0.816	1.061	1.386	1.886	2.920	4.303	6.965	9.925	14.09	22.33	31.60
3	0.765	0.978	1.250	1.638	2.353	3.182	4.541	5.841	7.453	10.21	12.92
4	0.741	0.941	1.190	1.533	2.132	2.776	3.747	4.604	5.598	7.173	8.610
5	0.727	0.920	1.156	1.476	2.015	2.571	3.365	4.032	4.773	5.893	6.869
6	0.718	0.906	1.134	1.440	1.943	2.447	3.143	3.707	4.317	5.208	5.959
7	0.711	0.896	1.119	1.415	1.895	2.365	2.998	3.499	4.029	4.785	5.408
8	0.706	0.889	1.108	1.397	1.860	2.306	2.896	3.355	3.833	4.501	5.041
9	0.703	0.883	1.100	1.383	1.833	2.262	2.821	3.250	3.690	4.297	4.781
10	0.700	0.879	1.093	1.372	1.812	2.228	2.764	3.169	3.581	4.144	4.587
11	0.697	0.876	1.088	1.363	1.796	2.201	2.718	3.106	3.497	4.025	4.437
12	0.695	0.873	1.083	1.356	1.782	2.179	2.681	3.055	3.428	3.930	4.318
13	0.694	0.870	1.079	1.350	1.771	2.160	2.650	3.012	3.372	3.852	4.221

续表

单侧	0.25	0.2	0.15	0.1	0.05	0.025	0.01	0.005	0.0025	0.001	0.0005
双侧	0.5	0.4	0.3	0.2	0.1	0.05	0.02	0.01	0.005	0.002	0.001
14	0.692	0.868	1.076	1.345	1.761	2.145	2.624	2.977	3.326	3.787	4.140
15	0.691	0.866	1.074	1.341	1.753	2.131	2.602	2.947	3.286	3.733	4.073
16	0.690	0.865	1.071	1.337	1.746	2.120	2.583	2.921	3.252	3.686	4.015
17	0.689	0.863	1.069	1.333	1.740	2.110	2.567	2.898	3.222	3.646	3.965
18	0.688	0.862	1.067	1.330	1.734	2.101	2.552	2.878	3.197	3.610	3.922
19	0.688	0.861	1.066	1.328	1.729	2.093	2.539	2.861	3.174	3.579	3.883
20	0.687	0.860	1.064	1.325	1.725	2.086	2.528	2.845	3.153	3.552	3.850
21	0.686	0.859	1.063	1.323	1.721	2.080	2.518	2.831	3.135	3.527	3.819
22	0.686	0.858	1.061	1.321	1.717	2.074	2.508	2.819	3.119	3.505	3.792
23	0.685	0.858	1.060	1.319	1.714	2.069	2.500	2.807	3.104	3.485	3.767
24	0.685	0.857	1.059	1.318	1.711	2.064	2.492	2.797	3.091	3.467	3.745
25	0.684	0.856	1.058	1.316	1.708	2.060	2.485	2.787	3.078	3.450	3.725
26	0.684	0.856	1.058	1.315	1.706	2.056	2.479	2.779	3.067	3.435	3.707
27	0.684	0.855	1.057	1.314	1.703	2.052	2.473	2.771	3.057	3.421	3.690
28	0.683	0.855	1.056	1.313	1.701	2.048	2.467	2.763	3.047	3.408	3.674
29	0.683	0.854	1.055	1.311	1.699	2.045	2.462	2.756	3.038	3.396	3.659
30	0.683	0.854	1.055	1.310	1.697	2.042	2.457	2.750	3.030	3.385	3.646
40	0.681	0.851	1.050	1.303	1.684	2.021	2.423	2.704	2.971	3.307	3.551
50	0.679	0.849	1.047	1.299	1.676	2.009	2.403	2.678	2.937	3.261	3.496
60	0.679	0.848	1.045	1.296	1.671	2.000	2.390	2.660	2.915	3.232	3.460
80	0.678	0.846	1.043	1.292	1.664	1.990	2.374	2.639	2.887	3.195	3.416
100	0.677	0.845	1.042	1.290	1.660	1.984	2.364	2.626	2.871	3.174	3.390
120	0.677	0.845	1.041	1.289	1.658	1.980	2.358	2.617	2.860	3.160	3.373
Inf	0.674	0.842	1.036	1.282	1.645	1.960	2.326	2.576	2.807	3.090	3.291

注：关于表格的最后一行的值：自由度为无限大($n=120$)的 t 分布和正态分布等价。

附录 E　F 分布表

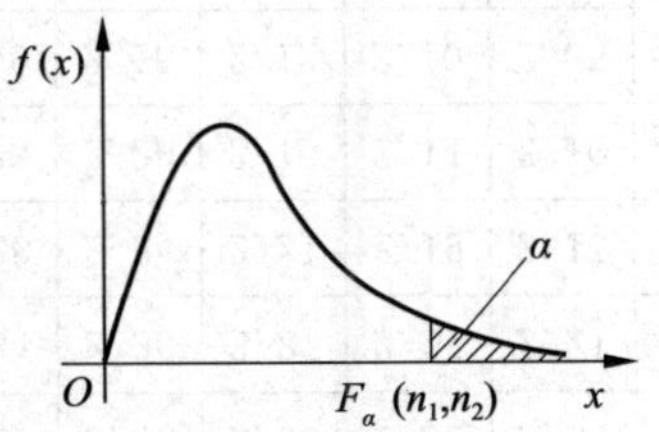

$$P\{F(n_1,n_2)>F_\alpha(n_1,n_2)\}=\alpha$$

$\alpha=0.10$

n_2 \ n_1	1	2	3	4	5	6	7	8	9	10	12	15	20	24	30	40	60	120	∞
1	39.86	49.50	53.59	55.83	57.24	58.20	58.91	59.44	59.86	60.19	60.71	61.22	61.74	62.00	62.26	62.53	62.79	63.06	63.33
2	8.53	9.00	9.16	9.24	9.29	9.33	9.35	9.37	9.38	9.39	9.41	9.42	9.44	9.45	9.46	9.47	9.47	9.48	9.49
3	5.54	5.46	5.39	5.34	5.31	5.28	5.27	5.25	5.24	5.23	5.22	5.20	5.18	5.18	5.17	5.16	5.15	5.14	5.13
4	4.54	4.32	4.19	4.11	4.05	4.01	3.98	3.95	3.94	3.92	3.90	3.87	3.84	3.83	3.82	3.80	3.79	3.78	3.76

续表

$\alpha=0.10$

n_2 \ n_1	1	2	3	4	5	6	7	8	9	10	12	15	20	24	30	40	60	120	∞
5	4.06	3.78	3.62	3.52	3.45	3.40	3.37	3.34	3.32	3.30	3.27	3.24	3.21	3.19	3.17	3.16	3.14	3.12	3.10
6	3.78	3.46	3.29	3.18	3.11	3.05	3.01	2.98	2.96	2.94	2.90	2.87	2.84	2.82	2.80	2.78	2.76	2.74	2.72
7	3.59	3.26	3.07	2.96	2.88	2.83	2.78	2.75	2.72	2.70	2.67	2.63	2.59	2.58	2.56	2.54	2.51	2.49	2.47
8	3.46	3.11	2.92	2.81	2.73	2.67	2.62	2.59	2.56	2.54	2.50	2.46	2.42	2.40	2.38	2.36	2.34	2.32	2.29
9	3.36	3.01	2.81	2.69	2.61	2.55	2.51	2.47	2.44	2.42	2.38	2.34	2.30	2.28	2.25	2.23	2.21	2.18	2.16
10	3.29	2.92	2.73	2.61	2.52	2.46	2.41	2.38	2.35	2.32	2.28	2.24	2.20	2.18	2.16	2.13	2.11	2.08	2.06
11	3.23	2.86	2.66	2.54	2.45	2.39	2.34	2.30	2.27	2.25	2.21	2.17	2.12	2.10	2.08	2.05	2.03	2.00	1.97
12	3.18	2.81	2.61	2.48	2.39	2.33	2.28	2.24	2.21	2.19	2.15	2.10	2.06	2.04	2.01	1.99	1.96	1.93	1.90
13	3.14	2.76	2.56	2.43	2.35	2.28	2.23	2.20	2.16	2.14	2.10	2.05	2.01	1.98	1.96	1.93	1.90	1.88	1.85
14	3.10	2.73	2.52	2.39	2.31	2.24	2.19	2.15	2.12	2.10	2.05	2.01	1.96	1.94	1.91	1.89	1.86	1.83	1.80
15	3.07	2.70	2.49	2.36	2.27	2.21	2.16	2.12	2.09	2.06	2.02	1.97	1.92	1.90	1.87	1.85	1.82	1.79	1.76
16	3.05	2.67	2.46	2.33	2.24	2.18	2.13	2.09	2.06	2.03	1.99	1.94	1.89	1.87	1.84	1.81	1.78	1.75	1.72
17	3.03	2.64	2.44	2.31	2.22	2.15	2.10	2.06	2.03	2.00	1.96	1.91	1.86	1.84	1.81	1.78	1.75	1.72	1.69
18	3.01	2.62	2.42	2.29	2.20	2.13	2.08	2.04	2.00	1.98	1.93	1.89	1.84	1.81	1.78	1.75	1.72	1.69	1.66
19	2.99	2.61	2.40	2.27	2.18	2.11	2.06	2.02	1.98	1.96	1.91	1.86	1.81	1.79	1.76	1.73	1.70	1.67	1.63
20	2.97	2.59	2.38	2.25	2.16	2.09	2.04	2.00	1.96	1.94	1.89	1.84	1.79	1.77	1.74	1.71	1.68	1.64	1.61
21	2.96	2.57	2.36	2.23	2.14	2.08	2.02	1.98	1.95	1.92	1.87	1.83	1.78	1.75	1.72	1.69	1.66	1.62	1.59

续表

$\alpha=0.10$

n_2 \ n_1	1	2	3	4	5	6	7	8	9	10	12	15	20	24	30	40	60	120	∞
22	2.95	2.56	2.35	2.22	2.13	2.06	2.01	1.97	1.93	1.90	1.86	1.81	1.76	1.73	1.70	1.67	1.64	1.60	1.57
23	2.94	2.55	2.34	2.21	2.11	1.05	1.99	1.95	1.92	1.89	1.84	1.80	1.74	1.72	1.69	1.66	1.62	1.59	1.55
24	2.93	2.54	2.33	2.19	2.10	2.04	1.98	1.94	1.91	1.88	1.83	1.78	1.73	1.70	1.67	1.64	1.61	1.57	1.53
25	2.92	2.53	2.32	2.18	2.09	2.02	1.97	1.93	1.89	1.87	1.82	1.77	1.72	1.69	1.66	1.63	1.59	1.56	1.52
26	2.91	2.52	2.31	2.17	2.08	2.01	1.96	1.92	1.88	1.86	1.81	1.76	1.71	1.68	1.65	1.61	1.58	1.54	1.50
27	2.90	2.51	2.30	2.17	2.07	2.00	1.95	1.91	1.87	1.85	1.80	1.75	1.70	1.67	1.64	1.60	1.57	1.53	1.49
28	2.89	2.50	2.29	2.16	2.06	2.00	1.94	1.90	1.87	1.84	1.79	1.74	1.69	1.66	1.63	1.59	1.56	1.52	1.48
29	2.89	2.50	2.28	2.15	2.06	1.99	1.93	1.89	1.86	1.83	1.78	1.73	1.68	1.65	1.62	1.58	1.55	1.51	1.47
30	2.88	2.49	2.28	2.14	2.05	1.98	1.93	1.88	1.85	1.82	1.77	1.72	1.67	1.64	1.61	1.57	1.54	1.50	1.46
40	2.84	2.44	2.23	2.09	2.00	1.93	1.87	1.83	1.79	1.76	1.71	1.66	1.61	1.57	1.54	1.51	1.47	1.42	1.38
60	2.79	2.39	2.18	2.04	1.95	1.87	1.82	1.77	1.74	1.71	1.66	1.60	1.54	1.51	1.48	1.44	1.40	1.35	1.29
120	2.75	2.35	2.13	1.99	1.90	1.82	1.77	1.72	1.68	1.65	1.60	1.55	1.48	1.45	1.41	1.37	1.32	1.26	1.19
∞	2.71	2.30	2.08	1.94	1.85	1.77	1.72	1.67	1.63	1.60	1.55	1.49	1.42	1.38	1.34	1.30	1.24	1.17	1.00

$\alpha=0.05$

1	161.4	199.5	215.7	224.6	230.2	234.0	236.8	238.9	240.5	241.9	243.9	245.9	248.0	249.1	250.1	251.1	252.2	253.3	254.3
2	18.51	19.00	19.16	19.25	19.30	19.33	19.35	19.37	19.38	19.40	19.41	19.43	19.45	19.45	19.46	19.47	19.48	19.49	19.50
3	10.13	9.55	9.28	9.12	9.01	8.94	8.89	8.85	8.81	8.79	8.74	8.70	8.66	8.64	8.62	8.59	8.57	8.55	8.53

续表

$\alpha=0.05$

n_2 \ n_1	1	2	3	4	5	6	7	8	9	10	12	15	20	24	30	40	60	120	∞
4	7.71	6.94	6.59	6.39	6.26	6.16	6.09	6.04	6.00	5.96	5.91	5.86	5.80	5.77	5.75	5.72	5.69	5.66	5.63
5	6.61	5.79	5.41	5.19	5.05	4.95	4.88	4.82	4.77	4.74	4.68	4.62	4.56	4.53	4.50	4.46	4.43	4.40	4.36
6	5.99	5.14	4.76	4.53	4.39	4.28	4.21	4.15	4.10	4.06	4.00	3.94	3.87	3.84	3.81	3.77	3.74	3.70	3.67
7	5.59	4.74	4.35	4.12	3.97	3.87	3.79	3.73	3.68	3.64	3.57	3.51	3.44	3.41	3.38	3.34	3.30	3.27	3.23
8	5.32	4.46	4.07	3.84	3.69	3.58	3.50	3.44	3.39	3.35	3.28	3.22	3.15	3.12	3.08	3.04	3.01	2.97	2.93
9	5.12	4.26	3.86	3.63	3.48	3.37	3.29	3.23	3.18	3.14	3.07	3.01	2.94	2.90	2.86	2.83	2.79	2.75	2.71
10	4.96	4.10	3.71	3.48	3.33	3.22	3.14	3.07	3.02	2.98	2.91	2.85	2.77	2.74	2.70	2.66	2.62	2.58	2.54
11	4.84	3.98	3.59	3.36	3.20	3.09	3.01	2.95	2.90	2.85	2.79	2.72	2.65	2.61	2.57	2.53	2.49	2.45	2.40
12	4.75	3.89	3.49	3.26	3.11	3.00	2.91	2.85	2.80	2.75	2.69	2.62	2.54	2.51	2.47	2.43	2.38	2.34	2.30
13	4.67	3.81	3.41	3.18	3.03	2.92	2.83	2.77	2.71	2.67	2.60	2.53	2.46	2.42	2.38	2.34	2.30	2.25	2.21
14	4.60	3.74	3.34	3.11	2.96	2.85	2.76	2.70	2.65	2.60	2.53	2.46	2.39	2.35	2.31	2.27	2.22	2.18	2.13
15	4.54	3.68	3.29	3.06	2.90	2.79	2.71	2.64	2.59	2.54	2.48	2.40	2.33	2.29	2.25	2.20	2.16	2.11	2.07
16	4.49	3.63	3.24	3.01	2.85	2.74	2.66	2.59	2.54	2.49	2.42	2.35	2.28	2.24	2.19	2.15	2.11	2.06	2.01
17	4.45	3.59	3.20	2.96	2.81	2.70	2.61	2.55	2.49	2.45	2.38	2.31	2.23	2.19	2.15	2.10	2.06	2.01	1.96
18	4.41	3.55	3.16	2.93	2.77	2.66	2.58	2.51	2.46	2.41	2.34	2.27	2.19	2.15	2.11	2.06	2.02	1.97	1.92
19	4.38	3.52	3.13	2.90	2.74	2.63	2.54	2.48	2.42	2.38	2.31	2.23	2.16	2.11	2.07	2.03	1.98	1.93	1.88
20	4.35	3.49	3.10	2.87	2.71	2.60	2.51	2.45	2.39	2.35	2.28	2.20	2.12	2.08	2.04	1.99	1.95	1.90	1.84

续表

$\alpha=0.05$

n_2 \ n_1	1	2	3	4	5	6	7	8	9	10	12	15	20	24	30	40	60	120	∞
21	4.32	3.47	3.07	2.84	2.68	2.57	2.49	2.42	2.37	2.32	2.25	2.18	2.10	2.05	2.01	1.96	1.92	1.87	1.81
22	4.30	3.44	3.05	2.82	2.66	2.55	2.46	2.40	2.34	2.30	2.23	2.15	2.07	2.03	1.98	1.94	1.89	1.84	1.78
23	4.28	3.42	3.03	2.80	2.64	2.53	2.44	2.37	2.32	2.27	2.20	2.13	2.05	2.01	1.96	1.91	1.86	1.81	1.76
24	4.26	3.40	3.01	2.78	2.62	2.51	2.42	2.36	2.30	2.25	2.18	2.11	2.03	1.98	1.94	1.89	1.84	1.79	1.73
25	4.24	3.39	2.99	2.76	2.60	2.49	2.40	2.34	2.28	2.24	2.16	2.09	2.01	1.96	1.92	1.87	1.82	1.77	1.71
26	4.23	3.37	2.98	2.74	2.59	2.47	2.39	2.32	2.27	2.22	2.15	2.07	1.99	1.95	1.90	1.85	1.80	1.75	1.69
27	4.21	3.35	2.96	2.73	2.57	2.46	2.37	2.31	2.25	2.20	2.13	2.06	1.97	1.93	1.88	1.84	1.79	1.73	1.67
28	4.20	3.34	2.95	2.71	2.56	2.45	2.36	2.29	2.24	2.19	2.12	2.04	1.96	1.91	1.87	1.82	1.77	1.71	1.65
29	4.18	3.33	2.93	2.70	2.55	2.43	2.35	2.28	2.22	2.18	2.10	2.03	1.94	1.90	1.85	1.81	1.75	1.70	1.64
30	4.17	3.32	2.92	2.69	2.53	2.42	2.33	2.27	2.21	2.16	2.09	2.01	1.93	1.89	1.84	1.79	1.74	1.68	1.62
40	4.08	3.23	2.84	2.61	2.45	2.34	2.25	2.18	2.12	2.08	2.00	1.92	1.84	1.79	1.74	1.69	1.64	1.58	1.51
60	4.00	3.15	2.76	2.53	2.37	2.25	2.17	2.10	2.04	1.99	1.92	1.84	1.75	1.70	1.65	1.59	1.53	1.47	1.39
120	3.92	3.07	2.68	2.45	2.29	2.17	2.09	2.02	1.96	1.91	1.83	1.75	1.66	1.61	1.55	1.50	1.43	1.35	1.25
∞	3.84	3.00	2.60	2.37	2.21	2.10	2.01	1.94	1.88	1.83	1.75	1.67	1.57	1.52	1.46	1.39	1.32	1.22	1.00

续表

$\alpha=0.025$

n_2 \ n_1	1	2	3	4	5	6	7	8	9	10	12	15	20	24	30	40	60	120	∞
1	647.8	799.5	864.2	899.6	921.8	937.1	948.2	956.7	963.3	968.6	976.7	984.9	993.1	997.2	1001	1006	1010	1014	1018
2	38.51	39.00	39.17	39.25	39.30	39.33	39.36	39.37	39.39	39.40	39.41	39.43	39.45	39.46	39.46	39.47	39.48	39.40	39.50
3	17.44	16.04	15.44	15.10	14.88	14.73	14.62	14.54	14.47	14.42	14.34	14.25	14.17	14.12	14.08	14.04	13.99	13.95	13.90
4	12.22	10.65	9.98	9.60	9.36	9.20	9.07	8.98	8.90	8.84	8.75	8.66	8.56	8.51	8.46	8.41	8.36	8.31	8.26
5	10.01	8.43	7.76	7.39	7.15	6.98	6.85	6.76	6.68	6.62	6.52	6.43	6.33	6.28	6.23	6.18	6.12	6.07	6.02
6	8.81	7.26	6.60	6.23	5.99	5.82	5.70	5.60	5.52	5.46	5.37	5.27	5.17	5.12	5.07	5.01	4.96	4.90	4.85
7	8.07	6.54	5.89	5.52	5.29	5.12	4.99	4.90	4.82	4.76	4.67	4.57	4.47	4.42	4.36	4.31	4.25	4.20	4.14
8	7.57	6.06	5.42	5.05	4.82	4.65	4.53	4.43	4.36	4.30	4.20	4.10	4.00	3.95	3.89	3.84	3.78	3.73	3.67
9	7.21	5.71	5.08	4.72	4.48	4.23	4.20	4.10	4.03	3.96	3.87	3.77	3.67	3.61	3.56	3.51	3.45	3.39	3.33
10	6.94	5.46	4.83	4.47	4.24	4.07	3.95	3.85	3.78	3.72	3.62	3.52	3.42	3.37	3.31	3.26	3.20	3.14	3.08
11	6.72	5.26	4.63	4.28	4.04	3.88	3.76	3.66	3.59	3.53	3.43	3.33	3.23	3.17	3.12	3.06	3.00	2.94	2.88
12	6.55	5.10	4.47	4.12	3.89	3.73	3.61	3.51	3.44	3.37	3.28	3.18	3.07	3.02	2.96	2.91	2.85	2.79	2.72
13	6.41	4.97	4.35	4.00	3.77	3.60	3.48	3.39	3.31	3.25	3.15	3.05	2.95	2.89	2.84	2.78	2.72	2.66	2.60
14	6.30	4.86	4.24	3.89	3.66	3.50	3.38	3.29	3.21	3.15	3.05	2.95	2.84	2.79	2.73	2.67	2.61	2.55	2.49
15	6.20	4.77	4.15	3.80	3.58	3.41	3.29	3.20	3.12	3.06	2.96	2.86	2.76	2.70	2.64	2.59	2.52	2.46	2.40
16	6.12	4.69	4.08	3.73	3.50	3.34	3.22	3.12	3.05	2.99	2.89	2.79	2.68	2.63	2.57	2.51	2.45	2.38	2.32
17	6.04	4.62	4.01	3.66	3.44	3.28	3.26	3.06	2.98	2.92	2.82	2.72	2.62	2.56	2.50	2.44	2.38	2.32	2.25

续表

$\alpha=0.025$

n_2 \ n_1	1	2	3	4	5	6	7	8	9	10	12	15	20	24	30	40	60	120	∞
18	5.98	4.56	3.95	3.61	3.38	3.22	3.10	3.01	2.93	2.87	2.77	2.67	2.56	2.50	2.44	2.38	2.32	2.26	2.19
19	5.92	4.51	3.90	3.56	3.33	3.17	3.05	2.96	2.88	2.82	2.72	2.62	2.51	2.45	2.39	2.33	2.27	2.20	2.13
20	5.87	4.46	3.86	3.51	3.29	3.13	3.01	2.91	2.84	2.77	2.68	2.57	2.46	2.41	2.35	2.29	2.22	2.16	2.09
21	5.83	4.42	3.82	3.48	3.25	3.09	2.97	2.87	2.80	2.73	2.64	2.53	2.42	2.37	2.31	2.25	2.18	2.11	2.04
22	5.79	4.38	3.78	3.44	3.22	3.05	2.73	2.84	2.76	2.70	2.60	2.50	2.39	2.33	2.27	2.21	2.14	2.08	2.00
23	5.75	4.35	3.75	3.41	3.18	3.02	2.90	2.81	2.73	2.67	2.57	2.47	2.36	2.30	2.24	2.18	2.11	2.04	1.97
24	5.72	4.32	3.72	3.38	3.15	2.99	2.87	2.78	2.70	2.64	2.54	2.44	2.33	2.27	2.21	2.15	2.08	2.01	1.94
25	5.69	4.29	3.69	3.35	3.13	2.97	2.85	2.75	2.68	2.61	2.51	2.41	2.30	2.24	2.18	2.12	2.05	1.98	1.91
26	5.66	4.27	3.67	3.33	3.10	2.94	2.82	2.73	2.65	2.59	2.49	2.39	2.28	2.22	2.16	2.09	2.03	1.95	1.88
27	5.63	4.24	3.65	3.31	3.08	2.92	2.80	2.71	2.63	2.57	2.47	2.36	2.25	2.19	2.13	2.07	2.00	1.93	1.85
28	5.61	4.22	3.63	3.29	3.06	2.90	2.78	2.69	2.61	2.55	2.45	2.34	2.23	2.17	2.11	2.05	1.98	1.91	1.83
29	5.59	4.20	3.61	3.27	3.04	2.88	2.76	2.67	2.59	2.53	2.43	2.32	2.21	2.15	2.09	2.03	1.96	1.89	1.81
30	5.57	4.18	3.59	3.25	3.03	2.87	2.75	2.65	2.57	2.51	2.41	2.31	2.20	2.14	2.07	2.01	1.94	1.87	1.79
40	5.42	4.05	3.46	3.13	3.90	2.74	2.62	2.53	2.45	2.39	2.29	2.18	2.07	2.01	1.94	1.88	1.80	1.72	1.64
60	5.29	3.93	3.34	3.01	2.79	2.63	2.51	2.41	2.33	2.27	3.17	2.06	1.94	1.88	1.82	1.74	1.67	1.58	1.48
120	5.15	3.80	3.23	2.89	2.67	2.52	2.39	2.30	2.22	2.16	2.05	1.94	1.82	1.76	1.69	1.61	1.53	1.43	1.31
∞	5.02	3.69	3.12	2.79	2.57	2.41	2.29	2.19	2.11	2.05	1.94	1.83	1.71	1.64	1.57	1.48	1.39	1.27	1.00

续表

$\alpha=0.01$

n_2 \ n_1	1	2	3	4	5	6	7	8	9	10	12	15	20	24	30	40	60	120	∞
1	4052	4999.5	5403	5625	5764	5859	5928	5982	6022	6056	6106	6157	6209	6235	6261	6287	6313	6339	6366
2	98.50	99.00	99.17	99.25	99.30	99.33	99.36	99.37	99.39	99.40	99.42	99.43	99.45	99.46	99.47	99.47	99.48	99.49	99.50
3	34.12	30.82	29.46	28.71	28.24	27.91	27.67	27.49	27.35	27.23	27.05	26.87	26.69	26.60	26.50	26.41	26.32	26.22	26.13
4	21.20	18.00	16.69	15.98	15.52	15.21	14.98	14.80	14.66	14.55	14.37	24.20	14.02	13.93	13.84	13.75	13.65	13.56	13.46
5	16.26	13.27	12.06	11.39	10.97	10.67	10.46	10.29	10.16	10.05	9.89	9.72	9.55	9.47	9.38	9.29	9.20	9.11	9.02
6	13.75	10.93	9.78	9.15	8.75	8.47	8.26	8.10	7.98	7.87	7.72	7.56	7.40	7.31	7.23	7.14	7.06	6.97	6.88
7	12.25	9.55	8.45	7.85	7.46	7.19	6.99	6.84	6.72	6.62	6.47	6.31	6.16	6.07	5.99	5.91	5.82	5.74	5.65
8	11.26	8.65	7.59	7.01	6.63	6.37	6.18	6.03	5.91	5.81	5.67	5.52	5.36	5.28	5.20	5.12	5.03	4.95	4.86
9	10.56	8.02	6.99	6.42	6.06	5.80	5.61	5.47	5.35	5.26	5.11	4.96	4.81	4.73	4.65	4.57	4.48	4.40	4.31
10	10.04	7.56	6.55	5.99	5.64	5.39	5.20	5.06	4.94	4.85	4.71	4.56	4.41	4.33	4.25	4.17	4.08	4.00	3.91
11	9.65	7.21	6.22	5.67	5.32	5.07	4.89	4.74	4.63	4.54	4.40	4.25	4.10	4.02	3.94	3.86	3.78	3.69	3.60
12	9.33	6.93	5.95	5.41	5.06	4.82	4.64	4.50	4.39	4.30	4.16	4.01	3.86	3.78	3.70	3.62	3.54	3.45	3.36
13	9.07	6.70	5.74	5.21	4.86	4.62	4.44	4.30	4.19	4.10	3.96	3.82	3.66	3.59	3.51	3.43	3.34	3.25	3.17
14	8.86	6.51	5.56	5.04	4.69	4.46	4.28	4.14	4.03	3.94	3.80	3.66	3.51	3.43	3.35	3.27	3.18	3.09	3.00
15	8.68	6.36	5.42	4.89	4.56	4.32	4.14	4.00	3.89	3.80	3.67	3.52	3.37	3.29	3.21	3.13	3.05	2.96	2.87
16	8.53	6.23	5.29	4.77	4.44	4.20	4.03	3.89	3.78	3.69	3.55	3.41	3.26	3.18	3.10	3.02	2.93	2.84	2.75
17	8.40	6.11	5.18	4.67	4.34	4.10	3.93	3.79	3.68	3.59	3.46	3.31	3.16	3.08	3.00	2.92	2.83	2.75	2.65

续表

$\alpha=0.01$

n_2 \ n_1	1	2	3	4	5	6	7	8	9	10	12	15	20	24	30	40	60	120	∞
18	8.29	6.01	5.09	4.58	4.25	4.01	3.94	3.71	3.60	3.51	3.37	3.23	3.08	3.00	2.92	2.84	2.75	2.66	2.57
19	8.18	5.93	5.01	4.50	4.17	3.94	3.77	3.63	3.52	3.43	3.30	3.15	3.00	2.92	2.84	2.76	2.67	2.58	2.49
20	8.10	5.85	4.94	4.43	4.10	3.87	3.70	3.56	3.46	3.37	3.23	3.09	2.94	2.86	2.78	2.69	2.61	2.52	2.42
21	8.02	5.78	4.87	4.37	4.04	3.81	3.64	3.51	3.40	3.31	3.17	3.03	2.88	2.80	2.72	2.64	2.55	2.46	2.36
22	7.95	5.72	4.82	4.31	3.99	3.76	3.59	3.45	3.35	3.26	3.12	2.98	2.83	2.75	2.67	2.58	2.50	2.40	2.31
23	7.88	5.66	4.76	4.26	3.94	3.71	3.54	3.41	3.30	3.21	3.07	2.93	2.78	2.70	2.62	2.54	2.45	2.35	2.26
24	7.82	5.61	4.72	4.22	3.90	3.67	3.50	3.36	3.26	3.17	3.03	2.89	2.74	2.66	2.58	2.49	2.40	2.31	2.21
25	7.77	5.57	4.68	4.18	3.85	3.63	3.46	3.32	3.22	3.13	2.99	2.85	2.70	2.62	2.54	2.45	2.36	2.27	2.17
26	7.72	5.53	4.64	4.14	3.82	3.59	3.42	3.29	3.18	3.09	2.96	2.81	2.66	2.58	2.50	2.42	2.33	2.23	2.13
27	7.68	5.49	4.60	4.11	3.78	3.56	3.39	3.26	3.15	3.06	2.93	2.78	2.63	2.55	2.47	2.38	2.29	2.20	2.10
28	7.64	5.45	4.57	4.07	3.75	3.53	3.36	3.23	3.12	3.03	2.90	2.75	2.60	2.52	2.44	2.35	2.26	2.17	2.06
29	7.60	5.42	4.54	4.04	3.73	3.50	3.33	3.20	3.09	3.00	2.87	2.73	2.57	2.49	2.41	2.33	2.23	2.14	2.03
30	7.56	5.39	4.51	4.02	3.70	3.47	3.30	3.17	3.07	2.98	2.84	2.70	2.55	2.47	2.39	2.30	2.21	2.11	2.01
40	7.31	5.18	4.31	3.83	3.51	3.29	3.12	2.99	2.89	2.80	2.66	2.52	2.37	2.29	2.20	2.11	2.02	1.92	1.80
60	7.08	4.98	4.13	3.65	3.34	3.12	2.95	2.82	2.72	2.63	2.50	2.35	2.20	2.12	2.03	1.94	1.84	1.73	1.60
120	6.85	4.79	3.95	3.48	3.17	2.96	2.79	2.66	2.56	2.47	2.34	2.19	2.03	1.95	1.86	1.76	1.66	1.53	1.38
∞	6.63	4.61	3.78	3.32	3.02	2.80	2.64	2.51	2.41	2.32	2.18	2.04	1.88	1.79	1.70	1.59	1.47	1.32	1.00

续表

$\alpha=0.005$

n_2 \ n_1	1	2	3	4	5	6	7	8	9	10	12	15	20	24	30	40	60	120	∞
1	16211	20000	21615	22500	23056	23437	23715	23925	24091	24224	24426	24630	24836	24940	25044	25148	35253	25359	25465
2	198.5	199.0	199.2	199.2	199.3	199.3	199.4	199.4	199.4	199.4	199.4	199.4	199.4	199.5	199.5	199.5	199.5	199.5	199.5
3	55.55	49.80	47.47	46.19	45.39	44.84	44.43	44.13	43.88	43.69	43.39	43.08	42.78	42.62	42.47	42.31	42.15	41.99	41.83
4	31.33	26.28	24.26	23.15	22.46	21.97	21.62	21.35	21.14	20.97	20.70	20.44	20.17	20.03	19.89	19.75	19.61	19.47	19.32
5	22.78	18.31	16.53	15.56	14.94	14.51	14.20	13.96	13.77	13.62	13.38	13.15	12.90	12.78	12.66	12.53	12.40	12.27	12.14
6	18.63	14.54	12.92	12.03	11.46	11.07	10.79	10.57	10.39	10.25	10.03	9.81	9.59	9.47	9.36	9.24	9.12	9.00	8.88
7	16.24	12.40	10.88	10.05	9.52	9.16	8.89	8.68	8.51	8.38	8.18	7.97	7.75	7.65	7.53	7.42	7.31	7.19	7.08
8	14.69	11.04	9.60	8.81	8.30	7.95	7.69	7.50	7.34	7.21	7.01	6.81	6.61	6.50	6.40	6.29	6.18	6.06	5.95
9	13.61	10.11	8.72	7.96	7.47	7.13	6.88	6.69	6.54	6.42	6.23	6.03	5.83	5.73	5.62	5.52	5.41	5.30	5.19
10	12.83	9.43	8.08	7.34	6.87	6.54	6.30	6.12	5.97	5.85	5.66	5.47	5.27	5.17	5.07	4.97	4.86	4.75	4.64
11	12.23	8.91	7.60	6.88	6.42	6.10	5.86	5.68	5.54	5.42	5.24	5.05	4.86	4.76	4.65	4.55	4.44	4.34	4.23
12	11.75	8.51	7.23	6.52	6.07	5.76	5.52	5.35	5.20	5.09	4.91	4.72	4.53	4.43	4.33	4.23	4.12	4.01	3.90
13	11.37	8.19	6.93	6.23	5.79	5.48	5.25	5.08	4.94	4.82	4.64	4.46	4.27	4.17	4.07	3.97	3.87	3.76	3.65
14	11.06	7.92	6.68	6.00	5.56	5.26	5.03	4.86	4.72	4.60	4.43	4.25	4.06	3.96	3.86	3.76	3.66	3.55	3.44
15	10.80	7.70	6.48	5.80	5.37	5.07	4.85	4.67	4.54	4.42	4.25	4.07	3.88	3.79	3.69	3.58	3.48	3.37	3.26
16	10.58	7.51	6.30	5.64	5.21	4.91	4.69	4.52	4.38	4.27	4.10	3.92	3.73	3.64	3.54	3.44	3.33	3.22	3.11
17	10.38	7.35	6.16	5.50	5.07	4.78	4.56	4.39	4.25	4.14	3.97	3.79	3.61	3.51	3.41	3.31	3.21	3.10	2.98

续表

$\alpha=0.005$

n_2 \ n_1	1	2	3	4	5	6	7	8	9	10	12	15	20	24	30	40	60	120	∞
18	10.22	7.21	6.03	5.37	4.96	4.66	4.44	4.28	4.14	4.03	3.86	3.68	3.50	3.40	3.30	3.20	3.10	2.99	2.87
19	10.07	7.09	5.92	5.27	7.85	4.56	4.34	4.18	4.04	3.93	3.76	3.59	3.40	3.31	3.21	3.11	3.00	2.89	2.78
20	9.94	6.99	5.82	5.17	4.76	4.47	4.26	4.09	3.96	3.85	3.68	3.50	3.32	3.22	3.12	3.02	2.92	2.81	2.69
21	9.83	6.89	5.73	5.09	4.68	4.39	4.18	4.01	3.88	3.77	3.60	3.43	3.24	3.15	3.05	2.95	2.84	2.73	2.61
22	9.73	6.81	5.65	5.02	4.61	4.32	4.11	3.94	3.81	3.70	3.54	3.36	3.18	3.08	2.98	2.88	2.77	2.66	2.55
23	9.63	6.73	5.58	4.95	4.54	4.26	4.05	3.88	3.75	3.64	3.47	3.30	3.12	3.02	2.92	2.82	2.71	2.60	2.48
24	9.55	6.66	5.52	4.89	4.49	4.20	3.99	3.83	3.69	3.59	3.42	3.25	3.06	2.97	2.87	2.77	2.66	2.55	2.43
25	9.48	6.60	5.46	4.84	4.43	4.15	3.94	3.78	3.64	3.54	3.37	3.20	3.01	2.92	2.82	2.72	2.61	2.50	2.38
26	9.41	6.54	5.41	4.79	4.38	4.10	3.89	3.73	3.60	3.49	3.33	3.15	2.97	2.87	2.77	2.67	2.56	2.45	2.33
27	9.34	6.49	5.36	4.74	4.34	4.06	3.85	3.69	3.56	3.45	3.28	3.11	2.93	2.83	2.73	2.63	2.52	2.41	2.29
28	9.28	6.44	5.32	4.70	4.30	4.02	3.81	3.65	3.52	3.41	3.25	3.07	2.89	2.79	2.69	2.59	2.48	2.37	2.25
29	9.23	6.40	5.28	4.66	4.26	3.98	3.77	3.61	3.48	3.38	3.21	3.04	2.86	2.76	2.66	2.56	2.45	2.33	2.21
30	9.18	6.35	5.24	4.62	4.23	3.95	3.74	3.58	3.45	3.34	3.18	3.01	2.82	2.73	2.63	2.52	2.42	2.30	2.18
40	8.83	6.07	4.98	4.37	3.99	3.71	3.51	3.35	3.22	3.12	2.95	2.78	2.60	2.50	2.40	2.30	2.18	2.06	1.93
60	8.49	5.79	4.73	4.14	3.76	3.49	3.29	3.13	3.01	2.90	2.74	2.57	2.39	2.29	2.19	2.08	1.96	1.83	1.69
120	8.18	5.54	4.50	3.92	3.55	3.28	3.09	2.93	2.81	2.71	2.54	2.37	2.19	2.09	1.98	1.87	1.75	1.61	1.43
∞	7.88	5.30	4.28	3.72	3.35	3.09	2.90	2.74	2.62	2.52	2.36	2.19	2.00	1.90	1.79	1.67	1.53	1.36	1.00

续表

$\alpha=0.001$

n_2 \ n_1	1	2	3	4	5	6	7	8	9	10	12	15	20	24	30	40	60	120	∞
1	4053+	5000+	5404+	5625+	5764+	5859+	5929+	5981+	6023+	6056+	6107+	6158+	6209+	6235+	6261+	6287+	6313+	6340+	6366+
2	998.5	999.0	999.2	999.2	999.3	999.3	999.4	999.4	999.4	999.4	999.4	999.4	999.4	999.5	999.5	999.5	999.5	999.5	999.5
3	167.0	148.5	141.1	137.1	134.6	132.8	131.6	130.6	129.9	129.2	128.3	127.4	126.4	125.9	125.4	125.0	124.5	124.0	123.5
4	74.14	61.25	56.18	53.44	51.71	50.53	49.66	49.00	48.47	48.05	47.41	46.76	46.10	45.77	45.43	45.09	44.75	44.40	44.05
5	47.18	37.12	33.20	31.09	27.75	28.84	28.16	27.64	27.24	26.92	26.42	25.91	25.39	25.14	24.87	24.60	24.33	24.06	23.79
6	35.51	27.00	23.70	21.92	20.81	20.03	19.46	19.03	18.69	18.41	17.99	17.56	17.12	16.89	16.67	16.44	16.21	15.99	15.75
7	29.25	21.69	18.77	17.19	16.21	15.52	15.02	14.63	14.33	14.08	13.71	13.32	12.93	12.73	12.53	12.33	12.12	11.91	11.70
8	25.42	18.49	15.83	14.39	13.49	12.86	12.40	12.04	11.77	11.54	11.19	10.84	10.48	10.30	10.11	9.92	9.73	9.53	9.33
9	22.86	16.39	13.90	12.56	11.71	11.13	10.70	10.37	10.11	9.89	9.57	9.24	8.90	8.72	8.55	8.37	8.19	8.00	7.80

+:表示要将所列数乘以100。

续表

$\alpha=0.001$

n_2 \ n_1	1	2	3	4	5	6	7	8	9	10	12	15	20	24	30	40	60	120	∞
10	21.04	14.91	12.55	11.28	10.48	9.92	9.52	9.20	8.96	8.75	8.45	8.13	7.80	7.64	7.47	7.30	7.12	6.94	6.76
11	19.69	13.81	11.56	10.35	9.58	9.05	8.66	8.35	8.12	7.92	7.63	7.32	7.01	6.85	6.68	6.52	6.35	6.17	6.00
12	18.64	12.97	10.80	9.63	8.89	8.38	8.00	7.71	7.48	7.29	7.00	6.71	6.40	6.25	6.09	5.93	5.76	5.59	5.42
13	17.81	12.31	10.21	9.07	8.35	7.86	7.49	7.21	6.98	6.80	6.52	6.23	5.93	6.78	5.63	5.47	5.30	5.14	4.97
14	17.14	11.78	9.73	8.62	7.92	7.43	7.08	6.80	6.58	6.40	6.13	5.85	5.56	5.41	5.25	5.10	4.94	4.77	4.60
15	16.59	11.34	9.34	8.25	7.57	7.09	6.74	6.47	6.26	6.08	5.81	5.54	5.25	5.10	4.95	4.80	4.64	4.47	4.31
16	16.12	10.97	9.00	7.94	7.27	6.81	6.46	6.19	5.98	5.81	5.55	5.27	4.99	4.85	4.70	4.54	4.39	4.23	4.06
17	15.72	10.36	8.73	7.68	7.02	6.56	6.22	5.96	5.75	5.58	5.32	5.05	4.78	4.63	4.48	4.33	4.18	4.02	3.85
18	15.38	10.39	8.49	7.46	6.81	6.35	6.02	5.76	5.56	5.39	5.13	4.87	4.59	4.45	4.30	4.15	4.00	3.84	3.67
19	15.08	10.16	8.28	7.26	6.62	6.18	5.85	5.59	5.39	5.22	4.97	4.70	4.43	4.29	4.14	3.99	3.84	3.68	3.51
20	14.82	9.95	8.10	7.10	6.46	6.02	5.69	5.44	5.24	5.08	4.82	4.56	4.29	4.15	4.00	3.86	3.70	3.54	3.38
21	14.59	9.77	7.94	6.95	6.32	5.88	5.56	5.31	5.11	4.95	4.70	4.44	4.17	4.03	3.88	3.74	3.58	3.42	3.26
22	14.38	9.61	7.80	6.81	6.19	5.76	5.44	5.19	4.98	4.83	4.58	4.33	4.06	3.92	3.78	3.63	3.48	3.32	3.15
23	14.19	9.47	7.67	6.69	6.08	5.65	5.33	5.09	4.89	4.73	4.48	4.23	3.96	3.82	3.68	3.53	3.38	3.22	3.05
24	14.03	9.34	7.55	6.59	5.98	5.55	5.23	4.99	4.80	4.64	4.39	4.14	3.87	3.74	3.59	3.45	3.29	3.14	2.97
25	13.88	9.22	7.45	6.49	5.88	5.46	5.15	4.91	4.71	4.56	4.31	4.06	3.79	3.66	3.52	3.37	3.22	3.06	2.89
26	13.74	9.12	7.36	6.41	5.80	5.38	5.07	4.83	4.64	4.48	4.24	3.99	3.72	3.59	3.44	3.30	3.15	2.99	2.82

续表

$\alpha=0.001$

n_2 \ n_1	1	2	3	4	5	6	7	8	9	10	12	15	20	24	30	40	60	120	∞
27	13.61	9.02	7.27	6.33	5.73	5.31	5.00	4.76	4.57	4.41	4.17	3.92	3.66	3.52	3.38	3.23	3.08	2.92	2.75
28	13.50	8.93	7.19	6.25	5.66	5.24	4.93	4.69	4.50	4.35	4.11	3.86	3.60	3.46	3.32	3.18	3.02	2.86	2.69
29	13.39	8.85	7.12	6.19	5.59	5.18	4.87	4.64	4.45	4.29	4.05	3.80	3.54	3.41	3.27	3.12	2.97	2.81	2.64
30	13.29	8.77	7.05	6.12	5.53	5.12	4.82	4.58	4.39	14.24	4.00	3.75	3.49	3.36	3.22	3.07	2.92	2.76	2.59
40	12.61	8.25	6.60	5.70	5.13	4.73	4.44	4.21	4.02	3.87	3.64	3.40	3.15	3.01	2.87	2.73	2.57	2.41	2.23
60	11.97	7.76	6.17	5.31	4.76	4.37	4.09	3.87	3.69	3.54	3.31	3.08	2.83	2.69	2.55	2.41	2.25	2.08	1.89
120	11.38	7.32	5.79	4.95	4.42	4.04	3.77	3.55	3.38	3.24	3.02	2.78	2.53	2.40	2.26	2.11	1.95	1.76	1.54
∞	10.83	6.91	5.42	4.62	4.10	3.74	3.47	3.27	3.10	2.96	2.74	2.51	2.27	2.13	1.99	1.84	1.66	1.45	1.00

参考文献

[1] 陈小松.线性代数[M].北京：清华大学出版社，2017.

[2] 刘国志，鲁鑫.线性代数及其 MATLAB 实现学习指导[M].武汉：同济大学出版社，2017.

[3] 同济大学数学系.工程数学线性代数[M].6 版.北京：高等教育出版社，2014.

[4] 同济大学数学系.工程数学概率统计简明教程[M].2 版.北京：高等教育出版社，2012.

[5] 易正俊.数理统计及其工程应用[M].北京：清华大学出版社，2014.

[6] 黄龙生.概率论与数理统计[M].北京：中国人民大学出版社，2012.

[7] 陶茂恩.概率统计基础[M].武汉：华中师范大学出版社，2018.

[8] 黄龙生，黄敏.概率统计应用与实验[M].北京：中国水利水电出版社，2018.

[9] 于丽妮，朱如红.应用工程数学[M].北京：人民邮电出版社，2016.

[10] 张立志，许景彦.工程数学[M].武汉：武汉大学出版社，2016.

[11] 张民悦，杨宏.工程数学线性代数与概率统计[M].武汉：同济大学出版社，2011.

[12] 杨焕海.工程数学[M].北京：北京交通大学出版社，2013.

[13] 陈骑兵，李秋敏.工程数学[M].重庆：重庆大学出版社，2013.